〇中間処理工場だ！

〈破砕機〉

2Fの選別ベルトにかけた後、どうしてもリサイクルできないものに限り、焼却の前処理として破砕を行なう

〈焼却炉〉

ダイオキシン対策が取られた焼却炉で焼却を行なう

〈圧縮梱包機〉

廃プラスチック類を圧縮梱包する（運搬効率を上げるため）

〈コンテナ〉

1Fより

1Fより産業廃棄物が均等に2Fの選別ベルトへと運ばれます

2Fでは、選別ベルトで
てくる産業廃棄物を
手によって選別しま

スロープ

選別
2Fか
とに

それ
場へ
れま

焼却炉

破砕機

圧縮梱包機

2F

1F

〈計量所〉

産業廃棄物処理がわかる本

株式会社ユニバース［著］

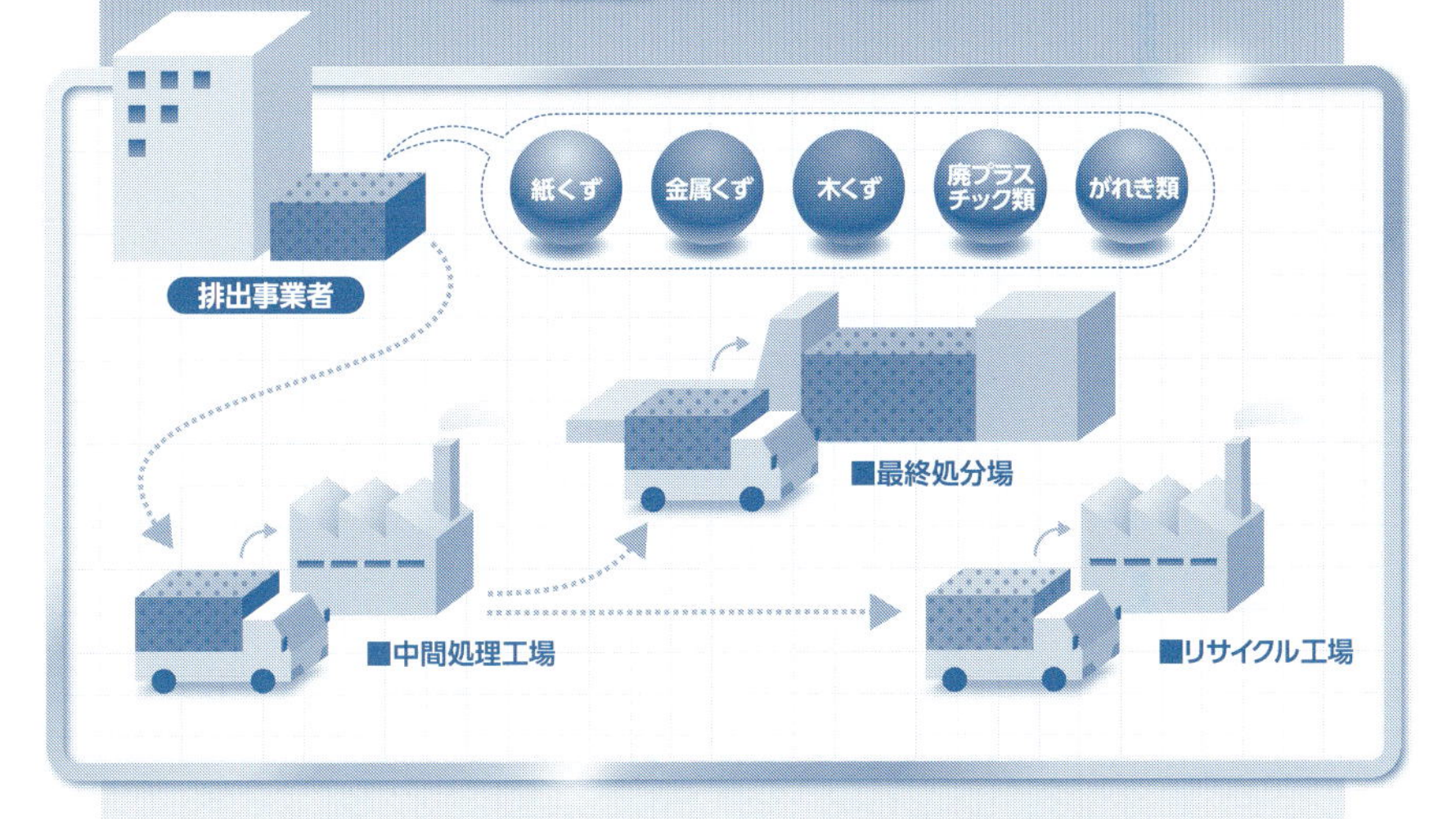

disposal of industrial waste

日本実業出版社

はじめに

この本は、２００６年に初版を発行し、これまで２０１１年４月１日に施行された改正法の内容に対応するための改訂をはじめとして版を重ねてまいりましたが、このたび２０１７年10月１日及び２０１８年４月１日に施行された改正法の内容に対応するため、改訂版として新たに出版いたしました。

２０１１年４月１日の改正法では、それまでの廃掃法で曖昧だった「排出事業者とは誰か」という定義について、建設工事に伴う産業廃棄物の場合に限られますが、排出事業者が誰かについて具体的に定めた項目が追加されるなどしました。

２０１７年10月１日からは、水銀を使用した製品が産業廃棄物になった際の規制が強化されました。蛍光灯など、私たちの身近にはまだ数多くの水銀を使用した製品があります。これら製品の廃棄を行なう際は、これまでとは異なるルールに従う必要があります。

また、２０１８年４月１日からは「有害使用済機器」という「廃棄物ではないもの」に対して規制を行なうという点で、これまでとは異なる新たな規制の方向性が示されています。

産業廃棄物のルールは、排出事業者にすべての処理責任があることを前提にしています。今、不法投棄の現場からあなたの会社が出したゴミ（産業廃棄物）が見つかったとしましょう。

その場合、たとえ産廃処理事業者にお金を払って廃棄物を引き取ってもらい、適正処理をしたつもりでも、適正に処理されなかった責任はあくまでもあなたの会社にあり、不法投棄された現場を元の環境に戻す「原状回復」を行なう責任を負うことになります。そして、原状回復に必要なコストを負担すると同時に、環境に対する意識の低い企業であるという烙印を押されてしまうのです。最悪の場合には、刑事処分もまぬがれません。

ところが、まだこの現実に気がついていない企業関係者が多いことに驚かされます。

この本では、産業廃棄物の知識や法律、それを取り巻く状況をできるだけ噛み砕いて解説してあります。さらに、理解しやすいように多くの図を挿入しました。

また、序章を読むだけで、産業廃棄物に関する知識がひととおりわかる構成になっています。専門的な言葉には説明も付け加えました。

最初から順を追って読まなくても、疑問に感じた時にその項目を読むことで、短時間で知識を吸収し、何に気をつけなければならないか、何をしなければならないかがわかるようになっています。産業廃棄物について疑問点があれば、対応する項目を探し読み返す、辞書のようにも使ってください。また、最新情報の入手法についても掲載してありますので、大いに参考にしてください。

この本が、産業廃棄物に対する読者の方々の意識を変えるひとつのきっかけになれば、これほど嬉しいことはありません。

2018年9月吉日

著者を代表して
子安伸幸

（本書の内容は2018年4月1日現在の法令等に基づいています）

『〈最新版〉図解 産業廃棄物処理がわかる本』もくじ

2章 ●産業廃棄物はどう処理されているのか

3章 ●これが適正処理の流れだ

4章●知っておきたい「産業廃棄物処理」の事情

カバーデザイン・齋藤稔
本文DTP・ダーツ

序章

最終責任は排出事業者にあり！

1 産業廃棄物処理の最終責任は？

あなたの会社がゴミの最終責任を負う！

遠い昔、人類はモノを〝使用〟し、〝生産〟する術を覚えました。そのことが文明を生み、経済を発展させ、今日にいたっていることに間違いはありません。ところが経済的発展を追求するあまり、環境への配慮を怠り、オゾン層の破壊や地球温暖化など、さまざまな環境問題が生じています。

日本で産業廃棄物などによる環境問題が表面化したのは、1970年代のことです。当時、日本は高度経済成長期を迎えていました。大量生産によって、飛躍的な経済成長を遂げたのです。

その一方で、生産する際に出る排ガス・排水、廃棄物によって環境は汚染され、ついに**公害**として社会問題化しました。そこで、それまで何の規制もなかった廃棄物処理について、新たに規定されました。政府は環境汚染を防止するために、産業廃棄物については「排出事業者が責任を持って処理する」ことを決定したのです。これが「**廃棄物の処理及び清掃に関する法律**」（以下「廃掃法（はいそうほう）」）の始まりです。

産業廃棄物の処理方法については法律によって定められており、産業廃棄物を出した会社は、自らの責任で、法律に則って廃棄物の処理をしなければなりません。しかし実際は、自ら処理することが困難なため、ほとんどは産廃事業者に委託しているのが現状です。ここで注意しなければならないのが、「廃棄物処理は産廃事業者に任せて終わりではない」ということです。

よくあるケースに、処理を委託した事業者が不法投棄していたということが挙げられます。意外に知られていないようですが、このような場合でも、責任は排出事業者にかかってくるのです。たとえば、青森と岩手の県境の不法投棄事件では、延べ1万社もの排出事業者から委託を受けた産廃事業者によって約80万㎥（りゅうべい・容量を表わす単位）もの廃棄物が不法投棄されました。委託した排出事業者の中には、某一流メーカーも含まれていまし

●産業廃棄物の何が問題なのか

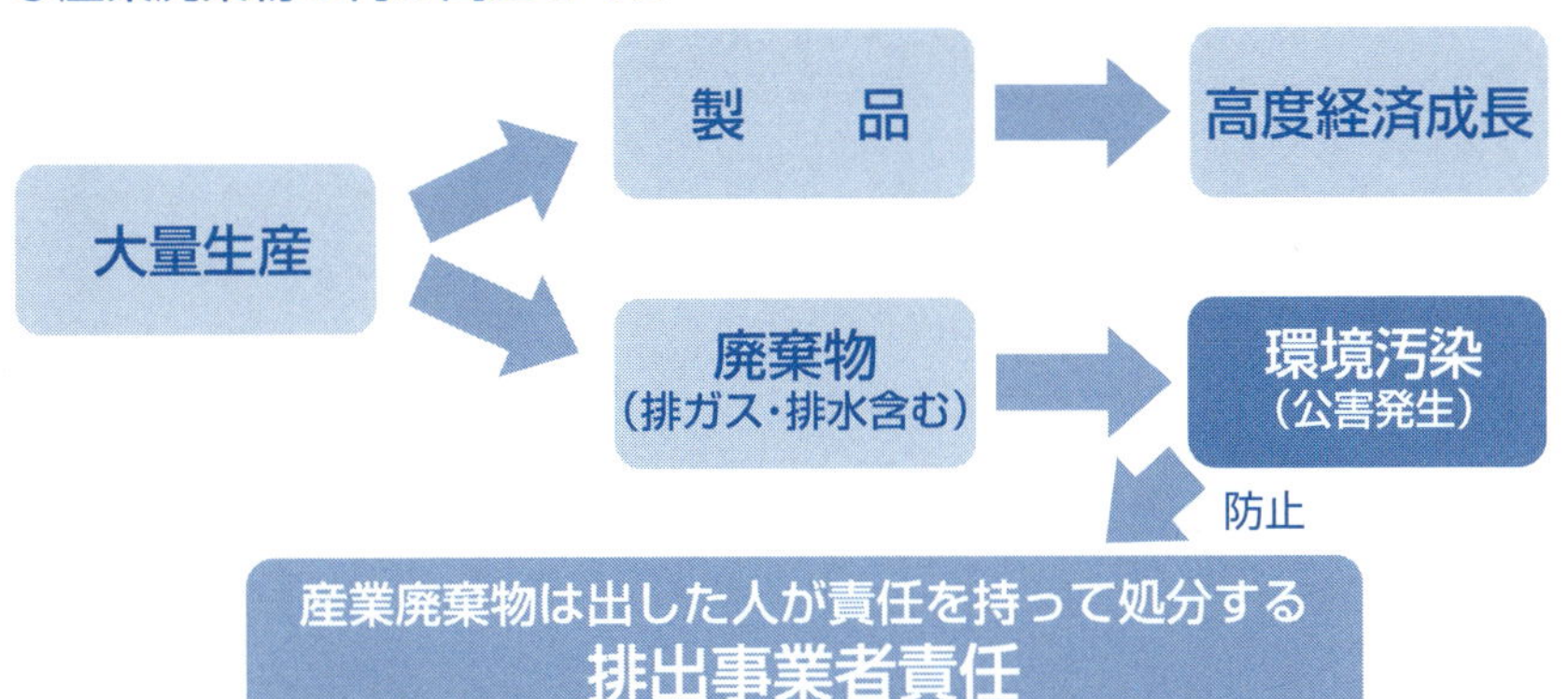

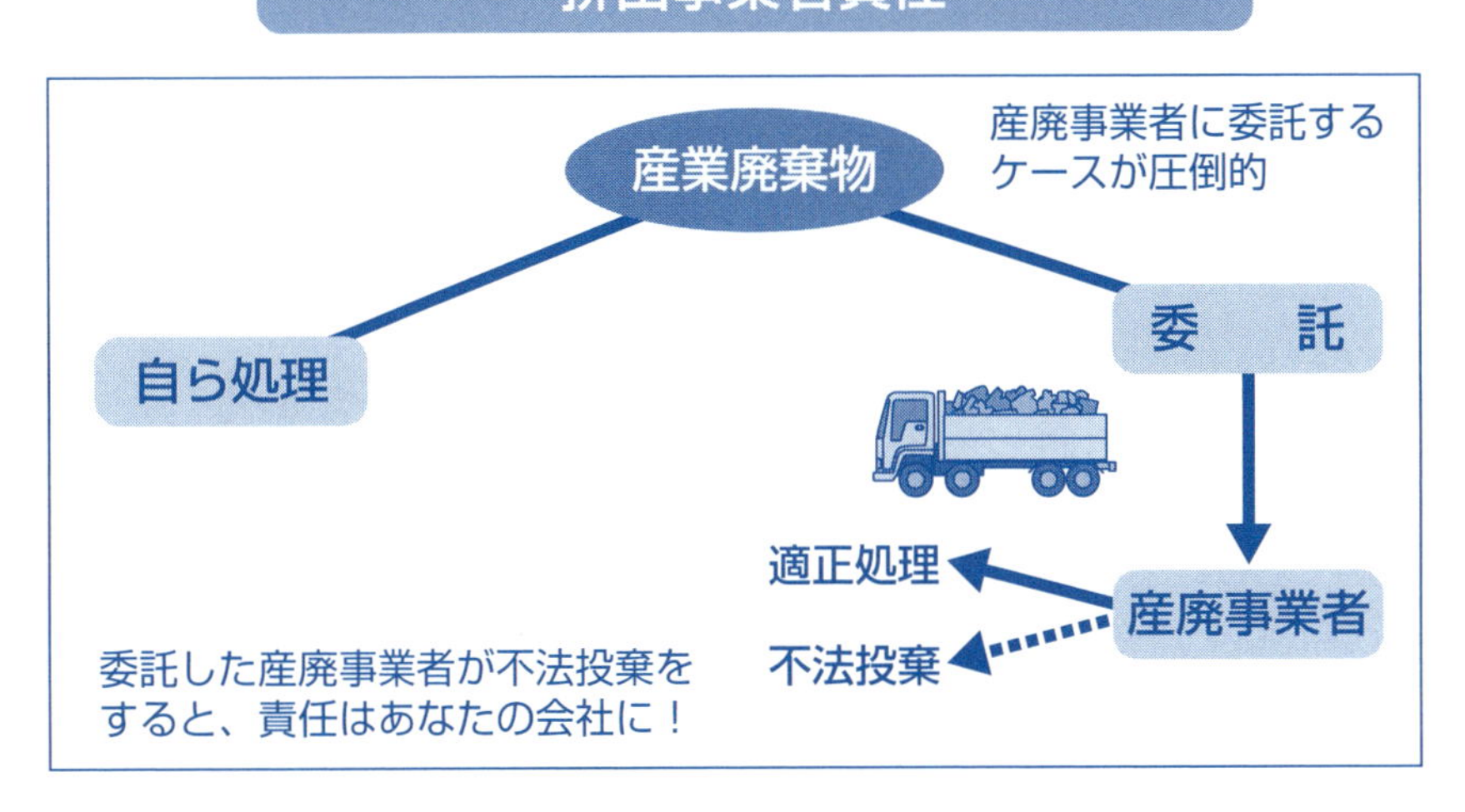

た。このような企業の一部は、具体的な名前をマスコミによって公表され、罰金や廃棄物の撤去命令が下されています。

残念ですが、このような大規模な不法投棄はいわば氷山の一角で、小規模な不法投棄が横行しているのが現実です。そのため何度も法律が改正され、処理法チェックや違法事業者への罰則は年々厳しくなっています。

また、違法行為が報道されれば、当然、会社のイメージ、信用を損なうことになり、最悪のケースでは経営問題にまで発展する可能性も充分あるでしょう。

このように、産業廃棄物処理については、安易に考えていてはならないのです。どんなに小さな違法行為でも、最終的な責任は排出事業者が負う、ということを忘れないでください。

[公害] 企業活動が、地域住民の健康や生活環境に被害を与えること。有毒ガスによる大気汚染や、排水による水質汚濁、騒音、振動などが挙げられる。近年は、公害よりもより広い概念として、環境汚染・環境破壊などの言葉が用いられている。

2

産業廃棄物の定義

あるときは一般廃棄物、あるときは産業廃棄物？

私たちが日常生活を送る上で、必ずつきまとうのがゴミです。ビニール袋や空き缶、空き瓶、紙など実にさまざまですが、ゴミは大きく2つに分類することができます。ひとつは一般廃棄物、もうひとつが産業廃棄物です。

左図を見てください。木がゴミとして発生するケースです。ひとつは木材製造工場で決められた形に木を切ることによって出てきた木の切れ端。もうひとつは、お父さんが日曜大工で犬小屋を作る際に出てきた木の切れ端です。どちらも同じ木の切れ端ですが、前者は産業廃棄物であり、後者は一般廃棄物に分類されます。

産業廃棄物は廃掃法（はいそうほう）によって「事業活動に伴って生じた20種類のもの」と定義されています。そして一般廃棄物は産業廃棄物以外の廃棄物であるとしています。産業廃棄物か一般廃棄物かという区分は、質的に悪いか、環境汚染の原因となり得るかどうかがひとつの目安となります。

木材製造工場の木は排出量が多く、耐火・防腐・防カビなどの特殊加工によって、質的にも環境に悪い可能性があります。そのため、木材製造工場から排出されたゴミは産業廃棄物に該当するわけです。

前項で見たとおり、産業廃棄物について定義されたのは、1970年代の飛躍的な経済成長に伴う公害問題が始まりです。特に工業の発展に伴い、多量の排水、排ガス、廃棄物が排出され、水俣病や四日市ぜんそくなど人体に深刻な影響をもたらしたことは、みなさんもご存じのとおりです。そこで事業活動に伴って排出される廃棄物の中でも、その性状や有害性などの見地から適正な処理を行なわなければ環境汚染の一因となるものを産業廃棄物と定義したのです。また現在では、爆発性・毒性・感染性など健康または生活環境に被害の恐れのあるものを「特別管理産業廃棄物」「特別管理一般廃棄物」と定義しています。

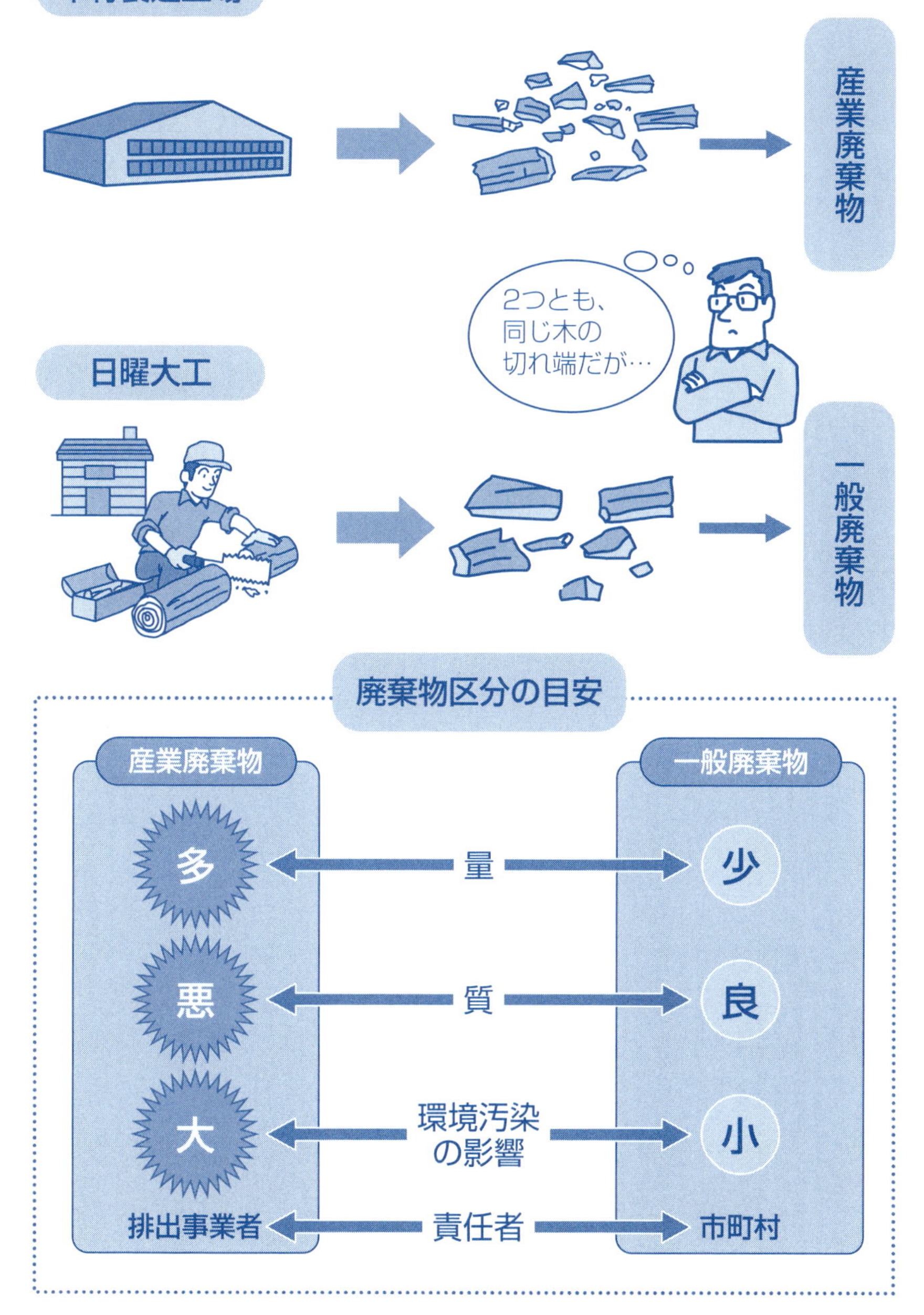

[排出事業者責任]「排出事業者は廃棄物を自らの責任で適正に処理しなければならない」という原則。これは、廃掃法の基本原則となっている。もしも不法投棄が行なわれ、不法投棄者に投棄物を除くなどの原状回復能力がない場合、排出事業者に原状回復の責任がある。

3

産業廃棄物の処分

リサイクル重視の中間処理が必要

企業から出てきた産業廃棄物は適正に処分しなければなりませんが、この処分には「**中間処理**」と「**最終処分**」の2つの形態があります。

最終処分とは埋め立てることですが、中間処理は、廃棄物を適正処理することで、すべてを捨てることなく再利用可能なものを生み出し（**リサイクル**）、それによって最終処分（埋め立て）に回す分を減らす工程のことを言います。

具体的には、選別・破砕・焼却・溶融・脱水といった中間処理の方法に分かれます。

「**選別**」とは、いろいろなものが混ざっている廃棄物から、たとえばプラスチックの中でも塩ビ系やビニール系などを、次にリサイクルができるように分ける行為です。

「**破砕**」は、廃棄物を一定の大きさにする作業です。リサイクルだけでなく、埋め立てやすいように量を少なくしたり、質をよくするために行なう作業が「破砕」です。

つまり、中間処理は産業廃棄物処理を行なう上で、必要不可欠なプロセスなのです。しかし、今後の地球環境を視野に入れると、もう一歩踏み込んで考える必要があります。

資源は有限です。このまま豊かな暮らしを続けていけば、資源はいつか枯渇し、廃棄物は出続けていくことになります。

モノを作り出す産業を**動脈産業**、モノを処理する産業を**静脈産業**と仮定した場合、その関係は左図のようになります。現在は動脈産業が太く、それに比べて静脈産業は極めて細い状態です。人間は動脈・静脈両方がうまく機能しないと生きていけません。

地球も人間も同じです。うまく機能するために地球の静脈（産業廃棄物処理）を太くすることが重要です。排出される廃棄物を資源とするための、リサイクルに重点をおいた中間処理を推進していく必要があるのです。

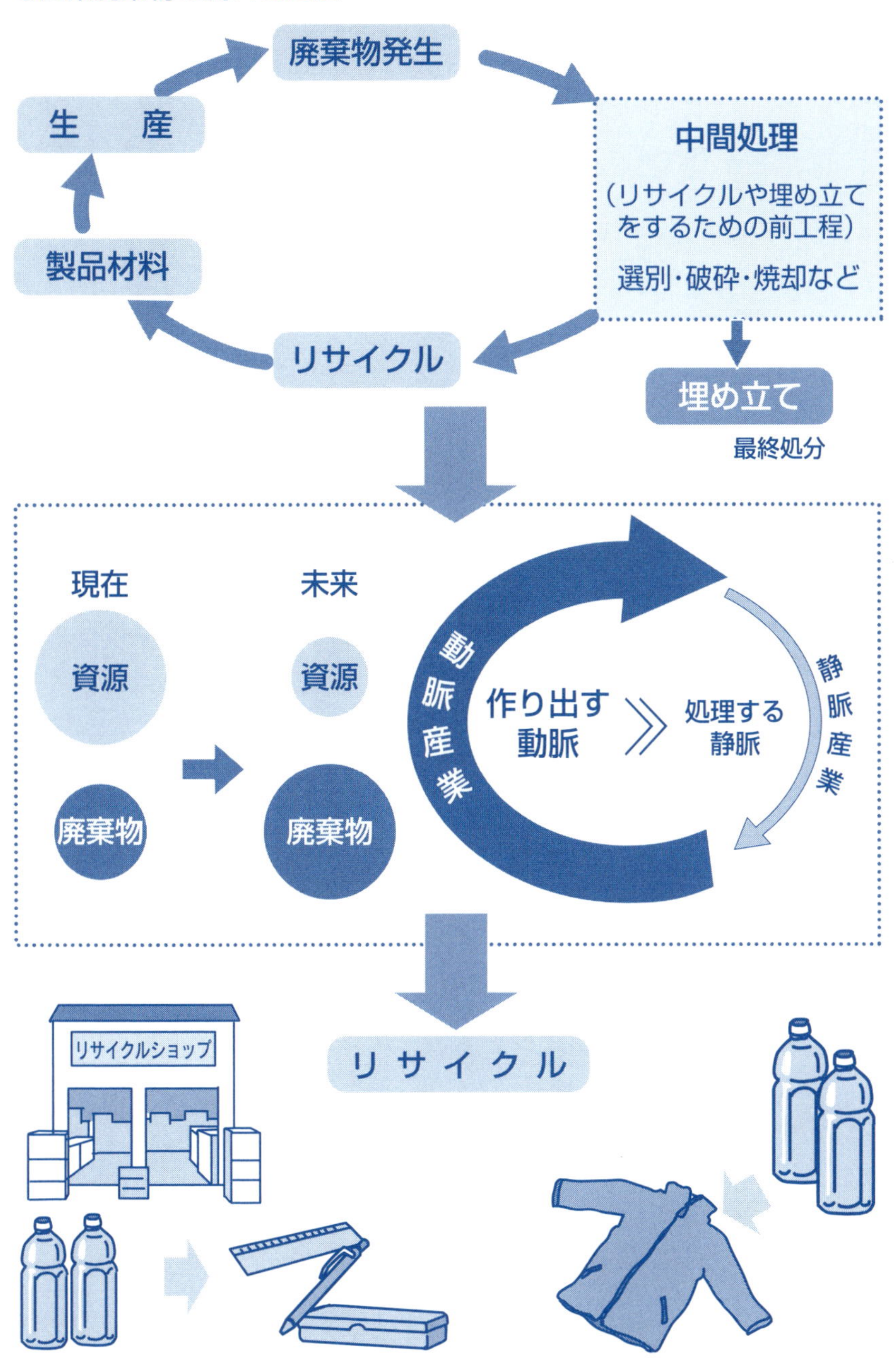

［中間処理］ 廃棄物を最終処分もしくはリサイクルしやすくするための前工程。選別・減容・無害化・安定化を行なうこと。中間処理の種類には、減容を行なう「焼却」「破砕」「脱水」や、酸性・アルカリ性を安定化する「中和」などがある。

4

不法投棄

不法投棄はなぜ後を絶たないのか

年々、不法投棄に対する規制・取締まりは厳しくなっています。ところが、不法投棄は一向に減少する気配がありません。規制や取締まりが厳しくなっているのに、なぜ不法投棄は発生し、減少しないのでしょうか？　詳しくは後で説明するとして、不法投棄が発生するカラクリを覗いてみましょう。

まず、発生した廃棄物は最終的には、①埋め立て、②リサイクルのどちらかに分かれます。

①埋め立て

現在、最終処分場の残余年数は非常に少なく、かなり逼迫（ひっぱく）した状況と言えます。最終処分場がなくなれば、廃棄物は行き場所がなくなってしまいます。最終処分場は貴重な存在なのです。貴重なだけに、最終処分場に埋め立てる費用は高額です。ここに不法投棄がなくならない原因のひとつがあります。

②リサイクル

現在、すべてのリサイクル品に対して必ずしも需要があるというわけではありません。たとえば、リサイクルされた固形燃料は、形成までに選別など細かな作業工程が必要になってきます。そのため、どうしても人件費や作業費、管理費が嵩（かさ）み、既存の燃料などに比べると価格が高くなる傾向にあります。「高い→売れない→さらに高くなる……」。この悪循環の繰り返しのために、リサイクルでの廃棄物処理費用が高騰していく場合もあります。

企業は営利を目的とし、当然、できるだけ多くの利益を得るための経営活動を行なっています。その中で、廃棄物は、コストのかかるやっかいもの、廃棄の手間も面倒くさいと思っている企業が多いのではないでしょうか。

しかし、誤解を恐れずに言えば、そのような考えの排出事業者の一部が、「コスト削減」という発想から自ら不法投棄を行なったり、処理事業者が多くの利益を得るために排出事業者の目をごまかして、不法投棄を行なったり

●不法投棄はこうして起きている

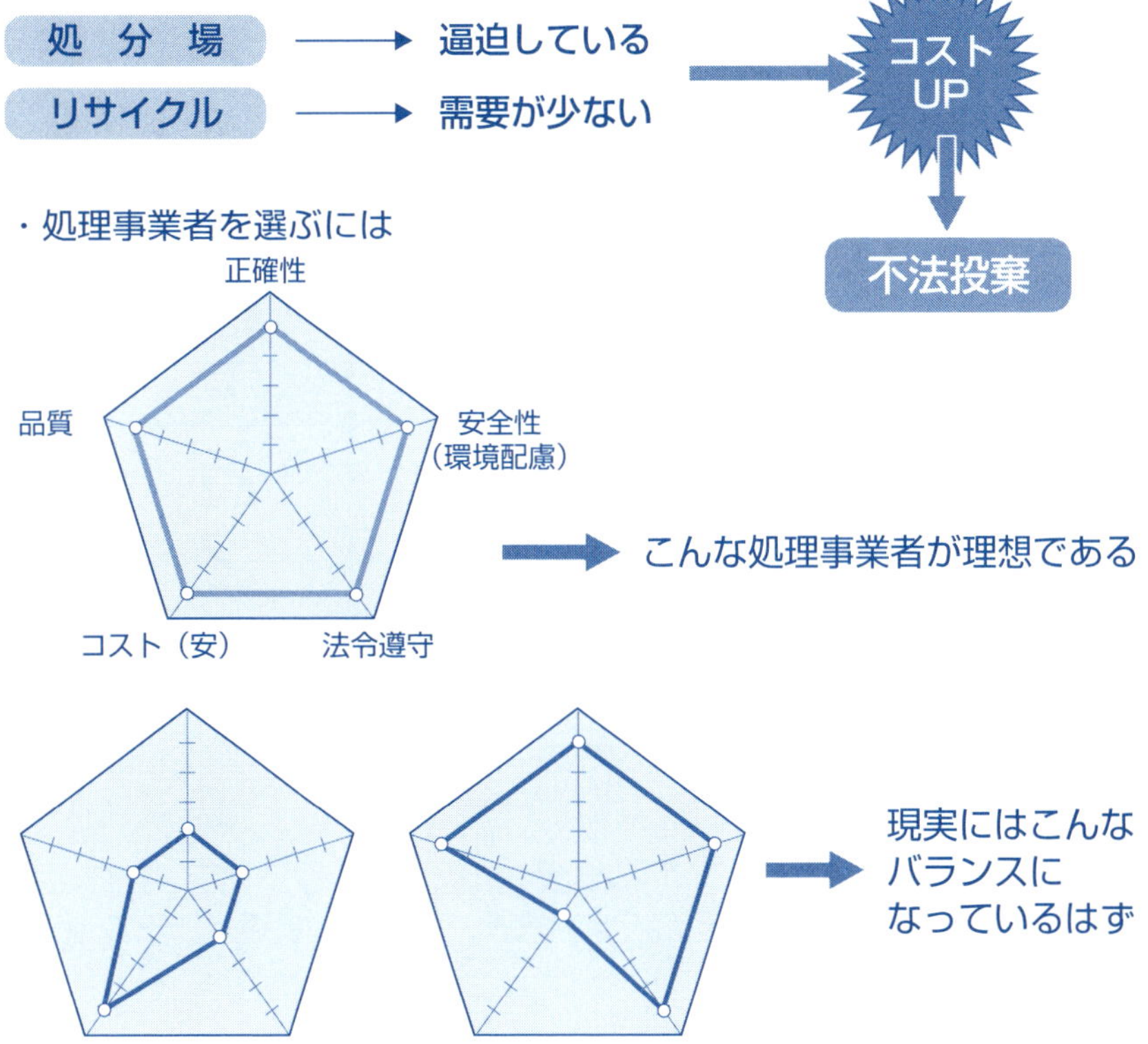

処分場 → 逼迫している
リサイクル → 需要が少ない
→ コストUP → 不法投棄

・処理事業者を選ぶには

正確性
安全性（環境配慮）
法令遵守
コスト（安）
品質

→ こんな処理事業者が理想である

→ 現実にはこんなバランスになっているはず

▶処理事業者もバランスよく選ぶ

するのです。不法投棄が発生する背景には、こうした考え方があることも認識しておく必要があります。

どんな業界でも「よりよく、より安く、より早く、より正確に」といった言葉があります。しかし、すべてを満足させることは、なかなか難しいものです。「早く正確に」と言われた場合、正確さを期するためには必ずチェックが必要で、「早く」ということに逆行します。そこで、両方が満足いくバランスをどこで取るかが大事になってくるのです。

産業廃棄物処理にも同じようなことが言えます。「より安く」にこだわり過ぎる危険性を認識してください。

廃棄物処理の最終責任は排出事業者にあります。処理事業者の選定は、コスト面だけではなく、慎重に厳しく行なう必要があるわけです。

[最終処分] 最終処分とは、埋立処分と海洋投棄を指す。「最終処分場」とは、廃棄物を埋立処分する施設を指すが、契約書やマニフェストにおける「最終処分を行なう場所」には、残さが有価物となる中間処理施設を含む。

5 適正処理をするために

委託契約書とマニフェスト

産業廃棄物処理で必ず登場してくるのが、委託契約書とマニフェストです。

マニフェストとは、すべての産業廃棄物処理に必要な書類で、7枚綴りの複写式の伝票のことを言います。この7枚綴りの伝票を排出事業者、収集運搬事業者、処分事業者が、廃棄物処理の過程でチェックしていくことになります。

排出事業者（一般企業）の中には、「廃棄物処理の時はマニフェストさえ交付すればよい」「今回の場合は公共の仕事だから、マニフェストを交付しなければならない」などと考えている人も時々いますが、それは間違いです。

廃棄物処理は、「排出事業者が責任を持って処理しなければならない」と法律で義務づけられています。そこで、自ら処理することができない排出事業者は、処理を事業者に委託することになります。しかし、廃棄物処理には責任が生じますので、委託する時には、書面にて事業者との間でしっかり契約を交わすことが必要になってきます。

その**委託契約書**には、「誰と誰が何をどれだけ委託するか」「廃棄物は最終的にどのように処理されていくのか」などを記載しなければなりません。つまり、契約書を見れば廃棄物の流れ、各工程における委託事業者などがひと目でわかるようになっているのです。

契約が無事終了し、実際に廃棄物が発生した時に交付するのが、マニフェストです。マニフェストには、廃棄物を管理する役割があります。

しかし、契約書とマニフェストはあくまでも書類行為にすぎません。その「実行」こそが重要なのです。

繰り返しますが、廃棄物処理は「排出事業者（一般企業）が自ら責任を持って処理」しなければなりません。

仮に処分事業者が廃棄物を不法投棄した場合でも、責任は排出事業者にあるのです。ですから、排出事業者は委託をする場合、「この処理事業者は本当に信用できるのか、委託して大丈夫

●産廃処理が適正に処理されているかを二段階チェックする

チェック1

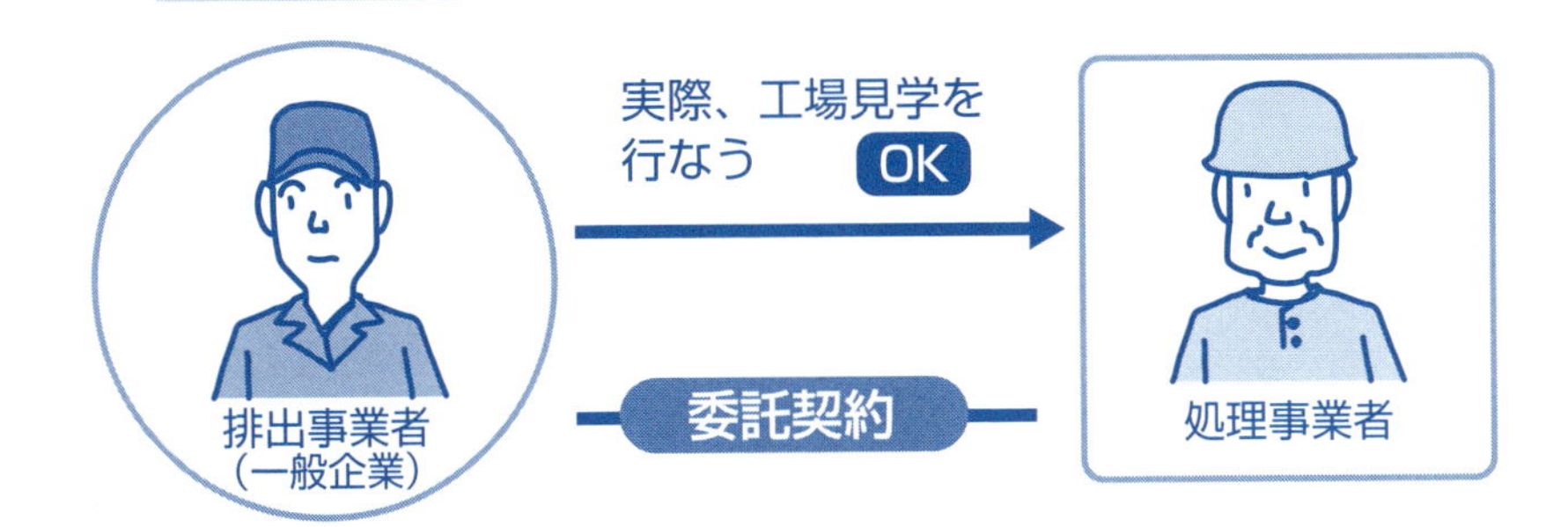

チェック2

なのか」といったことを事前に調査する必要があります。

　そこで参考にしていただきたいのが、廃棄物処理事業者に関してのチェック項目です（5章の4項参照）。チェックがすべて終わり、任せて大丈夫となって初めて契約を交わします。

　実際の運用時には、マニフェストに沿って正しく処理されているかを再度チェックします。つまり、「委託契約書」と「マニフェスト」で2回チェックできるしくみになっているのです。

　契約書の締結、マニフェストの交付は、「廃掃法」によって義務づけられています。廃掃法は、排出事業者（一般企業）が自ら責任を持って処理をするという義務を定めながら、処理を委託する場合の排出事業者責任を補助する役割を果たしている法律なのです。

［委託契約書］ 産業廃棄物の収集運搬及び処分を委託する場合、産業廃棄物処理委託契約書が必要になる。本書で言う「契約書」とは、この産業廃棄物処理委託契約書を指す。事業者が排出した廃棄物の行き先・処理方法がすべて明示されている。

6

産廃に関する法律

産業廃棄物に関する法律にはどんなものがあるのか

日本には「**環境基本法**」という法律があります。1993年（平成5年）に施行されました。基本理念としては、「環境保全の重要さを認識し、自然環境を守り、環境に負荷のかからない持続可能な社会の構築を積極的に取り組むこと」となっています。それを実現していくための方針として、循環型社会の形成を挙げることができます。

循環型社会の形成とは、大量生産、大量消費、大量廃棄型の経済社会から脱却し、物質の効率的な利用やリサイクルを進めることで、環境への負荷が少ない社会をつくろうというものです。

循環型社会を達成するために、廃棄物を適正に処理する「廃掃法」が定められています。また、限りある資源を有効活用するために、積極的なリサイクルを行なう「**建設リサイクル法**」「**家電リサイクル法**」「**自動車リサイクル法**」「**容器包装リサイクル法**」などが具体的に定められ、遵守が義務づけられています（詳しくは6章を参照）。

1970年、それまでの「清掃法」を全面改訂して「廃掃法」が制定されました。ところが、廃掃法が施行されたにもかかわらず、コスト削減のために不法投棄が行なわれるという状況が生じてきました。それを防止するために罰則が強化され、**環境Gメン**という、廃棄物が適正に処理されているかを専門的に調査する人や検問活動、パトロールなどが昼夜をおかず行なわれています。

また、適正に処理しているものの、最終埋立場所が逼迫（ひっぱく）している状態の打開策として、埋め立てるのではなくリサイクルする方向で各種リサイクル法が制定されたわけです。

さらに、各地方自治体によっては、国が制定した法律をさらに細かく規定した条例がある場合もあります。

「違法行為だなんて知らなかった」ということにならないためにも、常に法律の最新情報についてはアンテナを張っておく必要があります。

●「産廃の法律」が改正され続ける理由

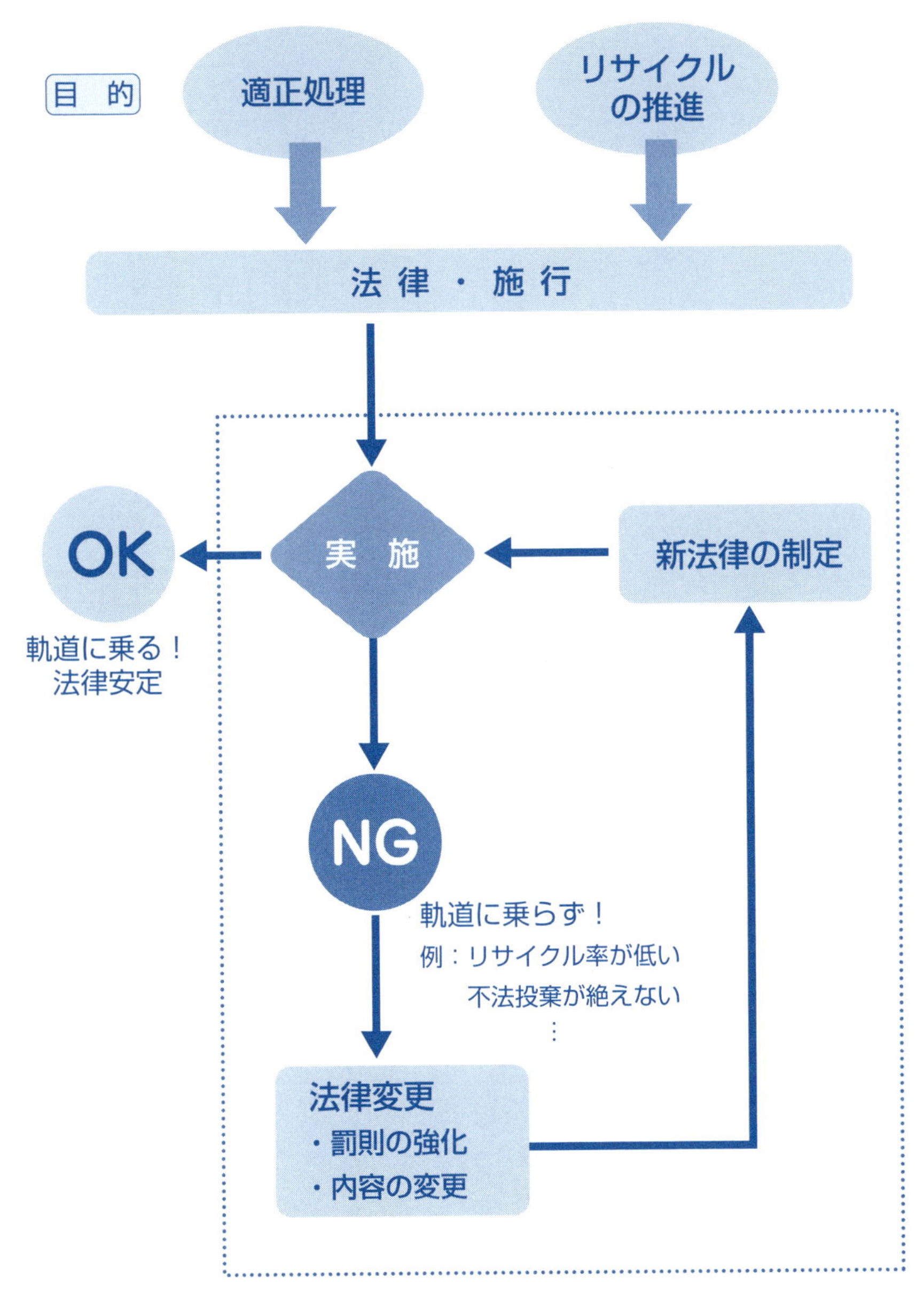

▶現在はこの枠内のサイクルを繰り返している

[不法投棄] 廃棄物が定められた場所以外、たとえば山林や河川敷等に不法に廃棄され、環境破壊を招くもの。最終処分場の設置基準は厳しく、また周辺住民の反対運動もあって確保が困難なこともあり、無許可事業者による不法投棄が増加している。

7 産業廃棄物と環境

環境に鈍感な企業は生きていけない

ここに2台のパソコンがあるとします。ひとつは再利用可能な素材で作られ、回収もきちんと行なうメーカーのものですが、価格は少し高め。もうひとつはリサイクルできない使い捨てのもので、価格は安い。あなたなら、どちらのパソコンを購入するでしょうか？　正直なところ、「リサイクルも大事だけど、安いほうがいい」と考える人が多いかもしれません。

たしかに個人で購入する場合、安いほうを選択する気持ちはわからないではありません。ですが、これが企業による購入となると話は別です。なぜなら、これからは環境に配慮しない企業は生き残っていけないからです。

一般的にモノを選ぶ基準として、「品質」「安全性」「価格」といった点を挙げることができるでしょう。

しかし、世界的に環境問題を解決する方向に向かっている中で、**「環境」**も選択基準として考慮する必要があります。単に「安いから」という基準だけでモノを購入するわけにはいかなくなっているのです。

現在、世界的な規模でCO_2を削減しようとしています。すると、電気自動車を使用してCO_2を削減することと、CO_2を多量に排出する普通車のどちらに乗るのか、という選択を突きつけられるわけです。

価格面を見れば当然、電気自動車のほうが高くつきます。しかし、環境面での評価は電気自動車のほうが高く、使用することで会社のイメージアップにもつながるはずです。

もちろん「品質」「安全性」「価格」などを無視して「環境」だけに捉われるわけにはいきません。しかし、不法投棄を摘発され、社名が公表されたらどうでしょう。罰則を受けるのは当然ですが、その会社の商品の品質面などにも疑いの目を向けられ、会社としての信用が失墜することにもなりかねません。

実際に多くの人は、「法律が整備さ

●環境と企業の関係

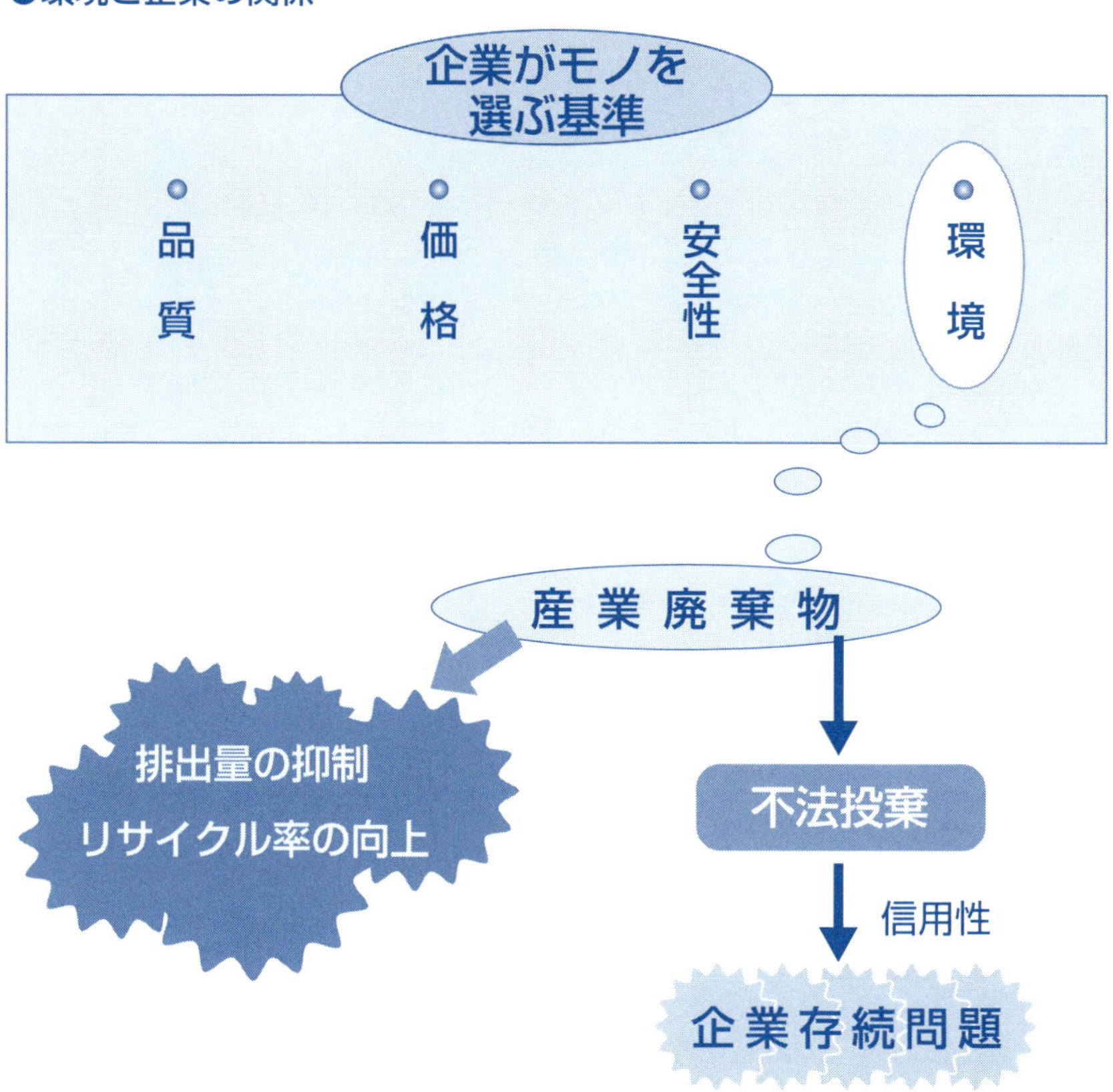

れているから事故は起こらないだろう」と考えます。しかし、マンション等の耐震構造偽装事件では、起こらないはずのことが起き、国民の生活は不安にさらされてしまいました。

　このように商品の「安全性」に関しては、それが会社にとっていかに大事かはすぐに判断できますが、これからはそれと同様に、「環境」にも最重要事項として力を入れていかなければなりません。

　環境に配慮するには、法律など最新の情報を整理しておく必要があります。なぜなら、廃棄物に関しては法改正が頻繁なため、「先月までは適法だった行為が、今月には法律違反になっている」かもしれないからです。

　環境に鈍感な企業は、近い将来、その代償が自分の身に降りかかってくることになります。

［オゾン層破壊］ 成層圏のほぼ中央、地上から約25㎞付近にオゾンという分子が薄く分布しており、これをオゾン層と呼ぶ。オゾン層は太陽からの強い紫外線を吸収する。エアコンや冷蔵庫などの冷媒として使用されたフロンがオゾン層を破壊しているため、フロンの使用は全廃された。

Column

産廃処理業のビジネスモデルが不適正処理を生む？

不法投棄をはじめとする不適正処理が起こる大きな原因の１つとして、そもそも産廃処理業のビジネスモデルそのものの構造が挙げられます。

一般的な製造業のビジネスモデルでは、モノとお金が反対方向に動きます。そのため、利益を得るには買ってもらえるモノを作らなければいけません。当然、モノを作るためのコストは利益を得る前に発生します。つまり、企業努力と企業利益が連動します。

一方で産業廃棄物処理業のビジネスモデルの多くは、廃棄物を受け取る際に処理費用を受け取る、というようにモノとお金が同一方向に動きます。排出事業者にとっては、不要なものを処理するためにさらにお金をかけることになるため、「とにかく安ければいい」と価格の安さのみで処理事業者を選択することになりやすいと言えます。また、処理業者にとっての主なコストとは、処理の実施や処分後の残さの処理にかかる費用であり、処理費用をもらった後に発生します。そのため、処理業者側からすれば、とりあえず廃棄物を集めれば（委託をたくさん受ければ）売上が上がるので、価格を安くしてでも廃棄物を多く集めようという考え方に陥る可能性が高いと言えます。

もちろんすべての排出事業者、処理事業者がこのように考えているわけではありませんが、ビジネスモデルとしてそのような考えに陥りやすい構造であるということは把握しておかなければいけません。

項目	製造業	産業廃棄物処理業
顧客の対象	消費者	排出事業者
客にとって	利益を生む製品（サービス）を提供 ～つくる～	利益を生まない不要物を処理 ～なくす～
市　場	自由競争　※共通している	
モノとお金の動き	お金（顧客→事業者） 商品・サービス（事業者→顧客）	お金（排出事業→処理業） 廃棄物（排出事業→処理業）
判断基準	［商品の質・評価］［値段］ を考慮して選択	［値段］ のみが選択の要素となりやすい
コスト構造	原価（製造コスト）は取引前に必要に ＝「売れるものでないと原価が回収できない」	原価（処理コスト）は取引後に必要に ※特に中間処理の場合 ＝「集めれば集めるほど、売上は上がる」

1章 産業廃棄物って何だ？

1 廃棄物の定義と区分

価値のない、誰も買わないモノが廃棄物

廃棄物とは、言わば「不要になったモノ……すなわちゴミ」のことですが、「廃棄物の処理及び清掃に関する法律（**廃掃法**）」上では、「排出事業者が自分で利用したり、他人に売ったりすることができないために不要となった固形状・液体状のもの」と定義されています。

ゴミ（廃棄物）は序章でも述べたとおり、「**産業廃棄物**」と「**一般廃棄物**」の2つに分けられますが、廃掃法では、産業廃棄物についてしっかり定義されており、産業廃棄物以外の廃棄物を一般廃棄物としています。

また、産業廃棄物は、略して「産廃」とも呼ばれます。

では、ゴミ（廃棄物）は産業廃棄物と一般廃棄物の2種類だけかというと、そう単純ではありません。

左図を見てわかるとおり、産業廃棄物の一部は、さらに「**特別管理産業廃棄物**」に分けられ、一般廃棄物は「**事業系一般廃棄物**」と「**家庭廃棄物**」そして「**特別管理一般廃棄物**」に分けられます。つまり、ゴミ（廃棄物）は5つに分類されるわけです。

ここまでの説明で、廃棄物の大まかな分類がわかってもらえたでしょうか。この5つの分類が重要になる理由は、この分類によって、処理の方法や取扱い方が異なってくるためです。

では次に、5つに分類される廃棄物が具体的にはどのようなものなのかを簡単に説明しましょう。

基本的に廃棄物は、排出場所やその性質によって左図のように5つに振り分けられます。

産業廃棄物は事業活動に伴って生じた廃棄物であり、20種類に分類されます（詳しくは次項を参照）。

その中でも、爆発性や毒性、感染性を有するもので、特別な管理が必要とされる産業廃棄物のことを特別管理産業廃棄物と呼んでいます。

一般廃棄物は、家庭など日常生活に伴って発生する廃棄物のことです。こ

●廃棄物の分類

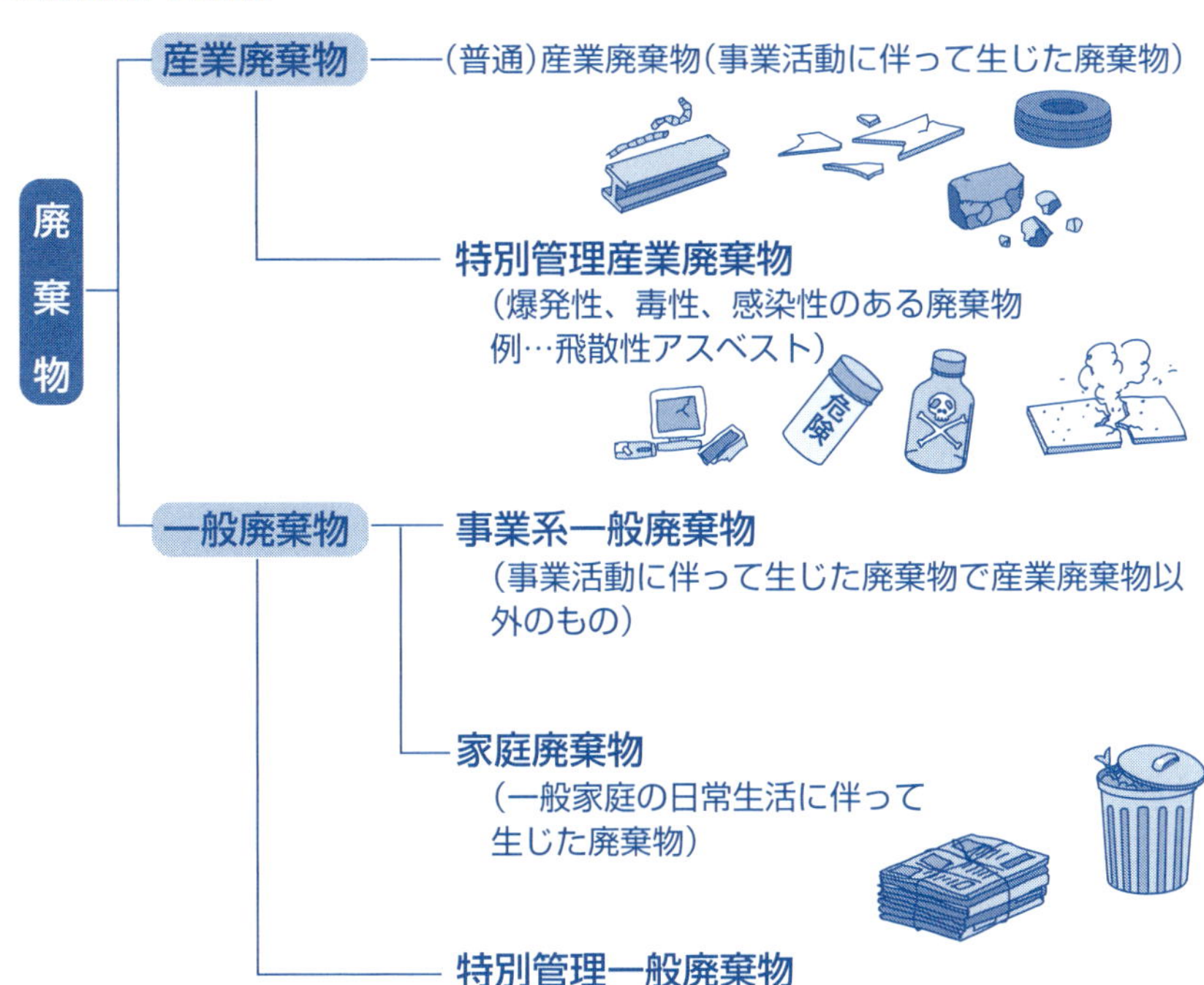

れが、私たちが一般に「ゴミ」と呼んでいるものだと考えてよいでしょう。

一般廃棄物の中でも、PCB使用部品や、感染性一般廃棄物など、特別な管理が必要となる廃棄物のことを特別管理一般廃棄物と呼びます。

ここで注意しなくてはいけないのが、事業系一般廃棄物の分類です。事業系一般廃棄物とは、事業活動に伴って生じた廃棄物で、産業廃棄物以外の廃棄物のことを言います。

同じ事業活動に伴って生じた廃棄物なのに、どうして産業廃棄物と事業系一般廃棄物に分類されるのか、疑問に感じる人もいるでしょう。説明が少し複雑になりますので、その違いについては、次項で具体例を挙げて説明することにします。

［廃掃法］廃棄物の定義や処理責任の所在、処理方法・処理施設・処理業の基準などを定めた法律。正式名称を「廃棄物の処理及び清掃に関する法律」と言い、「廃棄物処理法」とも呼ばれる。

2

産業廃棄物の区分

事業活動に伴って発生する廃棄物のうち20品目が産業廃棄物

事業活動に伴って発生する廃棄物が、すべて「産業廃棄物」かと言うと、そうではありません。「産業廃棄物」ともうひとつ、「事業系一般廃棄物」があります。

では、「産業廃棄物」と「事業系一般廃棄物」にはどのような違いがあるのでしょうか。具体的な例を挙げながら説明しましょう。

◆産業廃棄物の具体的中身

左図を見てください。「燃え殻」「汚泥（おでい）」「廃油」に始まり「動物の死体」「13号廃棄物」など、20種類の廃棄物があるのがわかります。これらを「品目」と呼びます。

「**品目**」とは、簡単に言えば「産業廃棄物につけられたそれぞれの名前」ということです。

ですから、産業廃棄物を処理事業者に委託する時、処理事業者から「御社の産業廃棄物にはどんな品目が含まれますか?」という質問を受けた時に、「梱包紙やビニールがあります」と答えるよりも、「紙くず、廃プラスチック類があります」と答えるほうが正確な受け答えになるのです。

マニフェスト（92～93ページ参照）を記入する時、この「品目」はかなり重要なポイントになりますから、ここでしっかり理解しておいてください。

品目について、ひとつ注意が必要なのは、都道府県等により品目の呼び方が違う場合があることです。たとえば、「ガラスくず及び陶磁器くず」について言えば、「ガラスくず」「ガラスくず等」「ガラスくず、コンクリートくず及び陶磁器くず」などいくつかのバリエーションがありますが、これらはすべて同じ品目を指します。

次に、品目の右隣を見てください。「石炭火力発電所から発生する石炭がらなど」「潤滑油、洗浄用油などの不要になったもの」「アルカリ性の廃液」などいろいろ書かれています。ここでは「廃プラスチック類」を例に取って

●産業廃棄物の品目

産業廃棄物

燃え殻	(石炭火力発電所から発生する石炭がらなど)
汚泥(おでい)	(工場廃水処理や製品製造工程などから排出される泥状のもの)
廃油	(潤滑油、洗浄用油などの不要になったもの)
廃酸	(酸性の廃液)
廃アルカリ	(アルカリ性の廃液)
廃プラスチック類	①廃合成樹脂建材 ②廃発泡スチロール等梱包材 ③廃タイヤ ④廃シート類
紙くず	①梱包材・ダンボール ②壁紙・障子(しょうじ)等
木くず	①木造家屋解体材 ②型枠・足場材 ③大工・建具工事等残材等
繊維くず	①廃ウエス ②縄・ロープ類 ③畳・絨毯(じゅうたん)等
ゴムくず	天然ゴムくずのみ
金属くず	①鉄骨・鉄筋くず ②金属加工くず ③廃容器缶くず等
ガラスくず及び陶磁器くず	①ガラスくず ②タイル衛生陶器くず ③耐火レンガくず等 ④石膏ボード ⑤石綿含有産業廃棄物(非飛散性)
鉱さい	(製鉄所の炉の残さいなど)
がれき類	①建設工事から発生するコンクリート破片 ②非飛散性アスベスト含有建材
ばいじん	(工場の排ガス処理から発生するばいじん)
動植物性残さ	(魚や動物のあら、発酵かすなど)
動物系固形不要物	(動物、トリなどの固形状の不要物)
動物のふん尿	(畜産場で出た牛、豚、トリなどのふん尿)
動物の死体	(畜産場で出た牛、豚、トリなどの死体)
13号廃棄物	(コンクリート固型物など)

[処理事業者] 排出事業者から委託を受けて、廃棄物の運搬もしくは中間処理・最終処分を行なう事業者を指す。委託を受けて廃棄物を扱うには、管轄する都道府県知事または政令市長の許可が必要であり、それぞれの業について取り扱う品目が定められている。

説明します。
「廃プラスチック類」という品目の右隣には、①廃合成樹脂建材、②廃発泡スチロール等梱包材、③廃タイヤ、④廃シート類といった名前が並んでいます。これらは「廃プラスチック類」に該当する、より具体的な産業廃棄物です。

ところでこの図を見て、「ん？　廃タイヤってゴムくずじゃないの？」と疑問に思った人がいるかもしれません。タイヤ＝ゴムと世間一般には認識されていますので、そう考えるのも無理ありません。しかし、「廃タイヤ」は「廃プラスチック類」に該当します。

というのも、廃掃法で「ゴムくず」は「天然ゴムくずのみ」と定義されており、「廃タイヤ」など人間が作り出した人工ゴムは、産業廃棄物の品目としては、「廃プラスチック類」に分類されるからです。

その他にも間違いやすい廃プラスチック類は多く、一見すると繊維くずに見えるＹシャツや、スーツなどの洋服も、現在そのほとんどが、合成繊維を原料としていますから「廃プラスチック類」に当たります。「繊維くず」は廃掃法で「天然繊維のみ」とされているためです。

◆事業系一般廃棄物の中身

産業廃棄物の具体的な中身について、おわかりになったでしょうか。ここからは、少し話が複雑です。

産業廃棄物とは「事業活動に伴って発生する」廃棄物と説明しましたが、実は、中に業種が特定されている品目が存在しているのです。

それは、「**特定の事業活動に伴う産業廃棄物**」と言われるもので、「紙くず」「木くず」「繊維くず」「動植物性残さ」「動物系固形不要物」「動物のふん尿」「動物の死体」の７品目です。７品目の具体例と特定業種については左図に示しています。

つまり、この７品目の廃棄物が発生した場合、各品目における特定業種であれば、「産業廃棄物」、特定業種以外であれば「事業系一般廃棄物」となるわけです。

たとえば、人材派遣業を行なっている事務所から発生した「紙くず」は、産業廃棄物の特定業種に指定されていませんから、産業廃棄物ではありません。しかし、パルプ・製紙工場から排出された「紙くず」は産業廃棄物となります。

36～39ページに、間違いやすい廃棄物の例を挙げて詳しく説明していますので参考にしてください。

●特定業種の品目一覧

	産廃物の種類	特定業種(産業廃棄物)
紙くず	紙、板紙のくず　等	紙加工品製造業、新聞業、出版業、製本業、製紙業、パルプ製造業、印刷物加工業
	新築、改築、増築、除去等に伴う紙くず	建設業
木くず	木材片、おがくず バーク類　等	木材、木製品製造業、物品賃貸業、パルプ製造業、輸入木材卸売業
	新築、改築、増築、除去等に伴う木くず	建設業
	貨物の流通のために使用したパレット	すべての業種(平成20年4月1日より)
繊維くず	木綿・羊毛等の天然繊維くず	繊維工業(縫製を除く)
	新築、改築、増築、除去等に伴う畳類　等	建設業
動植物性残さ	のりかす、醸造かす　等	食料品、医薬品製造業、香料製造業
動物系固形不要物	牛、豚・食鳥等の不可食部分等の不要物	と畜業
動物のふん尿	牛、馬、豚、にわとり等のふん尿	畜産農業
動物の死体	牛、馬、豚、にわとり等の死体	畜産農業

上記以外の業種から排出された廃棄物は、事業系一般廃棄物になります。

例　パルプ・製紙工場から排出された紙くず ──▶ 産業廃棄物

　　事業所から排出された書類 ──▶ 事業系一般廃棄物

3

特別管理産業廃棄物

厳重な管理が必要な「特別管理産業廃棄物」

特別管理産業廃棄物は、略して、**特管**（とっかん）や**特管産廃**（とっかんさんぱい）などと呼ばれます。特別な管理が必要な産業廃棄物で、廃掃法では「産業廃棄物のうち、爆発性・毒性・感染性・その他の人の健康又は生活環境に係る被害を生じる恐れがある性状を有するもの」と定義されています（特別管理一般廃棄物も同様の定義）。

左図を見ればわかるように、特別管理産業廃棄物は、「廃油」「廃酸」「廃アルカリ」「感染性産業廃棄物」「特定有害産業廃棄物」「輸入廃棄物」の6種類に大きく分類されます。

特別管理産業廃棄物についてひとつひとつ説明していくと非常にややこしくなりますので、ここでは簡単に触れておくだけにしましょう。

まず「廃油」は、灯油類・軽油類・揮発油類が廃油となったものが該当します。普通産廃での「廃油」と異なる点は「燃焼性があるかどうか」です。燃焼しにくい廃油を除く廃油が特別管理産業廃棄物と考えれば、わかりやすいと思います。

「廃酸」とはpH2・0以下の強酸性廃液のことを言い、「廃アルカリ」は、pH12・5以上のアルカリ性廃液のことを言います。「感染性産業廃棄物」とは、医療関係機関等から排出され、人が感染したり、または感染する恐れのある病原体が含まれたり、付着している産業廃棄物のことを言います。

「特定有害産業廃棄物」には、PCBに関連した産業廃棄物や廃石綿等、廃水銀等があります。さらに、特定排出源から排出される産業廃棄物で、水銀等の有害物質が環境省令に定める基準に適合しないもののことを言います。

特別管理産業廃棄物を排出する事業者は、廃掃法で定められた一定の資格を満たしている「特別管理産業廃棄物管理責任者」を設置する必要があるなど、通常とは異なる対応が求められるので注意が必要です。

●特別管理産業廃棄物に分類されるもの

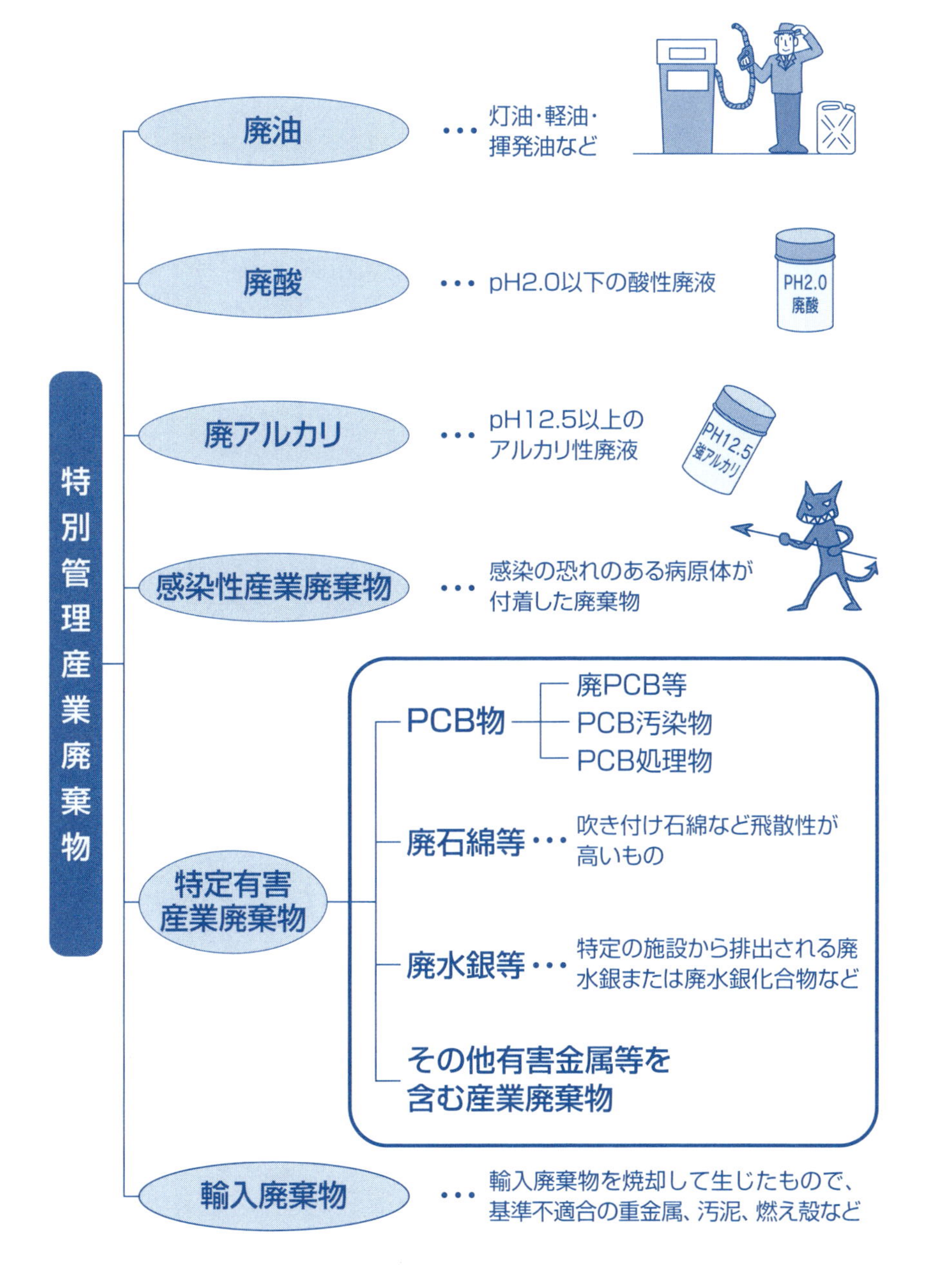

[普通産廃] 特別管理産業廃棄物以外の産業廃棄物のことを言う。特管産廃とはっきり区別するための俗称。

4

間違えやすい廃棄物

産業廃棄物？それとも一般廃棄物？

ここまでの説明で廃棄物の分類については理解できたと思います。しかし実際には、廃棄物がどれに分類されるのか、迷うケースもあるでしょう。そこで、特に迷いそうな事例をいくつか取り上げて説明することにします。

まずひとつ目です。

「建築現場から発生した木くず」と「お父さんが日曜日に、犬小屋を作る過程から発生した木くず」――どちらが産業廃棄物でしょうか。

これは序章（14～15ページ）でも説明したとおり、答えは「建築現場から発生した木くず」です。ポイントは、廃棄物の発生元。前者は建築現場が発生元で、「家を建築する」という事業活動から発生した廃棄物です。また、「木くず」は特定業種が定められている品目ですが、その中に建設業が含まれているので、産業廃棄物と判断できるわけです。一方、「お父さんが日曜日に、犬小屋を作る過程から発生した木くず」は、一般家庭から発生した廃棄物のため、「一般廃棄物」に分類されます。

それでは、2つ目の問題です。

「オフィスから発生した不要なコピー用紙」と「製本等の出版事業から発生した紙くず」――どちらが産業廃棄物でしょうか。両方とも「事業活動の過程で発生した」紙くずです。

正解は「後者」。製本等の出版事業から発生した紙くず」が産業廃棄物です。「木くず」と同様に「紙くず」も「特定の事業活動に伴うもの」と定められています。その業種は、建設業・パルプ製造業・製紙業・紙加工品製造業・新聞業・出版業・製本業・印刷物加工業の8業種に限られます。つまり、オフィスから発生したコピー用紙も、事業活動から発生した紙くずに違いはありませんが、特定の事業活動に分類されないため、事業系一般廃棄物となるわけです。

では、次の事例では、一般廃棄物と産業廃棄物のどちらと考えるべきでしょうか。

●一般廃棄物と産業廃棄物の区別

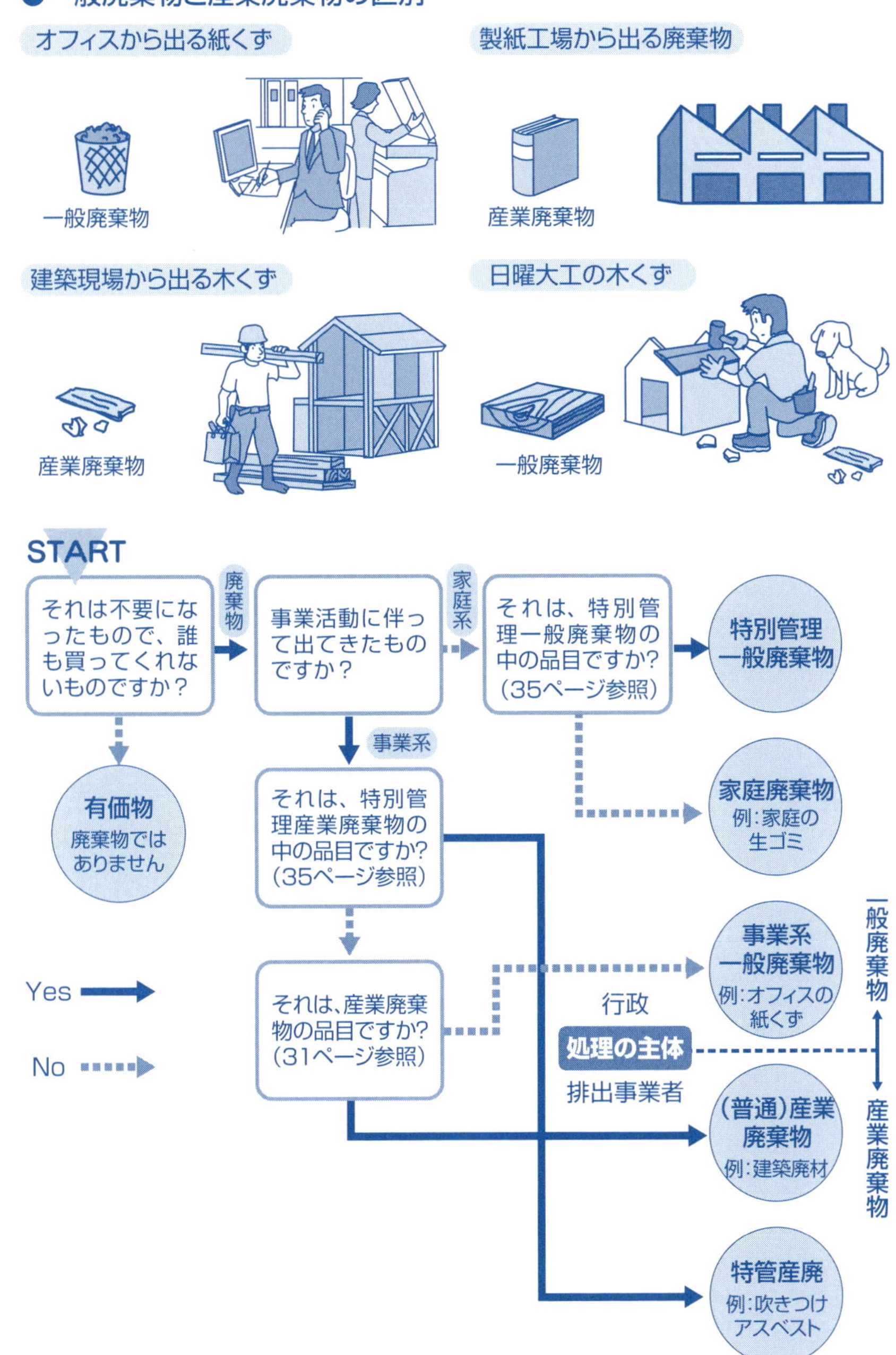

【ヘルメット】

工場に入るときにヘルメットの着用を義務づけている会社は多くあるでしょう。このような会社では通常、ヘルメットを支給しています。

この会社から排出されたヘルメットは、産業廃棄物と一般廃棄物のどちらに区分されるのでしょうか。

まず、工場に入るためにヘルメット着用が義務づけられている以上、ヘルメットがないと仕事ができません。したがって、ヘルメットは「事業活動の過程で発生した」廃棄物であると言えます。

そして、ヘルメットはプラスチックでできていることから、廃棄物の種類としては「廃プラスチック類」であるということになります。

廃プラスチック類は、「特定の事業活動に伴う産業廃棄物」には該当しないので、この時点でヘルメットは（普通）産業廃棄物であると特定できます。

【粗品のカレンダー】

年末になると、多くの企業が取引先などに挨拶回りを行ないます。このとき、自社で作成したカレンダーなどを粗品として持参することはよく見られる光景です。

この贈答用のカレンダーが配りきれずに余ってしまい、廃棄しなければならなくなった場合は、産業廃棄物と一般廃棄物のどちらに区分されるのでしょうか。

まず、このカレンダーは取引先への営業活動の一環として作成されていますので、「事業活動の過程で発生した」廃棄物であると言えます。

そして、カレンダーは紙でできていますので、廃棄物の種類としては「紙くず」に該当します。

また「紙くず」は、建設業・パルプ製造業・製紙業・紙加工品製造業・新聞業・出版業・製本業・印刷加工業の8業種による製造事業から排出された場合のみ産業廃棄物となります。

カレンダーは営業活動に伴って作成されたものですが、製造事業に伴って排出されたわけではありません。そのため事業系一般廃棄物であると判断されます。

【工場敷地内の樹木の剪定くず】

多くの工場では、環境保護の観点から敷地内に樹木を植えています。この樹木の剪定に伴う剪定くずは産業廃棄物と一般廃棄物のどちらに区分されるでしょうか。

まず、剪定くずは事業活動に伴うものかどうか判断が分かれますが、ここ

●産業廃棄物と一般廃棄物の区別例

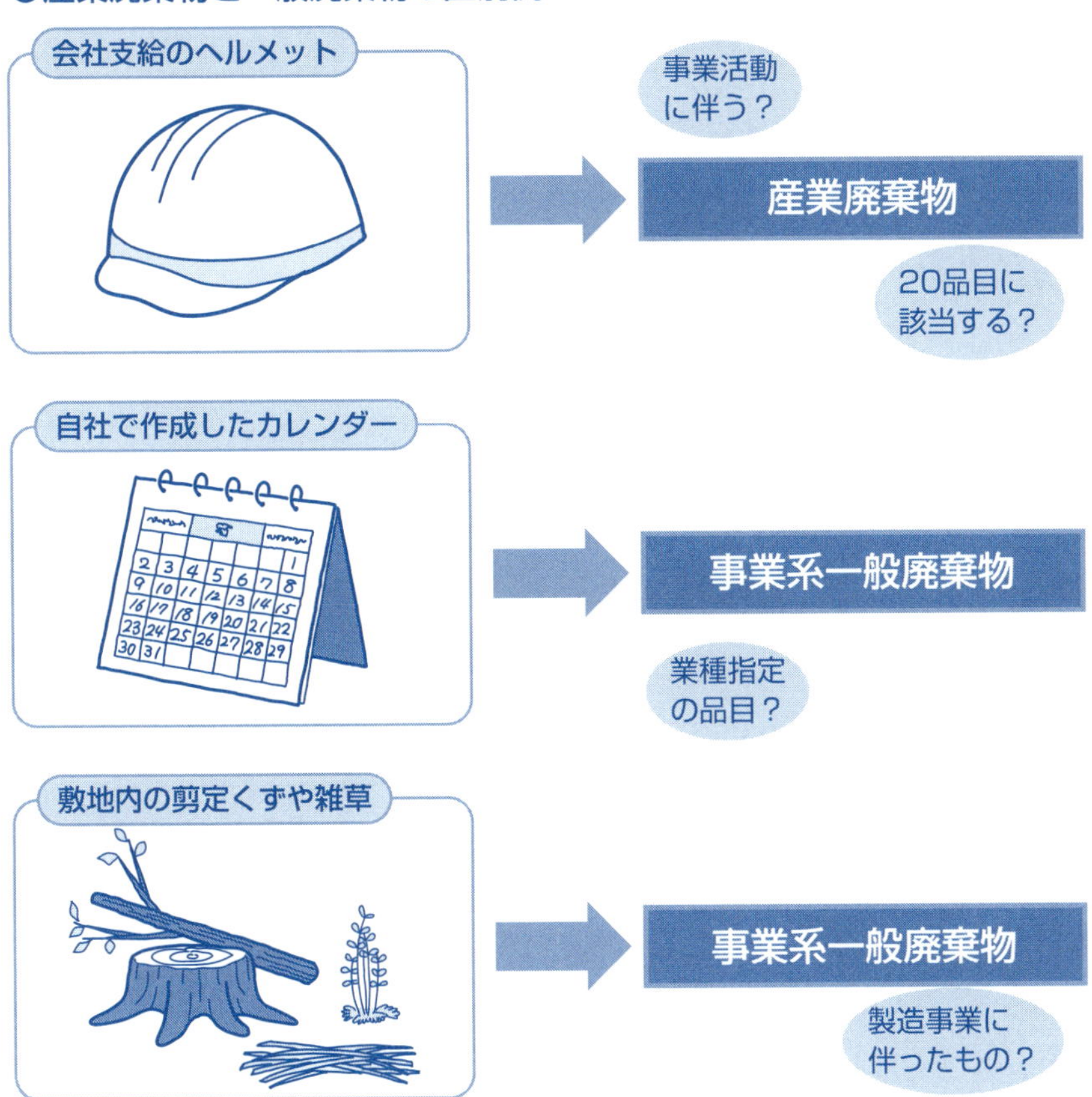

では植樹することやそれを維持することを企業の社会的責任（CSR）、環境保護活動の一環であると考えます。そのため、事業活動に伴うものと判断します。

また、樹木の剪定くずは廃棄物の種類としては「木くず」に該当します。そして、木くずは業種指定がある廃棄物なので、剪定くずは建設業から発生するなどの産業廃棄物と見なされる条件を満たしていません。そのため、事業系一般廃棄物であると判断されます。

その他事業活動等から発生するさまざまな廃棄物についても、これらの事例の考え方を参考にして、産業廃棄物なのか一般廃棄物なのか判断をしていくことが求められます。

5

建設系の産業廃棄物

家を一軒建てると、どのくらい産業廃棄物が出るか

一戸建てにしろマンションにしろ、家を建築する時はさまざまな廃棄物が排出されます。いったいどのような産業廃棄物がどれだけ排出されているのでしょう。

建設系産業廃棄物は、略して**建廃**（けんぱい）とも呼ばれ、排出される主な廃棄物は「廃プラスチック類」「紙くず」「木くず」「繊維くず」「ゴムくず」「金属くず」「ガラス及び陶磁器くず」「がれき類」の8品目です。

建築に携わっておられる方はもちろん、家を新築された方、あるいは新築現場を近くでご覧になられたことのある方はご存じかもしれませんが、建築現場からはプラスチックや木材、コンクリート片など多種多様な素材が混じり合った「**混合廃棄物**」と呼ばれる状態で排出されるケースがほとんどです。

では、なぜ建築現場からの産業廃棄物に混合廃棄物が多いかというと、新築現場の工期の問題、また、現場のスペースの問題などがあり、廃棄物をなかなか分別できないという現状があるからです。

もちろん、自然環境問題がクローズアップされてきた現在では、ハウスメーカーやゼネコン各社は、産業廃棄物の現場分別に取り組んでいます。しかし多くの場合、この混合廃棄物は建築現場の片隅で、依然として存在し続けているのです。

では、混合廃棄物の中には、どんな品目がどれだけ含まれているものなのでしょうか。

その実態を把握するために、実際に一戸建て住宅の新築現場から回収されてきた建設系産業廃棄物を品目別に分別して、容量と重量を調べてみました。ただし、住宅には木造住宅や軽量鉄骨住宅などいろいろな種類が存在しますし、建築方法も在来工法やプレカット工法といった複数の工法が存在するため、左図のグラフはさまざまな種類、工法を平均したものとなっています。

●新築一戸建て——生まれる廃棄物はどのくらい？

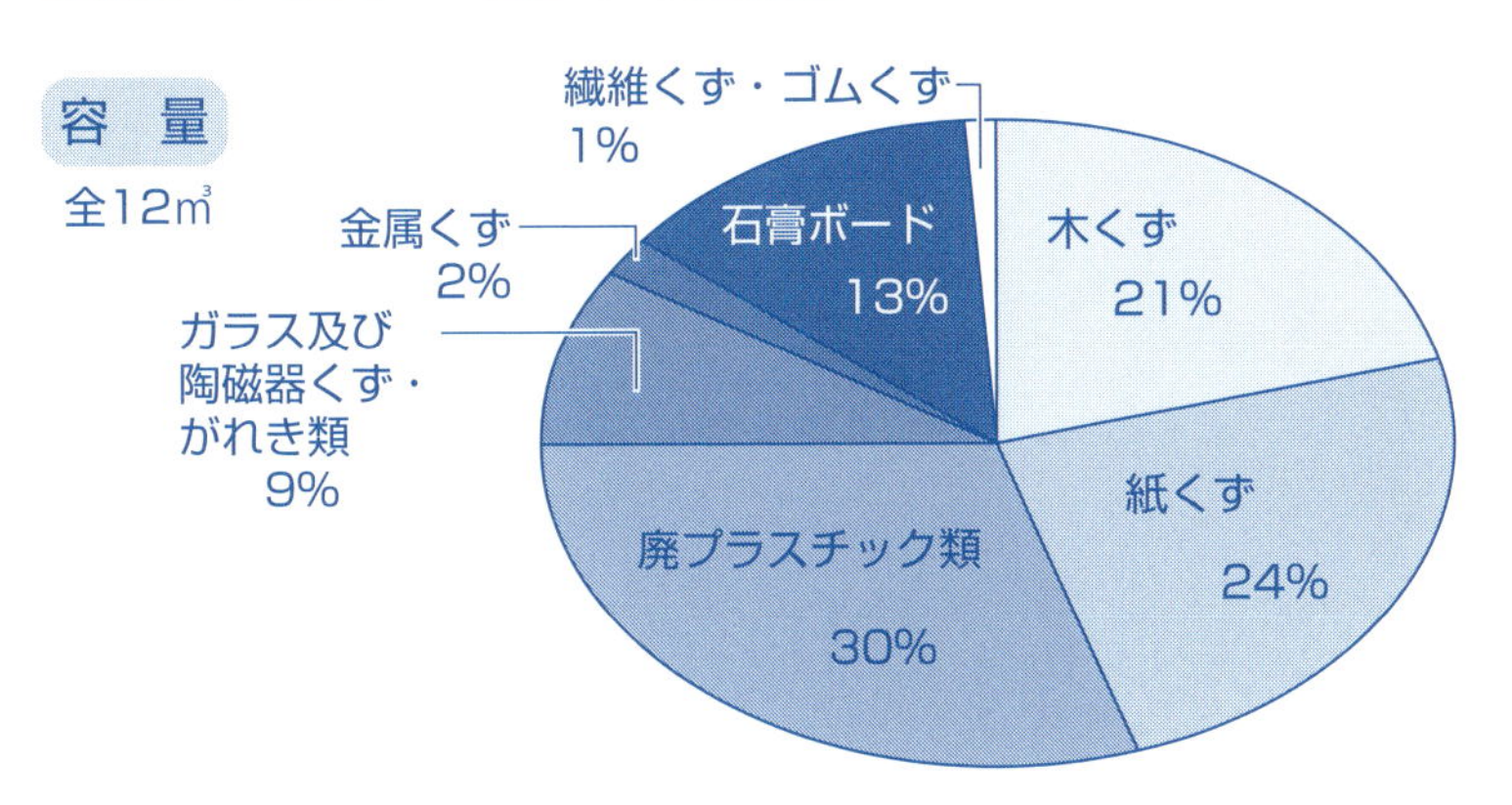

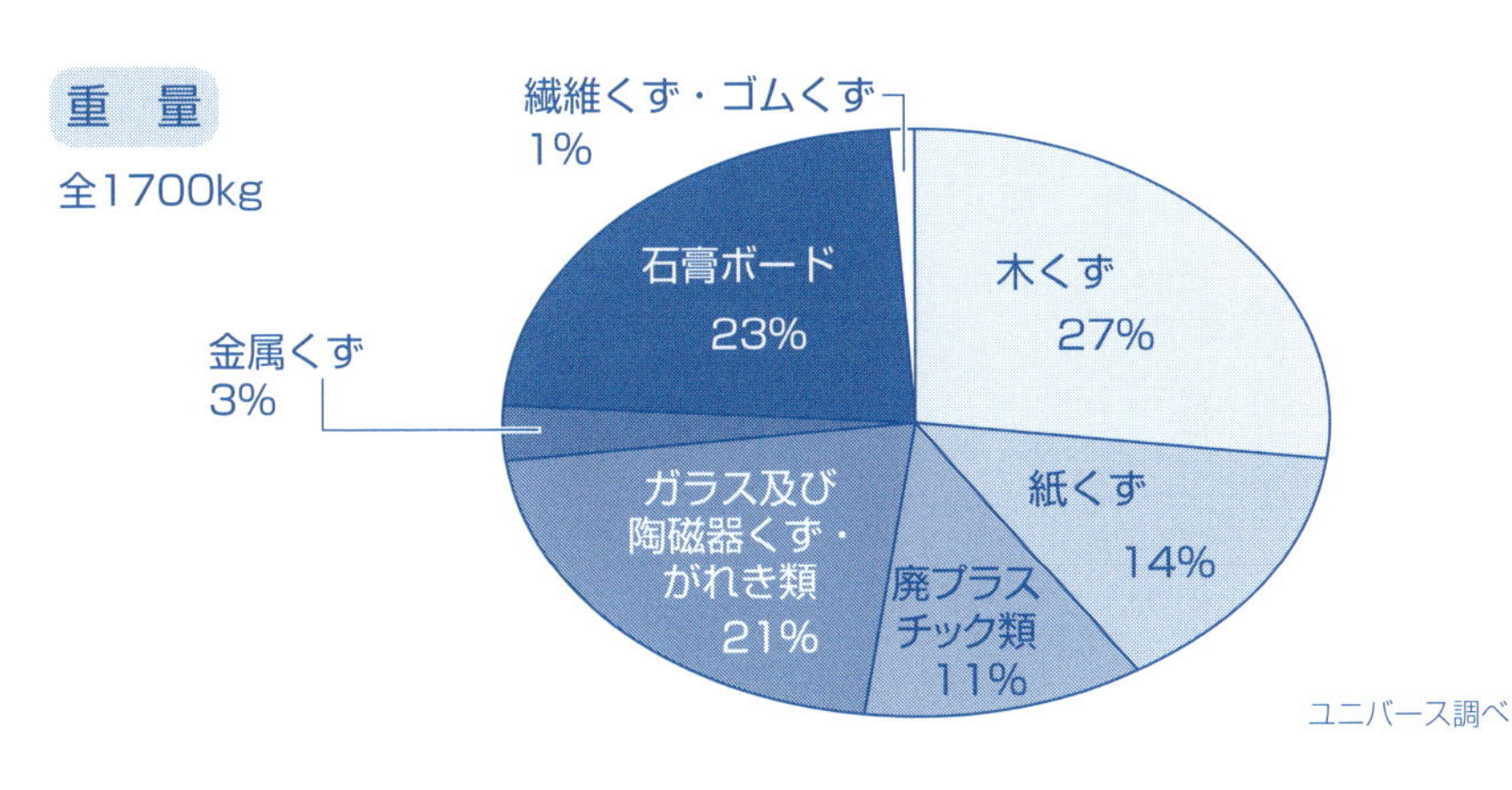

ユニバース調べ

住宅を新築する際にも、平均すると約12㎥もの産業廃棄物が発生します。

中でも新築現場から発生する産業廃棄物に梱包材（紙くず）が多く見られるのは、材料を現場まで運搬する際に、キズをつけないように配慮するためです。

また、余剰部材が存在することも新築現場の特徴です。最近では、事前にサイズ調整された建築部材を使用することが一般的になりつつありますが、現場で実際にサイズ調整する工法だと、多めに建築部材を持っていくため、その分が余剰部材として産業廃棄物となるケースがあるようです。

建設系の産業廃棄物は、総量が大きいことや混合廃棄物が多いことなどの特徴から、不法投棄されやすい廃棄物であると言えます。

6

産業廃棄物排出量の特徴

日本全国における総排出量はおよそ4億トン

前項では、一戸建て住宅を建てる際に、どのくらい産業廃棄物が発生するかを見ました。

では、事業活動に伴って排出される産業廃棄物は、1年間に全国でどのくらい発生しているのでしょうか。環境省のデータをもとに見ていくことにしましょう。

環境省では、1年に1回、産業廃棄物の総量とその地域別割合、業種別割合、品目別割合を公表しています。それによると、2015年度（平成27年度）における産業廃棄物の総排出量は、約3億9118万トンにのぼるとされています。2005年度（平成17年度）に比べて、約3100万トン減少しています。

平均的に見ると、ここ数年は約4億トン前後で減少傾向にあり、今後も同様の傾向が予想されます。

地域別割合としては、1位は予想どおり関東で、**日本全体のおよそ4分の1の産業廃棄物排出量**を占めています。2位は中部、3位以降には近畿、九州、東北、北海道、中国、四国の順で並びます。日本の産業界の中心といえる関東が1位であるというのは誰もが納得するところでしょう。

業種別割合としては、1位が**電気・ガス・熱供給・水道業**で、全体の約26%を占めています。2位は建設業、3位以降は農業・林業、パルプ・紙・紙加工品製造業、鉄鋼業、化学工業の順になっており、ここまでで全体の8割以上になります。

1位の電気・ガス・熱供給・水道業からは、主として汚泥が発生します。この大半は上下水道の廃水処理後の汚泥です。建設業からは、がれき類と汚泥が多く発生し、農業からは、畜産農業における動物のふん尿が多く発生します。

品目別割合としては、1位が**汚泥**で、これだけで全体の約半分を占めています。2位は動物のふん尿、3位はがれき類です。

●産業廃棄物の排出量の特徴（平成27年度）

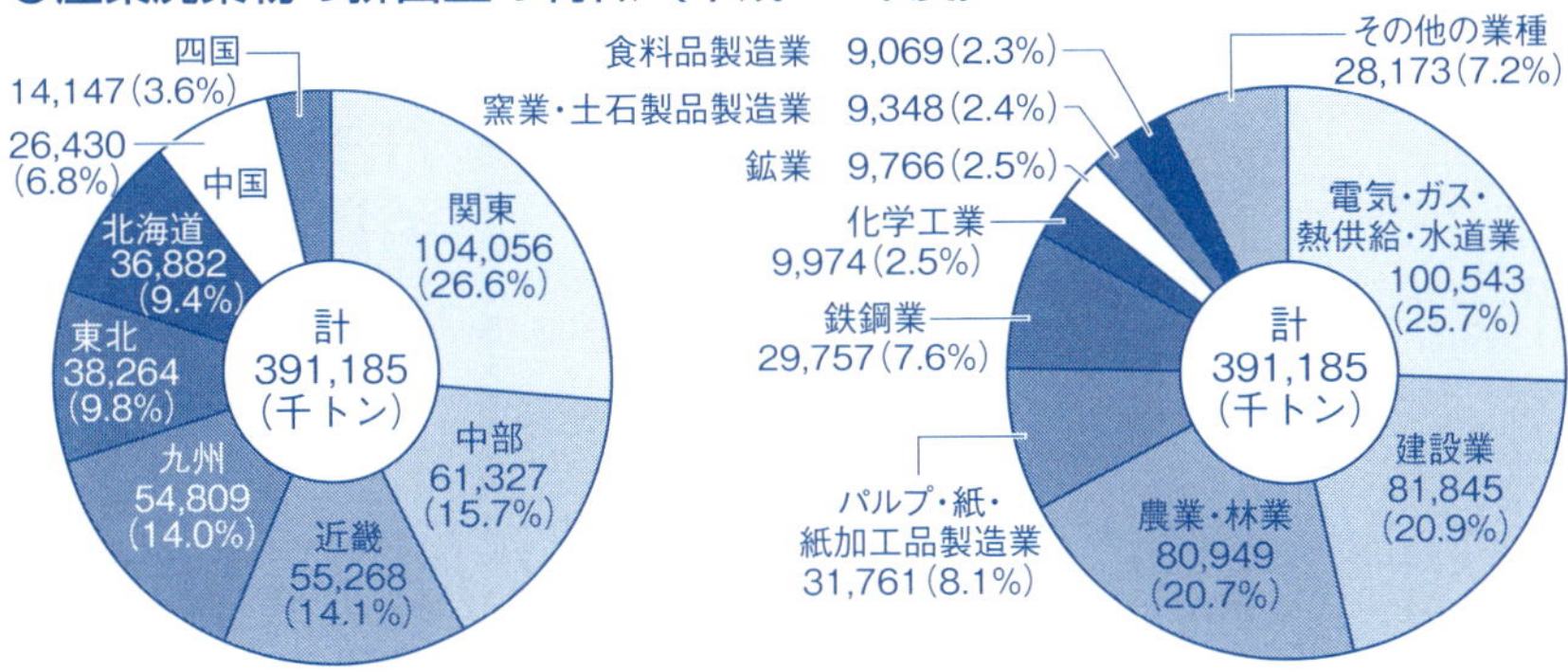

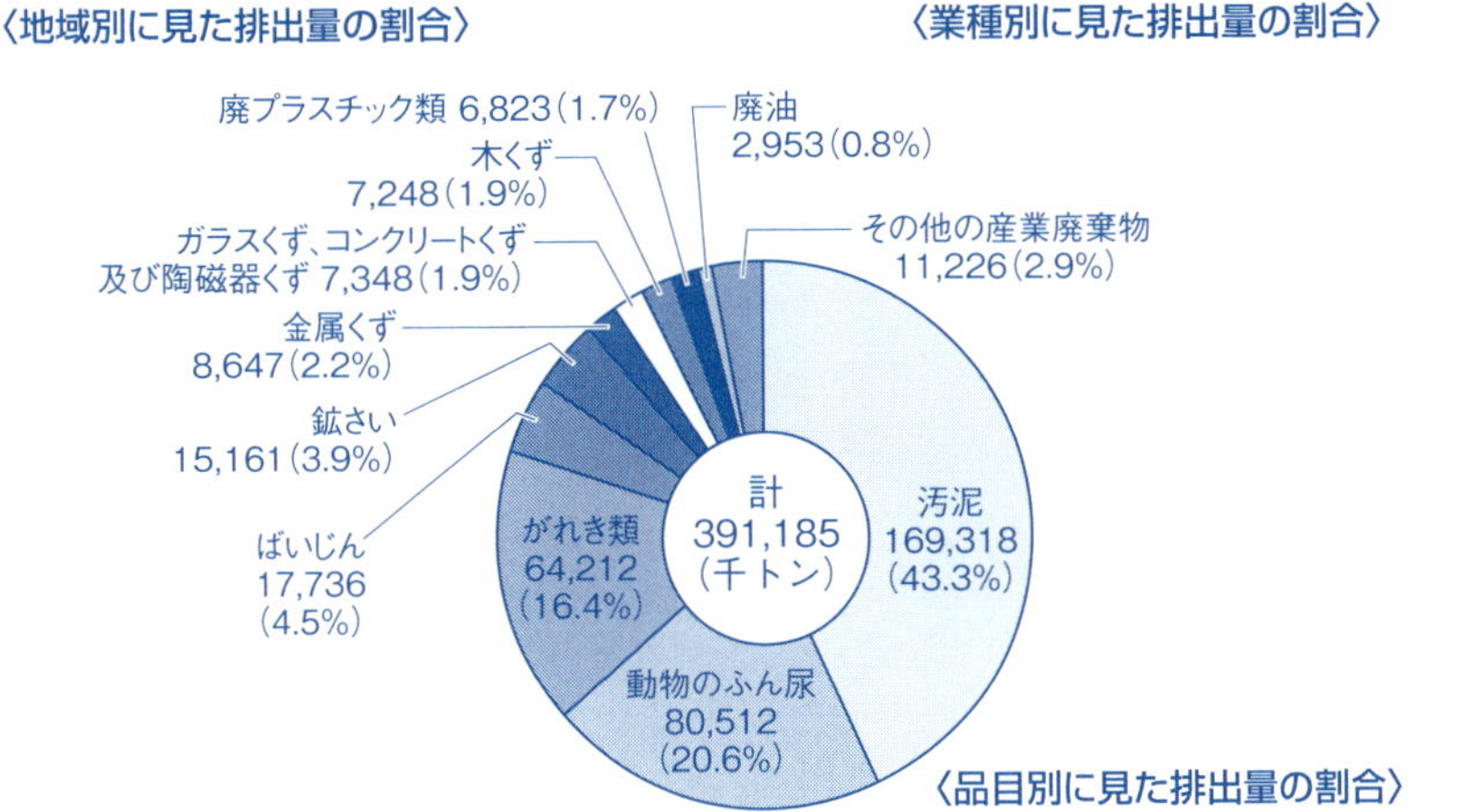

●産業廃棄物の排出量推移

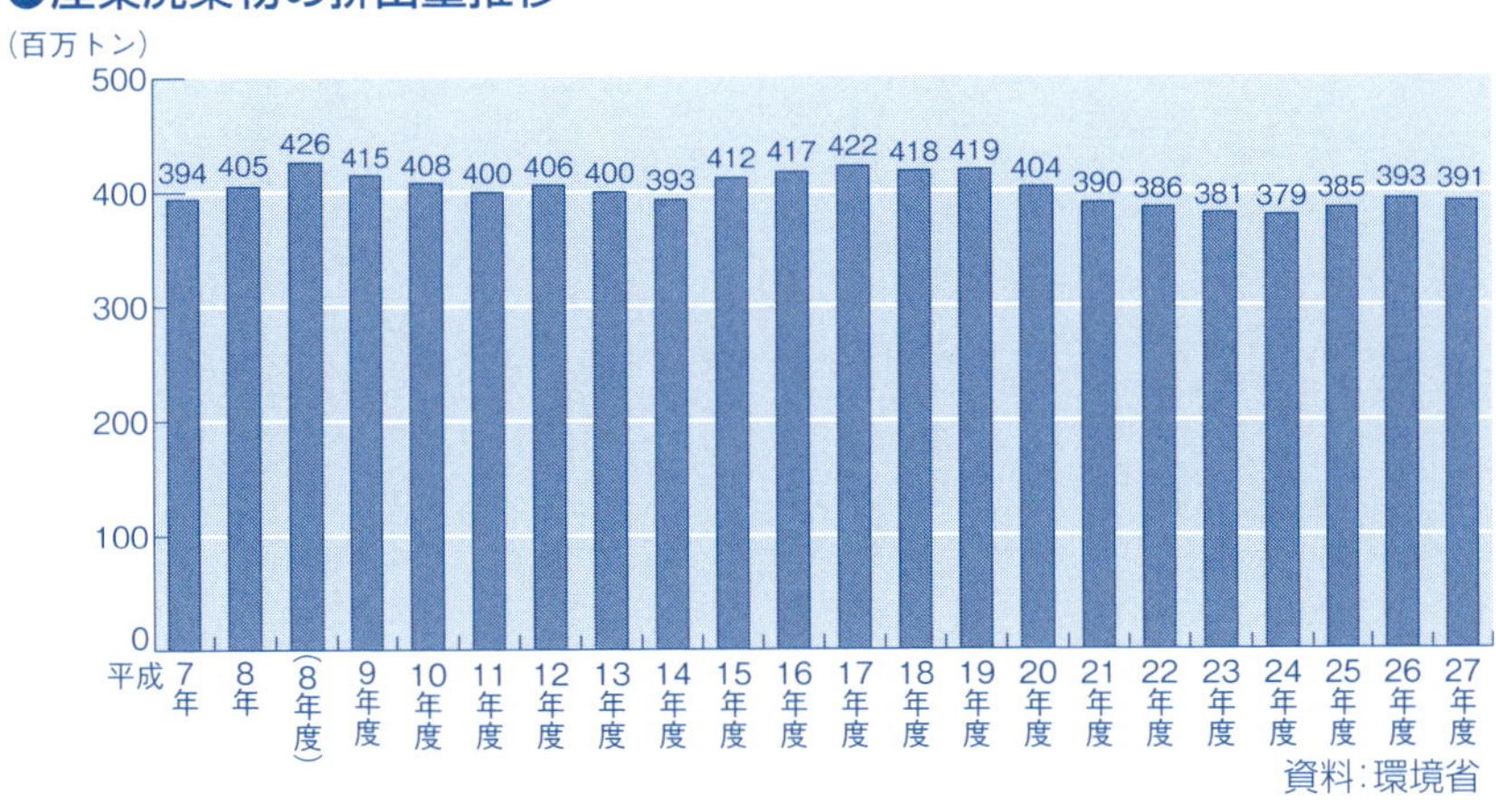

資料:環境省

[㎥（りゅうべい）] 容量を表わす単位。1㎥は1m×1m×1mの箱の容量。産業廃棄物を扱う際には、㎥単位で扱うことが多い。

7 廃棄物と有価物の区別

不要物でも廃棄物にならないものがある

これまで、廃棄物の区分について説明してきました。しかし、排出事業者の悩みとして、「そもそもこの不要物は廃棄物かそれとも有価物なのか？」という点があるでしょう。なぜなら、廃棄物と有価物とでは取扱い方に大きな違いがあるからです。一言で言うならば、廃掃法の規定を受けるか、受けないかということです。排出事業者にとって、この違いは非常に重大であり、判断できるようにしておかなければなりません。

環境省から出された通知により廃棄物と有価物の判断基準は規定されているのですが、とても曖昧なものとなっています。その判断基準は総合判断説と呼ばれるものです。排出事業者としてはこの総合判断説の考え方を理解することが重要です。

廃棄物とは「占有者が自ら利用し、又は他人に有償で売却することができないために不要になった物」とされています。

だからと言って、売却できる＝有価物＝廃棄物ではない、と単純に結論づけることはできません。前述した一文にはこう付け加えられています。「これらに該当するか否かはその物の性状、排出の状況、通常の取扱形態、取引価値の有無及び占有者の意思等を総合的に勘案して判断すべきものであること」――これが総合判断説と呼ばれるものです。

総合判断説では複数の要素を総合的に判断しますが、ポイントを挙げるのであれば次の2点です。

①売却できる、②その物から作られる製品に需要がある（またはそのもの自体が再利用される）、という2点です。この2点が確立されていると証明できるものが有価物となり、できないものが廃棄物となります。

では、廃棄物か有価物かの判断は誰がするのでしょうか。排出事業者が勝手に行なうことはできないので、最終的には都道府県等が行ないます。排出事業者としては、先ほど述べた2つのポイントが確立されていることを都道府県等に説明できるかどうかが重要になります。

これまで述べてきたとおり、有価物については原則、廃掃法の適用を受けません。

ただし、平成29年度の法改正により、有価物の一部については廃掃法の適用を受けるものが現れました。それは、「有害使用済機器」です。これは、資源として売却できる価値のある使用済みの電子機器類が、その対象です。

対象となる機器については、家電リサイクル法の対象となる品目（エアコン、冷蔵庫・冷凍庫、洗濯機・乾燥機、テレビ）と、小型家電リサイクル法の対象となる28品目の合計32品目が指定されています。

この有害使用済機器の保管または処分を業として行なう事業者は、都道府県等に届け出る必要があります。一方、排出事業者が有害使用済機器の保管をしている場合は、届出の対象とはなりません。

また、届出の対象となる事業者には、有害使用済機器の保管基準や処分方法に関する義務が課せられることになりました。

この保管基準は排出事業者に課せられたものではないため、排出事業者の立場としてはこの改正により影響を受けることはないのかもしれません。

しかし、廃掃法が廃棄物以外のものを初めて対象にしたという点で、この改正は今後の廃掃法の規制の方向性を考える上で、非常に意味のあるものと考えられます。

●A社の不要物は廃棄物か？　有価物か？

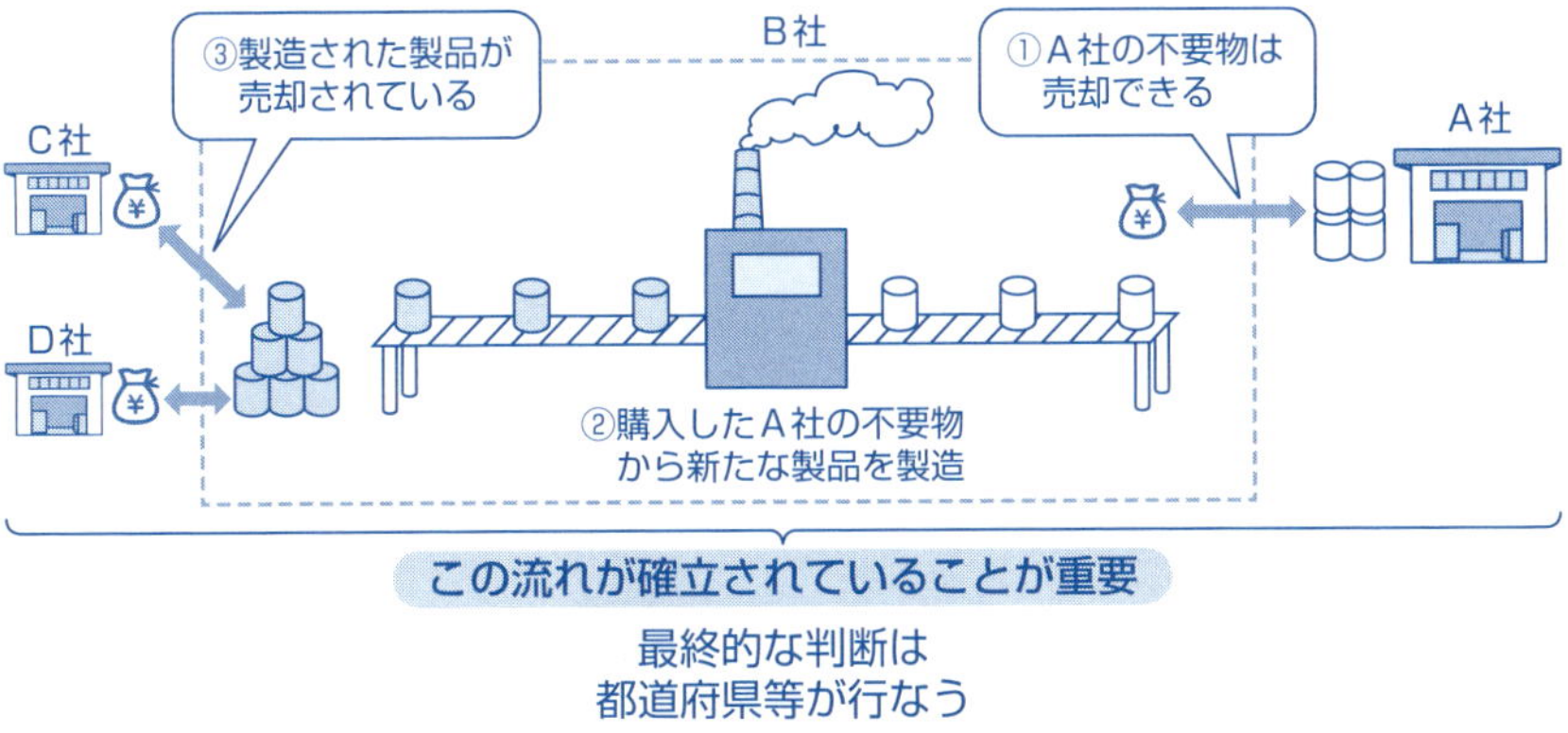

Column

昨日までは一般廃棄物だった木製パレット

2008年（平成20年）4月1日に、産業廃棄物である木くずの定義が変更されました。木くずは業種指定のある品目であるため、その内容が変更されたことになります。

変更の内容は廃棄物の種類に「貨物の流通のために使用したパレット」が、特定業種に「物品賃貸業」がそれぞれ追加された点です。物品賃貸業で発生する木くずとは、家具のリース業を行なっている会社が排出する不用家具といったものです。

これにより、昨日までは一般廃棄物として処理できていた木製パレットを今日から産業廃棄物として処理していかなければならないという状況が生まれました。

このように産業廃棄物の区分が追加・変更されることは滅多にありませんが、変更されてしまった場合は、排出事業者としてそれまでとは異なる新たな処理ルールに対応しなければ廃掃法違反ということになってしまいますので、注意が必要です。

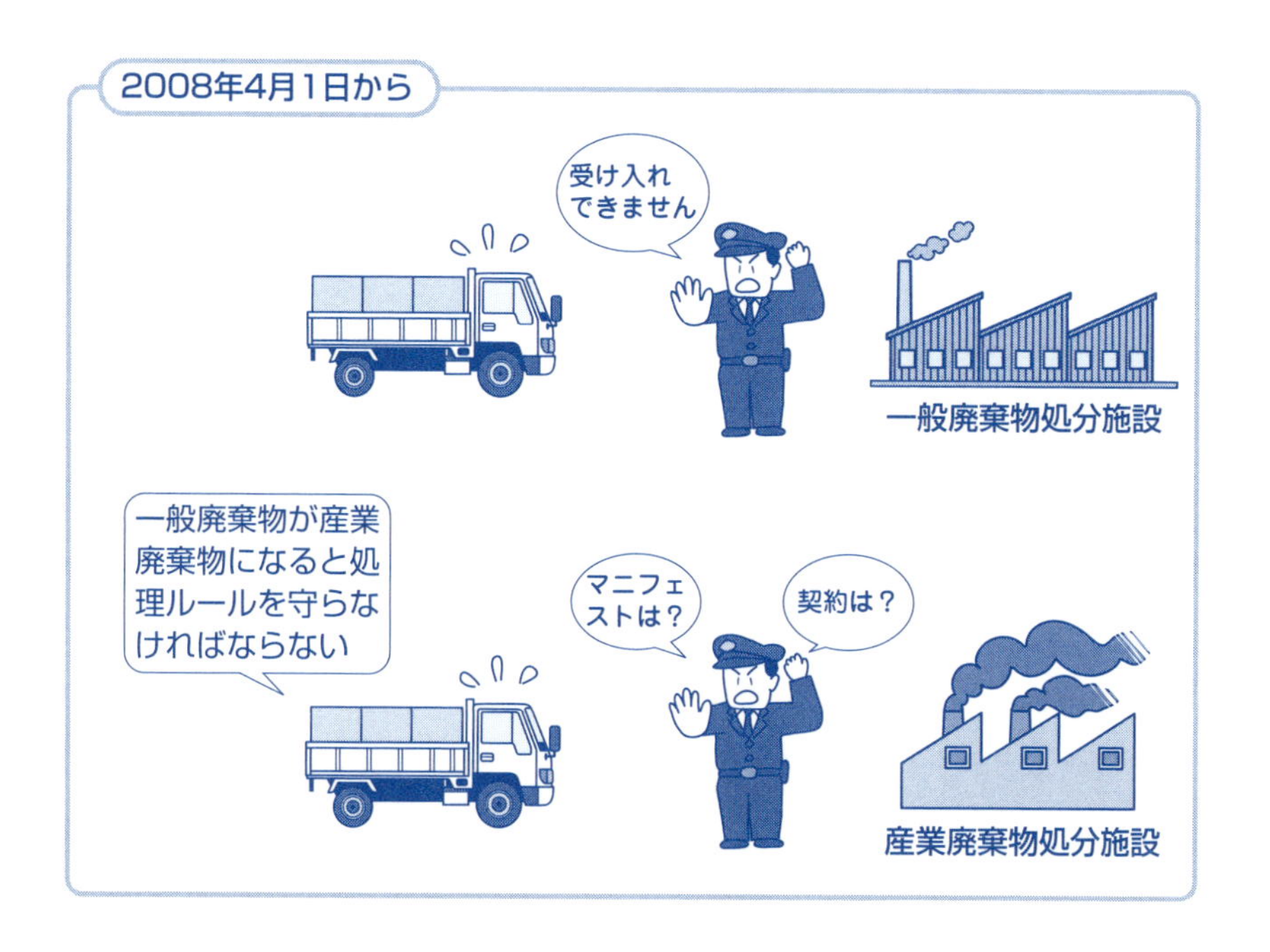

2章 産業廃棄物はどう処理されているのか

1

日本の資源

日本の資源はどのように使われているのだろう

この章では、産業廃棄物がどのように処理されているのかを見ていきますが、その説明に入る前に、資源全体のうち、どのくらいが廃棄物となり、どれだけのものがリサイクルされているかを見ておきましょう。

左図は、資源が投入されてから廃棄物になるまでの流れを表わしています。資源は、投入されてから製品として製造・販売され、消費者が購入します。そして、消費者が使用し終わったものや老朽化したものが廃棄物として発生します。

廃棄物は、中間処理という過程を経て減量化・減容化（容積を減少させること）され、リサイクルされるものと、埋立最終処分されるものとに分かれていきます。そして、リサイクルされるものは再び資源として投入され、それ以外は埋立最終処分されます。

近年、日本に投入されている物質の年間の総量は約16億トンです。それに対して、廃棄物の総量は約5・6億トン（うち約3・9億トンが産業廃棄物）で、総物質投入量の実に約3分の1という計算になります。

廃棄物の量がこれだけ多いのには、さまざまな要因が考えられます。

身近な例としては、スーパーやコンビニエンスストアなどで行なわれる過剰包装。これは、安全面や衛生面を考えてのことなのでしょうが、廃棄物や資源という観点から見ると、無駄が多いように感じます。

一方、廃棄物の排出量に対して、リサイクルされる資源の量は約2・5億トンで、資源全体のわずか16％、廃棄物等全体の約45％に留まっています。つまり、現在排出されている廃棄物の半分以上は、リサイクルされずに処分されているという計算になります。

しかし、環境への注目が年々高まるにつれて、大企業をはじめとするさまざまな企業が環境対策の一環として自社から発生する廃棄物をリサイクルしようとする意識が高まってきていま

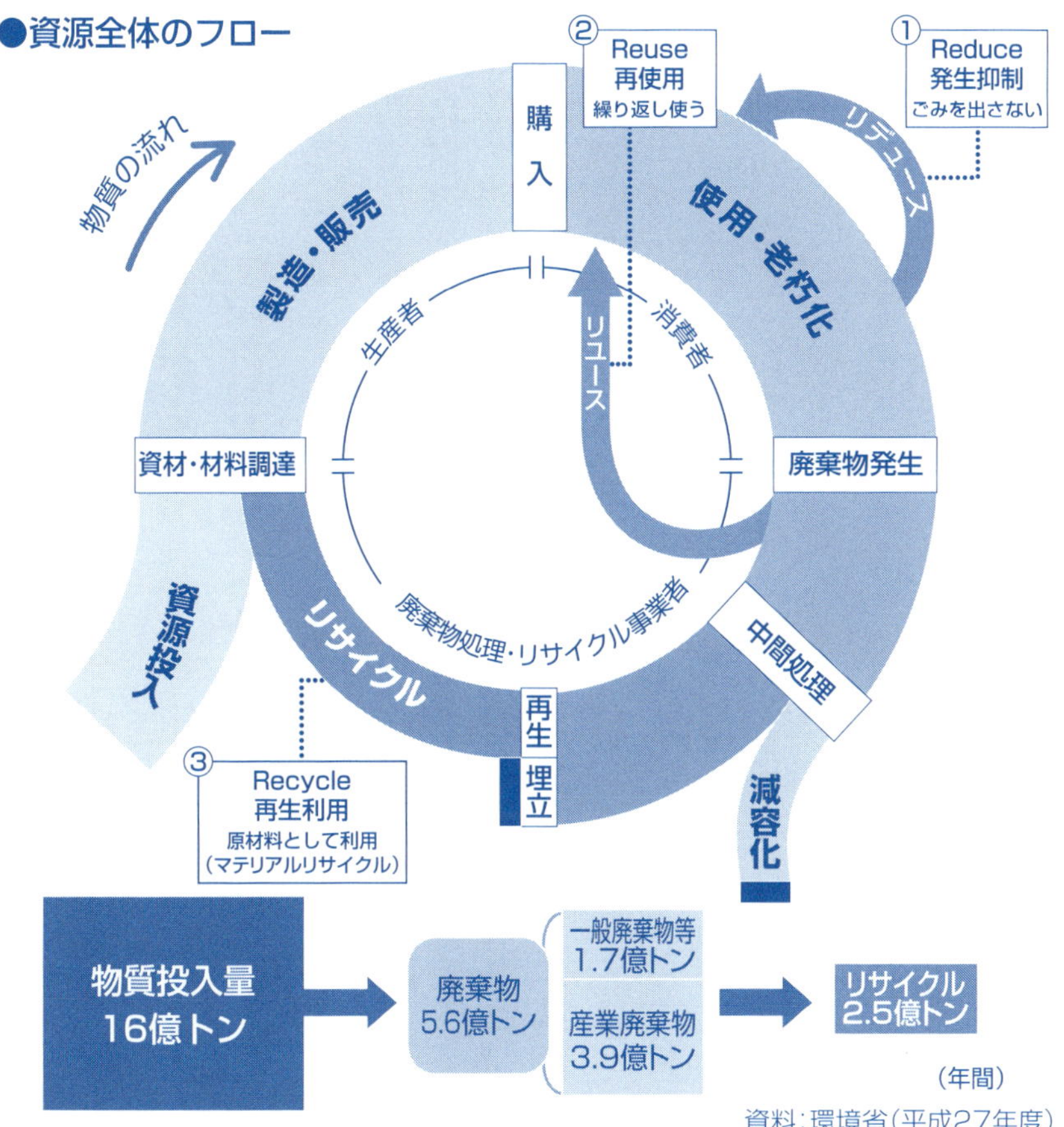

資料：環境省（平成27年度）

す。また、各種リサイクル法の整備や、リサイクル技術の進歩に伴い、少しずつですがリサイクル率は増加傾向にあり、今後はより改善されることが期待できます。

廃棄物の総排出量も徐々に減少傾向にありますから、最終処分場の不足といった廃棄物を取り巻くさまざまな問題は、今後徐々に改善されていくでしょう。

しかし、今のペースで推移していくのでは、もう残り20年に満たないとも言われる最終処分場の残余年数からして遅すぎます。今後は、さらなるリサイクル率の向上に加え、排出量を抑制するためのリデュースに取り組むことや、リユース、リサイクルされた商品の購入促進を強化していくことで日本が循環型社会として機能していくようにすることが課題だと言えます。

［循環型社会］ 廃棄物の発生を抑制（Reduce）し、廃棄物のうち有用なものを循環資源として再利用（Reuse・Recycle）し、どうしても使えない廃棄物は適正に処理することで、天然資源の消費を抑制し、環境への負荷をできる限り少なくする社会のこと。

2

中間処理はどうして必要なのか

産業廃棄物が発生すると、それらの多くは**中間処理工場**と呼ばれる場所に運ばれます。

中間処理工場では、受け取った産業廃棄物を最終処分しやすいように処理します。中間処理には、産業廃棄物を燃やして燃え殻にすることにより減容化を行なう「**焼却**」、産業廃棄物を砕いて減容化を行なう「**破砕**」、燃え殻などを高温で溶かす「**溶融**」、汚泥などから水分を取り除く「**脱水**」、そして産業廃棄物をリサイクルしやすいように分別する「**選別**」などがあります。

また、廃酸や廃アルカリなどを中和して、安定した状態になるようにする「**安定化**」や、ダイオキシン類やPCBなどの有害な廃棄物から有害物質を除去したり、分解することによって人体や環境に影響を与えないように処理する「**無害化**」などをして、処分をしやすくするという中間処理方法もあります。

中間処理という過程がなぜ必要かというと、その最大の理由は廃棄物の容量を減らすためです。もし、中間処理を行なわずにそのまま埋め立てされていたら、今ごろ日本中が廃棄物だらけになっているでしょう。

リサイクルできるものを分別し、リサイクルできないものやリサイクルするにはコストがかかりすぎるものは焼却や破砕などの中間処理を行なうことで、最終処分場で埋め立てる量を極力抑えることができるのです。実際のところ、現在排出されている産業廃棄物は、中間処理することによって約半分の容量にまで減らすことができています。

産業廃棄物が出てきた状況や産業廃棄物の品目によっては、この中間処理の過程を経ずに直接埋立最終処分されたり、直接リサイクルされるケースもあります。

中間処理を終えた産業廃棄物は、リサイクルされる産業廃棄物と埋立処分される産業廃棄物の2種類に分かれま

●産業廃棄物発生からのフロー図

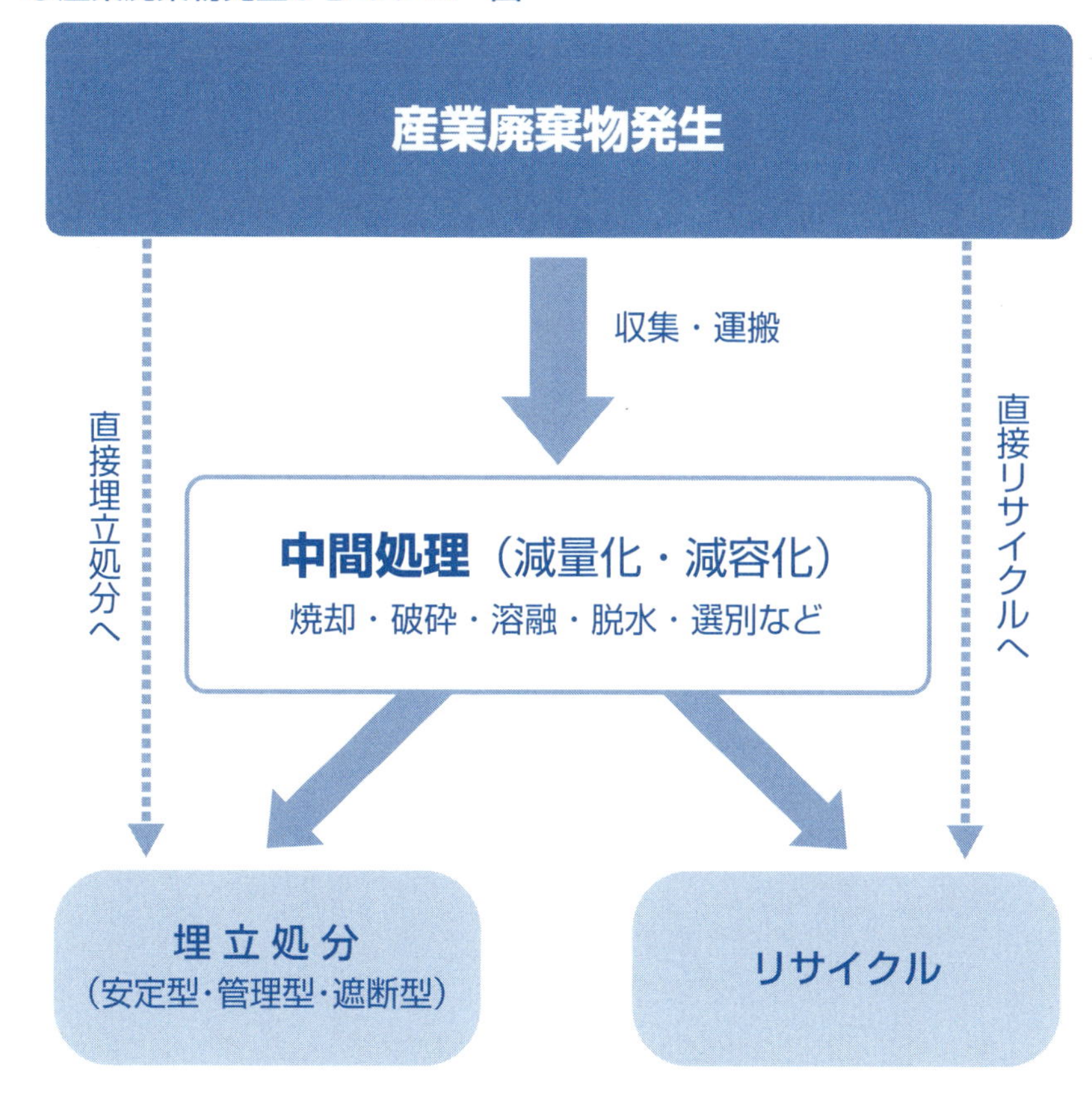

す。リサイクルされる産業廃棄物は、それぞれの再生事業者へ委託され、リサイクル資源として新しい製品に生まれ変わったり、熱エネルギーとしてリサイクルされます。

リサイクルされずに埋め立てられる産業廃棄物は、**最終処分場**と呼ばれる廃棄物の埋立処分場に運ばれ、埋立処分されます。この最終処分場は、大きく3種類に分けられます。性質の安定している品目の産業廃棄物を処分する「安定型最終処分場」、性質が変化しやすい品目の産業廃棄物を処分する「管理型最終処分場」、そして有害な物質の含まれる品目の産業廃棄物を処分する「遮断型最終処分場」の3つです。

埋立処分を行なう時は、これらの処分場を産業廃棄物の品目や状態などによって使い分けていく必要があります。

［自社運搬］ 産業廃棄物を出した事業者（排出事業者）が、排出した産業廃棄物を自ら運搬すること。自社運搬の際には、収集運搬業の許可は必要ない。ただし、産業廃棄物を運搬するすべての車輌に必要な表示と書類の携帯は必要となる。

3 中間処理の仕事

さまざまな中間処理

産業廃棄物が排出されると、その多くは中間処理が行なわれます。

ひと口に〝**中間処理**〟と言っても、その処理方法は産業廃棄物の品目や状態などによって異なります。

ここでは、建設系の産業廃棄物の主な処理方法である「**焼却**」「**破砕**」「**選別**」の3つの中間処理方法について見ていきましょう。

①**焼却**…焼却は産業廃棄物を燃やすことによって産業廃棄物の減量化を行なう処理方法です。焼却を行なう焼却施設は、ダイオキシンの問題により、設置するには厳しい基準をクリアする必要があります。

〈焼却によるリサイクル〉

焼却すると産業廃棄物が燃え殻となってしまい、リサイクルの方法は限られます。しかし焼却の際の熱エネルギーを利用することで、サーマルリサイクルをすることができます。

②**破砕**…破砕は産業廃棄物を砕いていくことによって産業廃棄物の容積を小さくする処理方法です。

〈破砕によるリサイクル〉

同じ品目のものを破砕すると、リサイクルは可能になりますが、さまざまな産業廃棄物が混合された状態で破砕を行なうと、リサイクルをすることは困難で、埋立処分あるいは焼却を行なうケースがほとんどになります。

③**選別**…選別とは、受け取った産業廃棄物を品目ごとに選び分けることで、リサイクルや最終処分をしやすいようにする処理方法です。

〈選別によるリサイクル〉

選別を行なうことによって、産業廃棄物のリサイクル率は大幅に上がります。ただし、選別は処理事業者によって精度に違いがあり、コンベアに載ってくる産業廃棄物を人の手できちんと選別するところもあれば、機械で産業廃棄物の大きさや重さのみを基準に選別を行なう処理事業者もあります。当然のことながら、選別方法によってリサイクル率も異なってきます。

●中間処理（焼却、破砕、選別）の比較

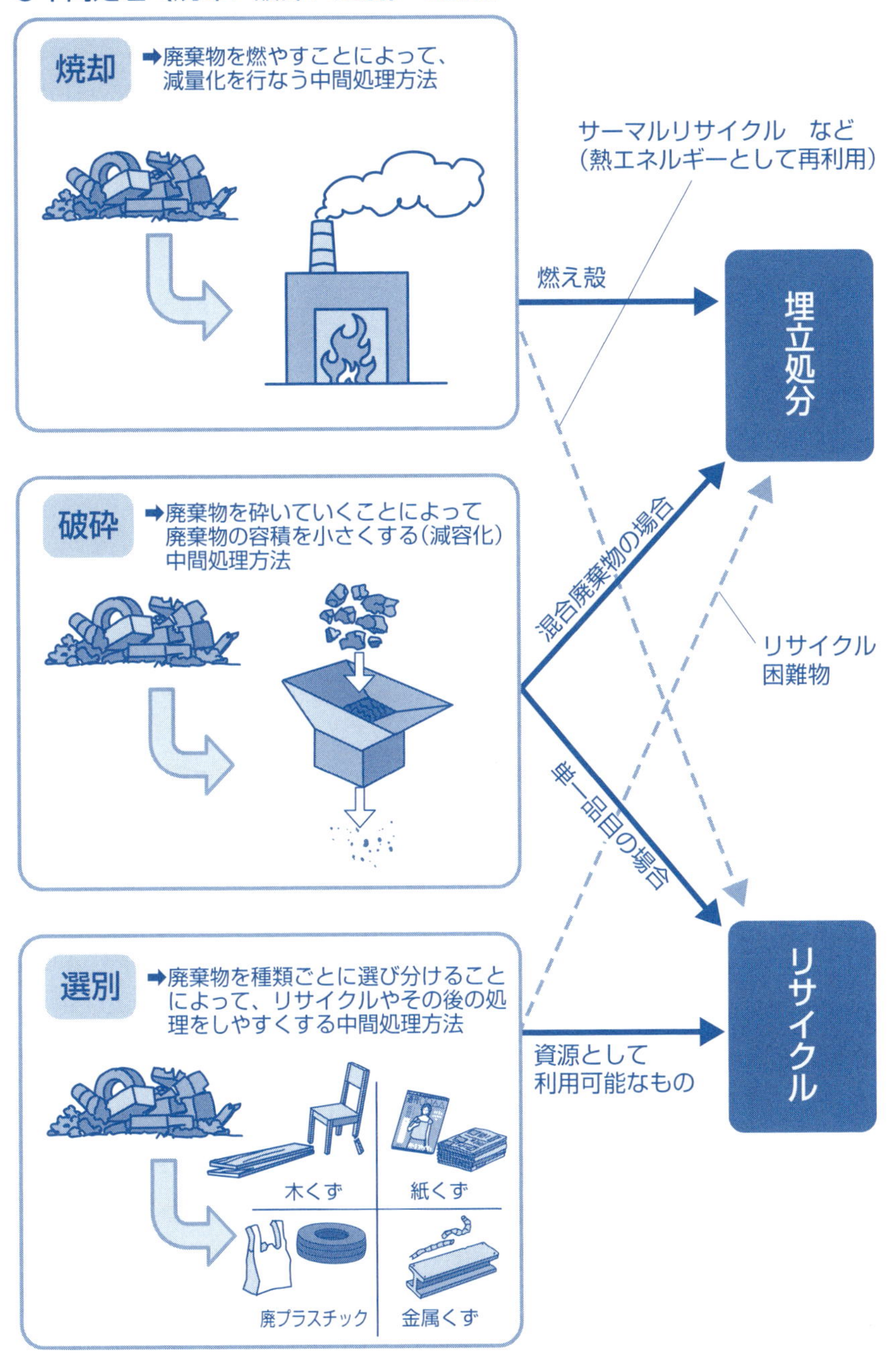

［ゼロエミッション］1994年に国連大学が提唱した、廃棄物（エミッション）を一切出さない資源循環型の社会システムの概念。直接的には、すべての廃棄物を再利用もしくはリサイクルすることで、最終処分（埋立処分）する量をゼロにすること。

4 中間処理の例

中間処理の流れを見てみよう

ここでは中間処理工場で、産業廃棄物が実際にどのように処理されていくのかを、ある中間処理工場を例に見ていきましょう。

この中間処理工場には、主に建築現場から排出される建設系産業廃棄物が搬入されます。

排出される時点で産業廃棄物が分別されていれば、その後のリサイクルはしやすくなります。しかし建築現場では、前述したように、限られたスペースに産業廃棄物の品目ごとに容器をおくことは困難な上に、分別するには時間も手間もかかります。

そのため、さまざまな品目の産業廃棄物が混合された状態で排出される場合が多くなります。

この中間処理工場では、このような混合産業廃棄物をいったん選別施設に搬入し、選別ラインで人の目による選別を行なうことで、従来焼却や埋立処分されていたものの再生利用率の向上を図っています。

それでは、具体的に中間処理の流れを見ていきましょう。

①計量

運搬されてきた産業廃棄物は、まず車輌1台ごとに計量所で重量を計ります。この重量に従って、産業廃棄物処理の料金を割り出すこととなります。

②受入検査

産業廃棄物を受け取る際に、マニフェストに記載されている品目に該当しているか、危険物など処理することのできない産業廃棄物が入っていないかなどを検査します（マニフェスト制度については、3章で説明します）。

③粗選別

荷下ろしされた産業廃棄物は、大きいもの、重いもの、長いものなどをその場で大まかに分別します。これを粗選別と言います。この作業は、この後に行なわれるベルトコンベアを利用した選別作業の際に、大きな産業廃棄物が除けてあることで、選別の効率をよ

●中間処理のフロー(例)

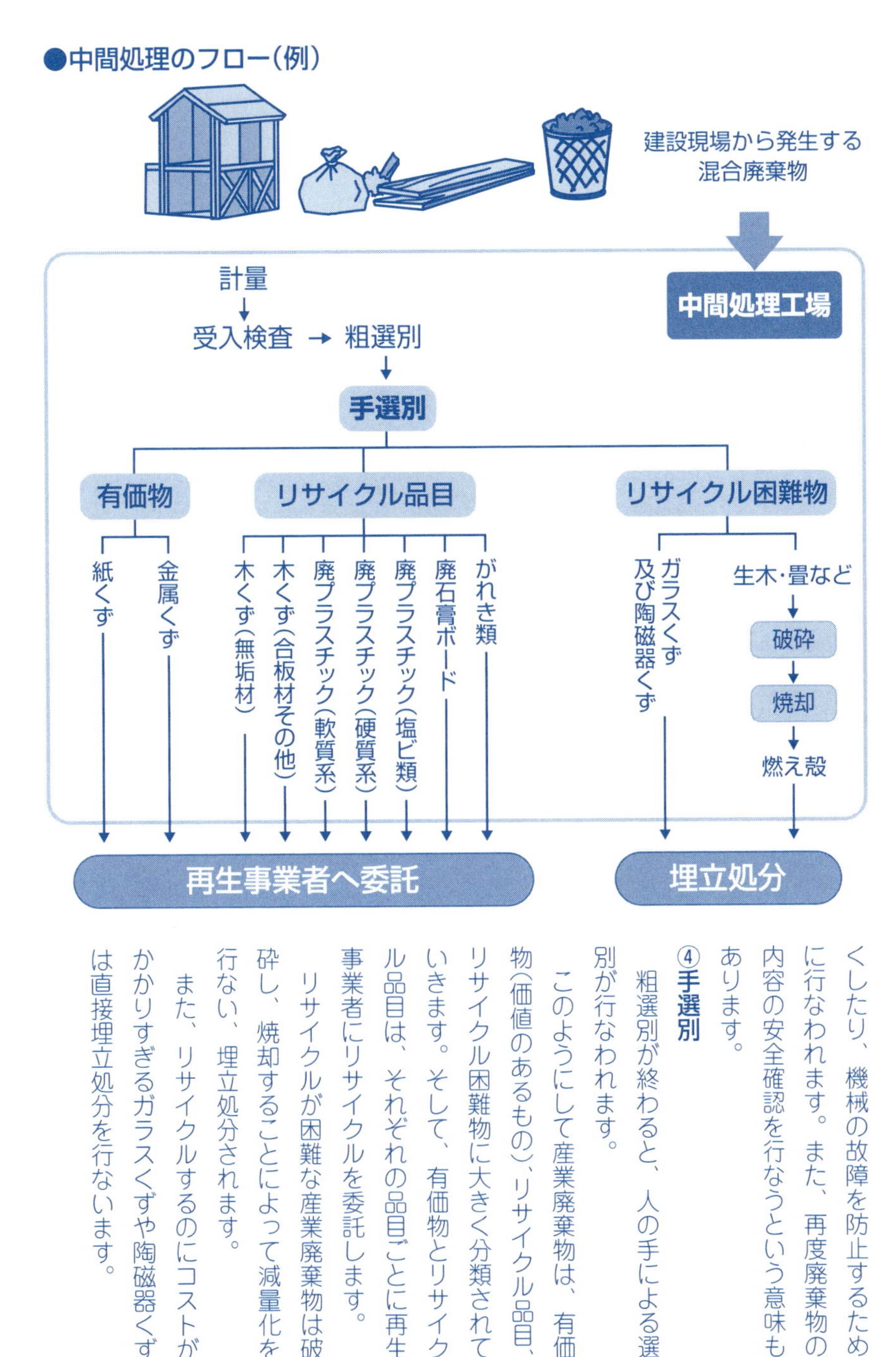

くしたり、機械の故障を防止するために行なわれます。また、再度廃棄物の内容の安全確認を行なうという意味もあります。

④手選別

粗選別が終わると、人の手による選別が行なわれます。

このようにして産業廃棄物は、有価物(価値のあるもの)、リサイクル品目、リサイクル困難物に大きく分類されていきます。そして、有価物とリサイクル品目は、それぞれの品目ごとに再生事業者にリサイクルを委託します。

リサイクルが困難な産業廃棄物は破砕し、焼却することによって減量化を行ない、埋立処分されます。

また、リサイクルするのにコストがかかりすぎるガラスくずや陶磁器くずは直接埋立処分を行ないます。

[廃棄物再生事業者登録制度] 古紙・金属くず・空き瓶・古繊維などの再生を行なう事業者が、各都道府県に廃棄物再生事業者として登録することができる制度。産業廃棄物処分業許可とは別。

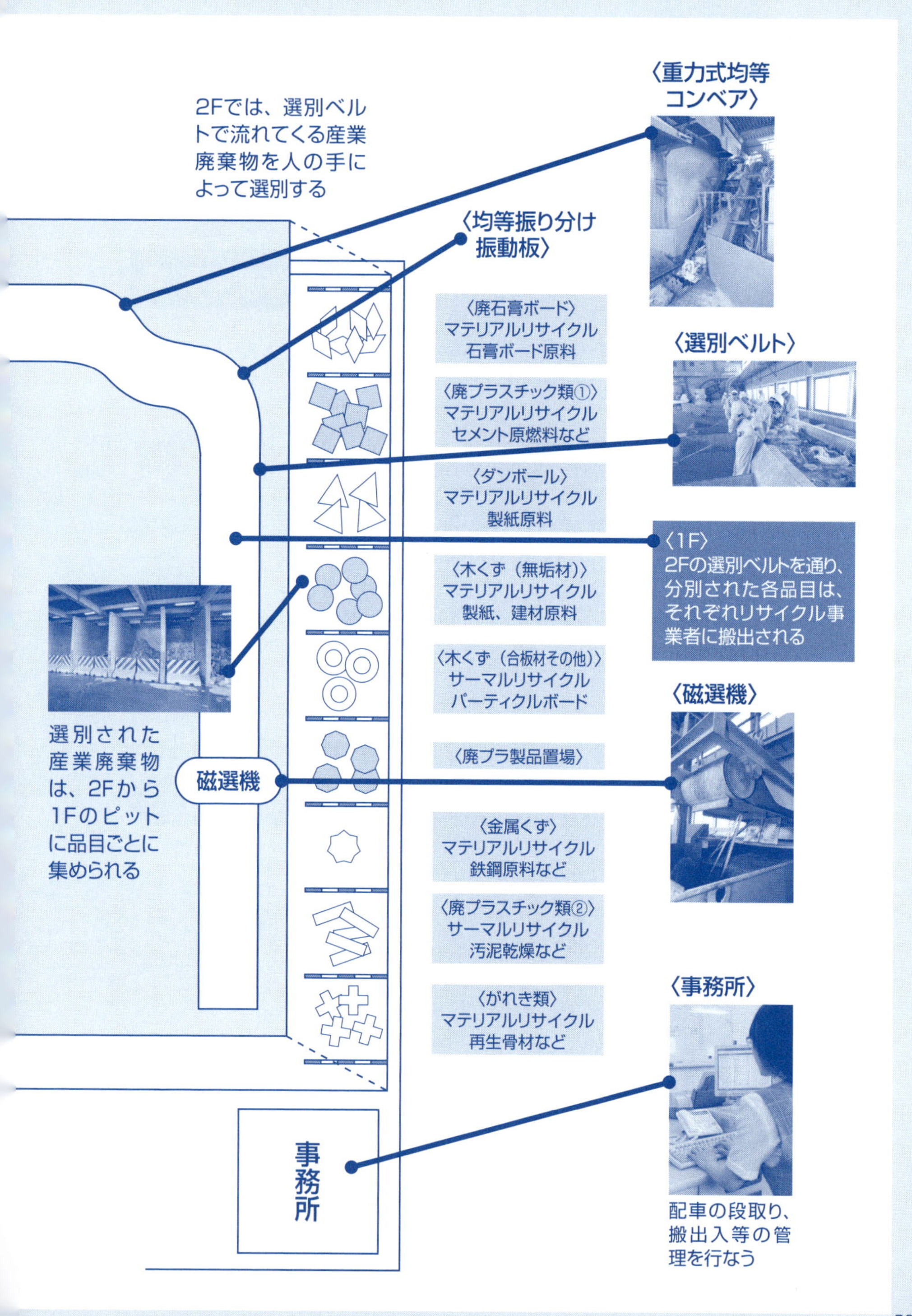

2Fでは、選別ベルトで流れてくる産業廃棄物を人の手によって選別する
〈重力式均等コンベア〉
〈均等振り分け振動板〉
〈廃石膏ボード〉
マテリアルリサイクル
石膏ボード原料
〈選別ベルト〉
〈廃プラスチック類①〉
マテリアルリサイクル
セメント原燃料など
〈ダンボール〉
マテリアルリサイクル
製紙原料
〈1F〉
2Fの選別ベルトを通り、分別された各品目は、それぞれリサイクル事業者に搬出される
〈木くず（無垢材）〉
マテリアルリサイクル
製紙、建材原料
〈木くず（合板材その他）〉
サーマルリサイクル
パーティクルボード
選別された産業廃棄物は、2Fから1Fのピットに品目ごとに集められる
〈磁選機〉
〈廃プラ製品置場〉
磁選機
〈金属くず〉
マテリアルリサイクル
鉄鋼原料など
〈廃プラスチック類②〉
サーマルリサイクル
汚泥乾燥など
〈がれき類〉
マテリアルリサイクル
再生骨材など
〈事務所〉
事務所
配車の段取り、搬出入等の管理を行なう

これが中間処理工場だ!

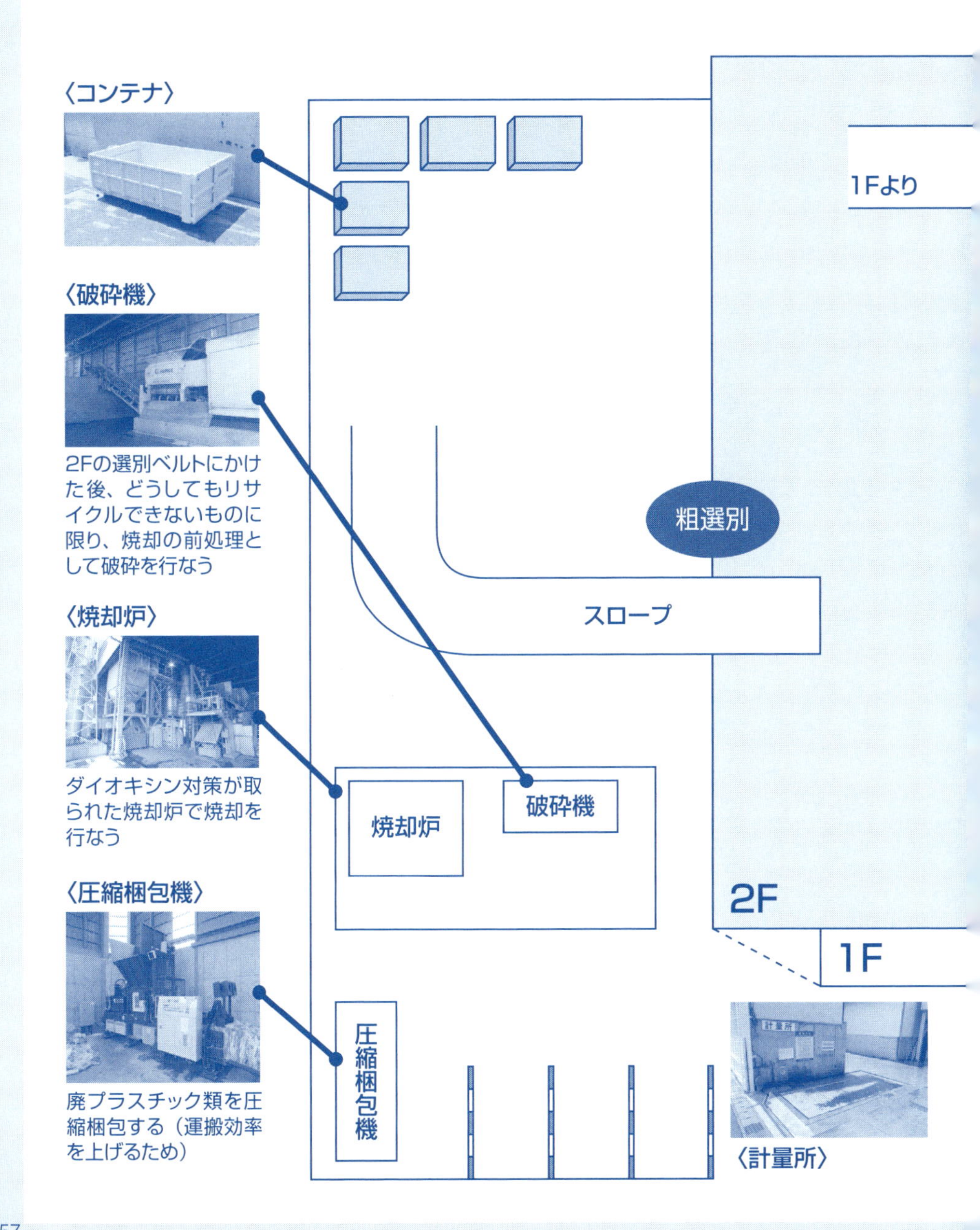
〈コンテナ〉
〈破砕機〉
2Fの選別ベルトにかけた後、どうしてもリサイクルできないものに限り、焼却の前処理として破砕を行なう
〈焼却炉〉
ダイオキシン対策が取られた焼却炉で焼却を行なう
〈圧縮梱包機〉
廃プラスチック類を圧縮梱包する（運搬効率を上げるため）
1Fより
粗選別
スロープ
焼却炉
破砕機
2F
1F
圧縮梱包機
計量所
〈計量所〉

5 選別と圧縮

中間処理の判断が分かれる選別・圧縮

産業廃棄物の処理において選別を行なうことは、リサイクル率を高め、最終的に埋め立てされる廃棄物を減らす意味で重要です。この選別の作業については、その行為を処分業である中間処理とするのか、あくまでも廃棄物の性状を変化させない作業であるとして中間処理とは認めないか、許可を出す都道府県または政令市ごとに判断が分かれています。

中間処理としての選別を認めない場合には、破砕や焼却などの中間処理施設における選別は破砕や焼却などの前処理として認められます。また、選別のみの作業であれば、収集運搬業許可の一部である積替保管として許可されます。

圧縮についても同様に、都道府県または政令市ごとに判断が分かれます。圧縮とは、主に容量当たりの比重の小さい廃プラスチック類や紙くずなどを、プレス機によって四方から押し固め、1m角程度のベール状にすることです。圧縮を行なうことで容量当たりの比重は大きくなり、運搬効率が上がります。また、車輌やコンテナなどへの積み込み作業も行ないやすくなります。この圧縮の作業も、中間処理である処分業許可として認める行政と、認めない行政が存在しています。

選別や圧縮の処理を委託する際には、それが処分業として認められているかを必ず許可証によって確認する必要があります。3章では、産業廃棄物処理を委託する際の契約やマニフェストのルールを紹介しますが、処分業と認められているかいないかによっても、法令で定められている契約を締結する対象や記載事項、マニフェストの記載についても変わってしまうため、注意が必要です。

別の地域で選別や圧縮の処理によって処分業の許可が与えられていたとしても、施設を設置している行政から処分業の許可が認められていなければ、処分業とは言えません。

●選別と圧縮の処理

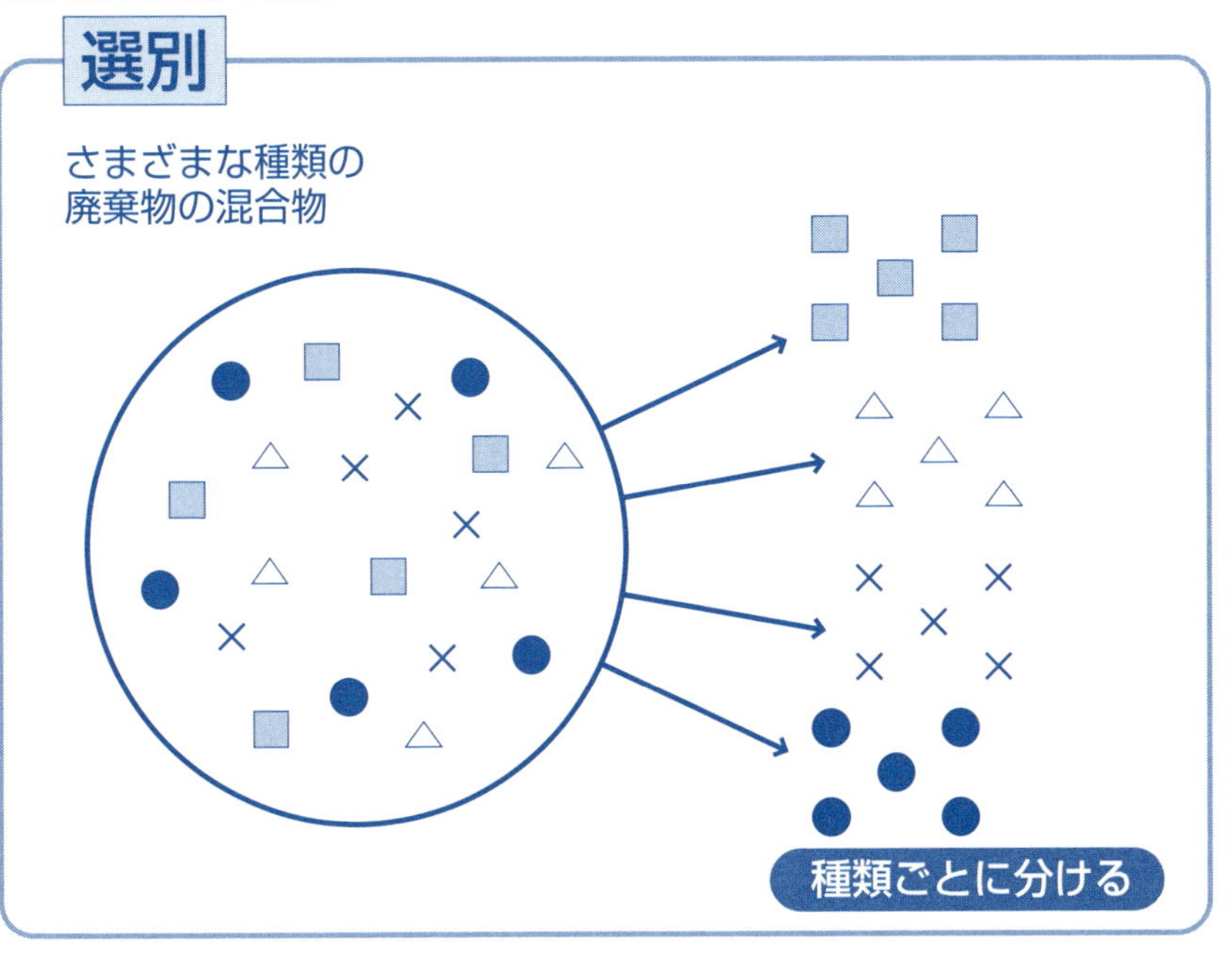
選別
さまざまな種類の
廃棄物の混合物
種類ごとに分ける

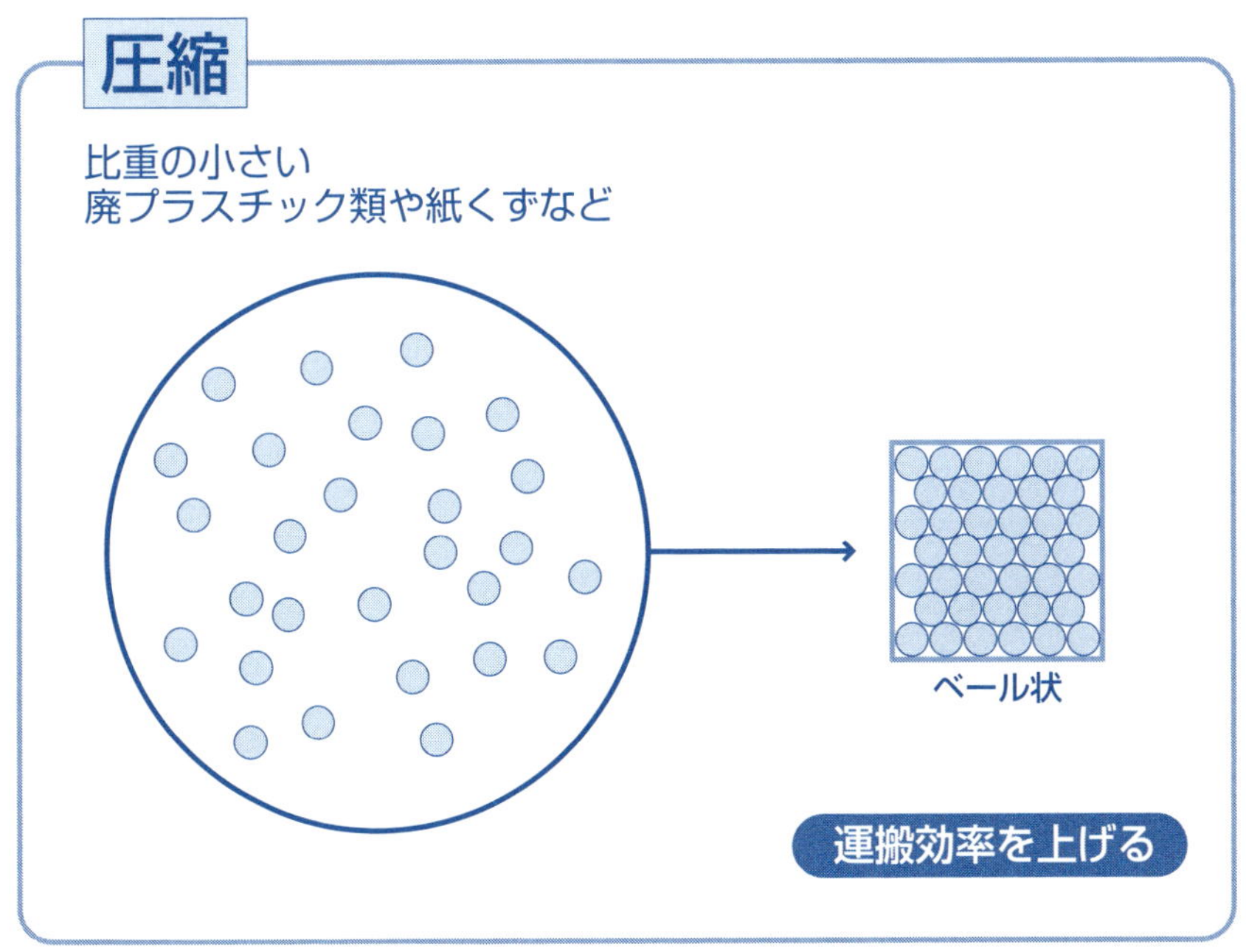
圧縮
比重の小さい
廃プラスチック類や紙くずなど
ベール状
運搬効率を上げる

6

リサイクル
さまざまなリサイクル

廃棄物をリサイクルする方法には、大きく分けて3種類あります。

①マテリアルリサイクル

たとえば、牛乳パックが回収されると、紙の原料として再資源化され、新たにトイレットペーパーや段ボールなどに再生されます。また、飲料容器のスチール缶などは、スクラップされて再びスチール缶や建設資材、自動車、家電などに再生されます。

マテリアルリサイクルとは、廃棄物を製品の原料（マテリアル）として再資源化し、それを加工して、新たな製品へと再生することを言います。

②ケミカルリサイクル

製品を化学原料としてリサイクルすることを言います。製品を化学的に処理して、化学原料の段階にまで戻すことによって、再び元の素材と差のないものを作ることが可能になるリサイクル方法です。その意味では〝一歩進んだマテリアルリサイクル〟と考えるとわかりやすいでしょう。

現在は一部のプラスチック製品で、油化、ガス化、高炉原料化などのケミカルリサイクルが行なわれています。

③サーマルリサイクル

サーマルとは、英語で「熱の、熱を出す」という意味です。サーマルリサイクルとは、マテリアルリサイクルをすることが困難である製品を焼却して減量化を行なう際に発生する熱エネルギーを回収して利用するリサイクル方法のことです。それらの熱エネルギーは、ゴミ発電や汚泥の乾燥、セメント原燃料などさまざまな用途に用いられています。

また、RDFやRPFなどの廃棄物を押し固めて固形燃料などを作る処理もサーマルリサイクルの一種です。

産業廃棄物は年間約4億トン排出されています。この莫大な量の産業廃棄物から、可能な限りリサイクル可能物を選び出してリサイクルすることは、限りある資源を有効に活用する循環型社会への第一歩となります。

●3種類のリサイクル

マテリアルリサイクル

廃棄物を再び原料に戻し、新たな製品にリサイクルする方法

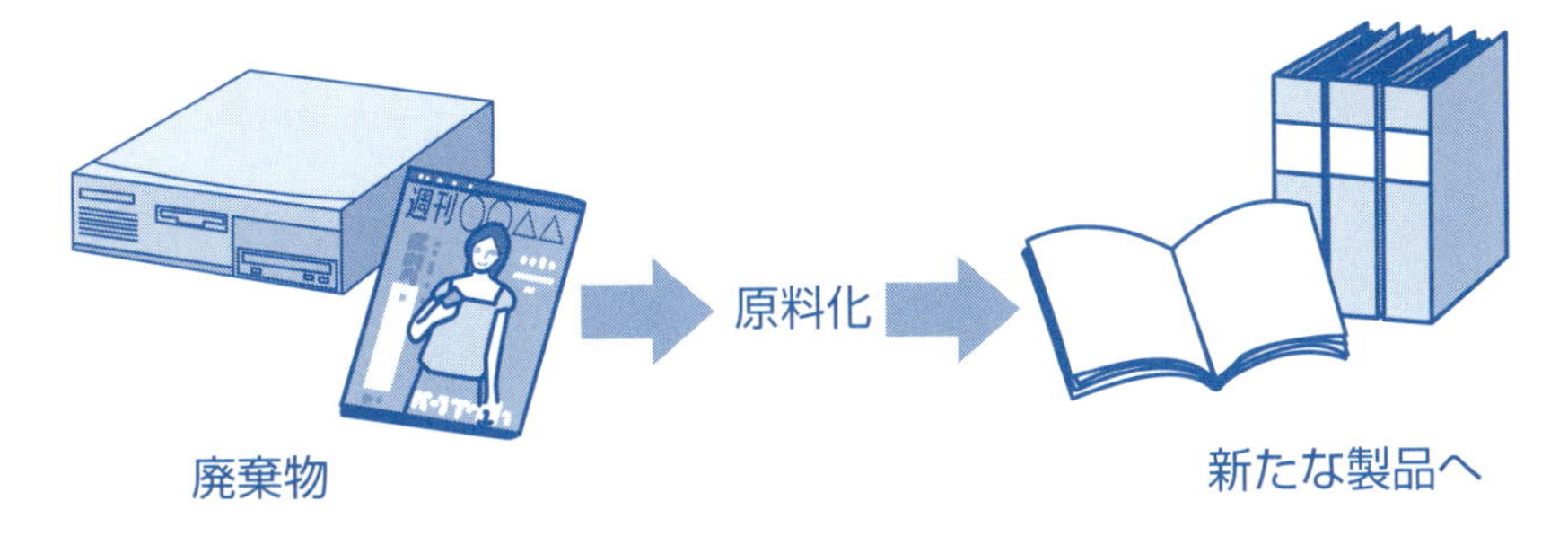

ケミカルリサイクル

廃棄物を化学原料の段階に戻すことにより、同じ素材としてリサイクルすることが可能になる

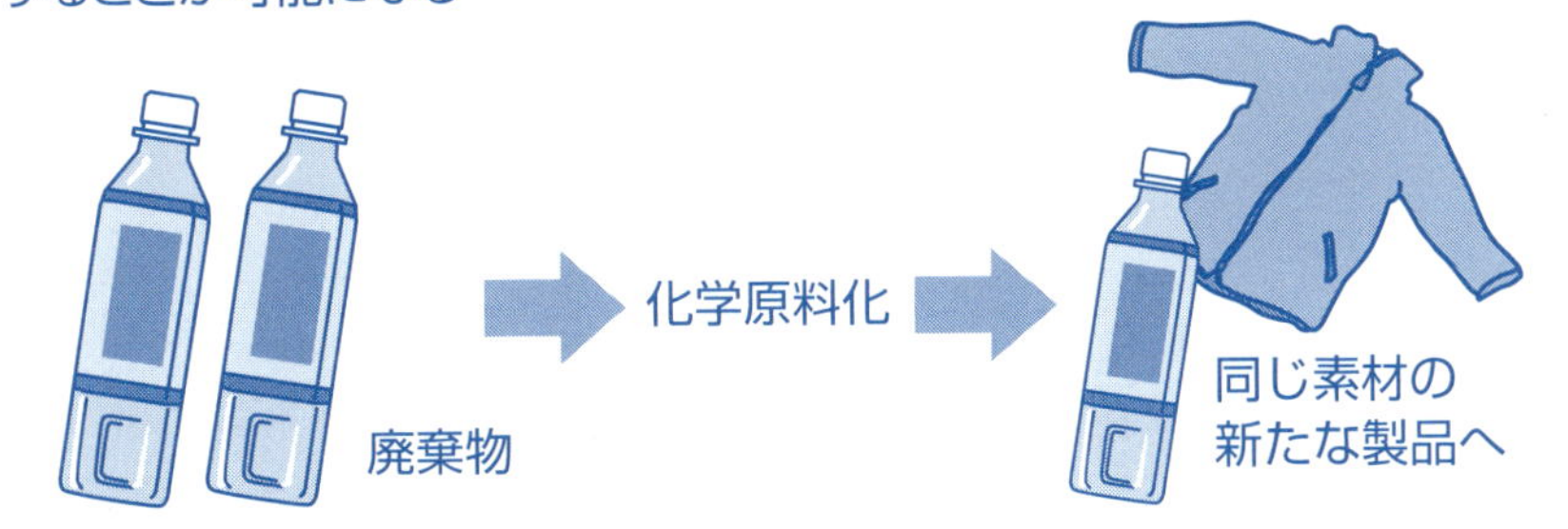

サーマルリサイクル

廃棄物の熱エネルギーを利用するリサイクルの方法

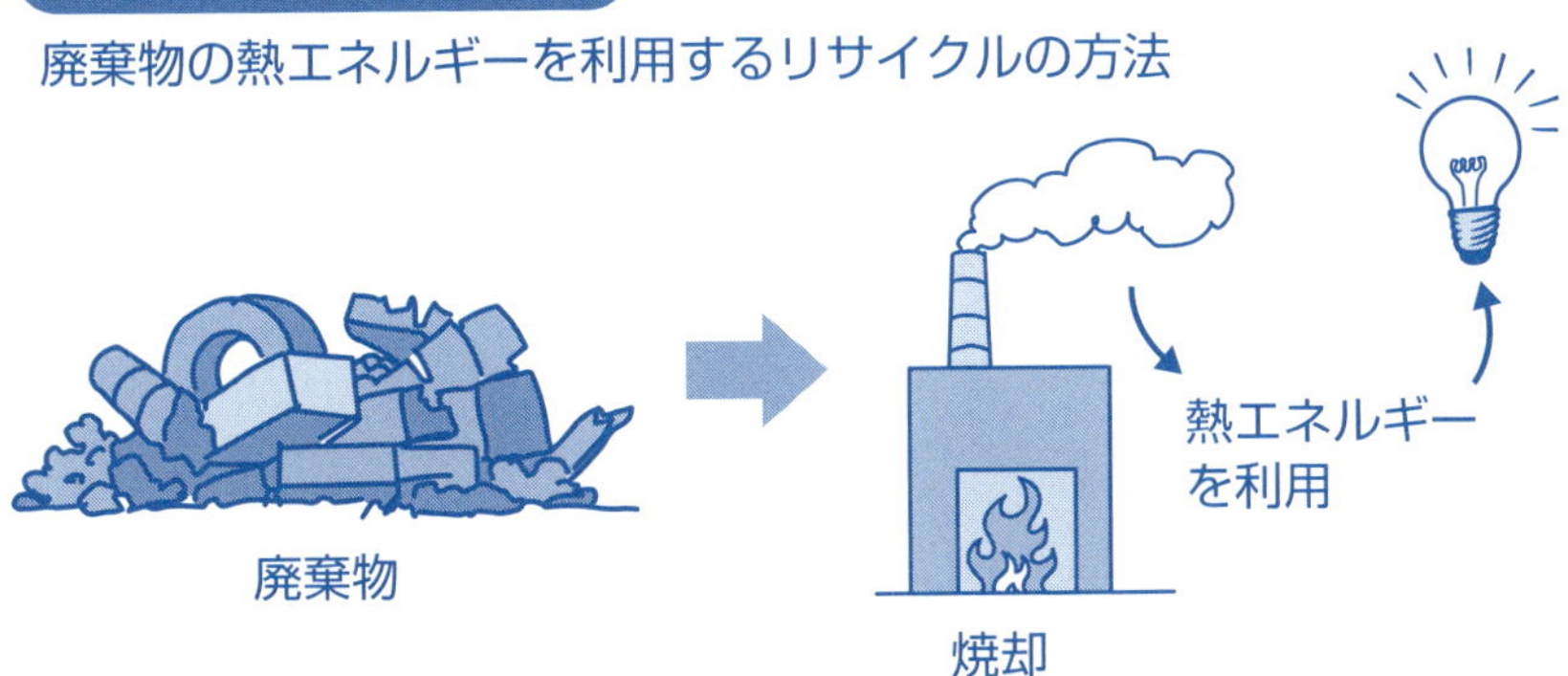

[RPF] Refuse Paper & Plastic Fuel の略称で、マテリアルリサイクルが困難な古紙やプラスチックを原料とした高カロリーの固形燃料のこと。RDF（Refuse Derived Fuel）も廃棄物固形燃料のことだが、自治体の収集による一般廃棄物を原料とし、一般的にRPFより発熱量が低い。

7

最終処分場

最終処分場には3つの種類がある

最終処分場には「安定型」「管理型」「遮断型」の3種類があり、構造や埋め立てできる品目に違いがあります。

①安定型最終処分場

安定型最終処分場は、性質が安定した、腐らない品目の産業廃棄物を埋め立てできる最終処分場です。埋立空間と外部とを隔てる遮水工（ビニールシートやゴムシートなど）はありません。そのため、安定した性質の産業廃棄物のみを埋め立てることができます。また、構造としては、産業廃棄物の飛散や流出を防止する必要があります。日本の最終処分場の約6割がこの安定型最終処分場です。

②管理型最終処分場

管理型最終処分場は、性質の安定していない産業廃棄物を埋め立てることができる処分場です。ただし、遮断型最終処分場に埋め立てをしなければならない有害な産業廃棄物を埋め立てることはできません。つまり、管理型最終処分場には、遮断型で埋め立てるもの以外の産業廃棄物を埋め立てることができるわけです。

管理型最終処分場には、埋立地からの浸出液による公共の水域及び地下水の汚染を防止するための遮水工を設け、内部に溜まった水を浸出液処理設備で浄化して放流するなどの処置が必要になってきます。日本の最終処分場の約4割が管理型最終処分場です。

③遮断型最終処分場

有害な産業廃棄物などを埋め立てることができる最終処分場で、3つの処分場の中では最も厳重な構造になっています。具体的には、雨水を遮断するため屋根で覆われており、産業廃棄物を埋め立てる周囲は、鉄筋コンクリートで外から遮断されています。埋め立てが終了すると、その表面に覆いをかぶせ、有害物質が外に漏れ出さないような処理をします。

日本の最終処分場のうち、このような遮断型最終処分場は1％程度しかありません。

●3種類の最終処分場

1 安定型最終処分場

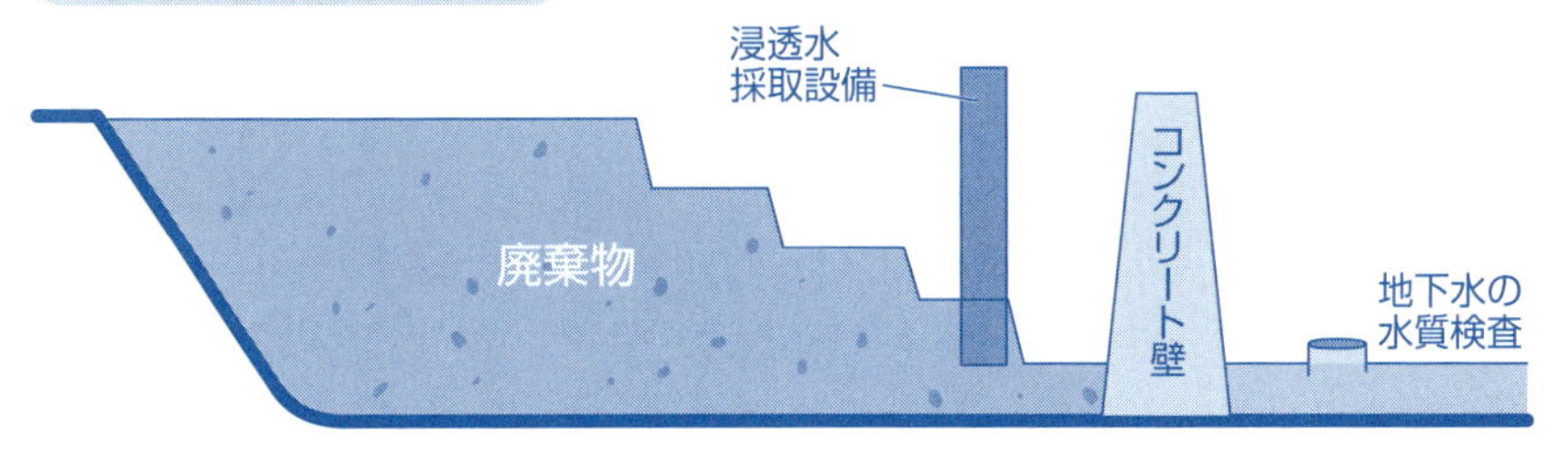

埋め立てるもの
性質が安定しており、有害物質などが溶け出さない産業廃棄物

2 管理型最終処分場

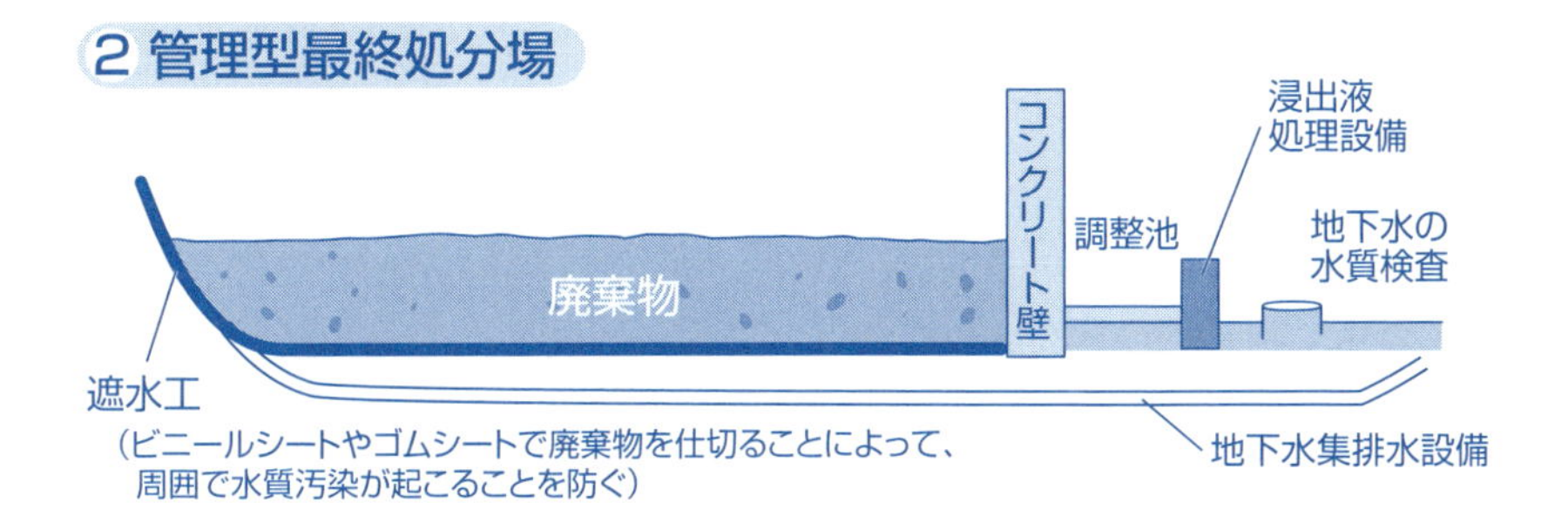

埋め立てるもの
遮断型最終処分場で処分しなければならない産業廃棄物以外の産業廃棄物

3 遮断型最終処分場

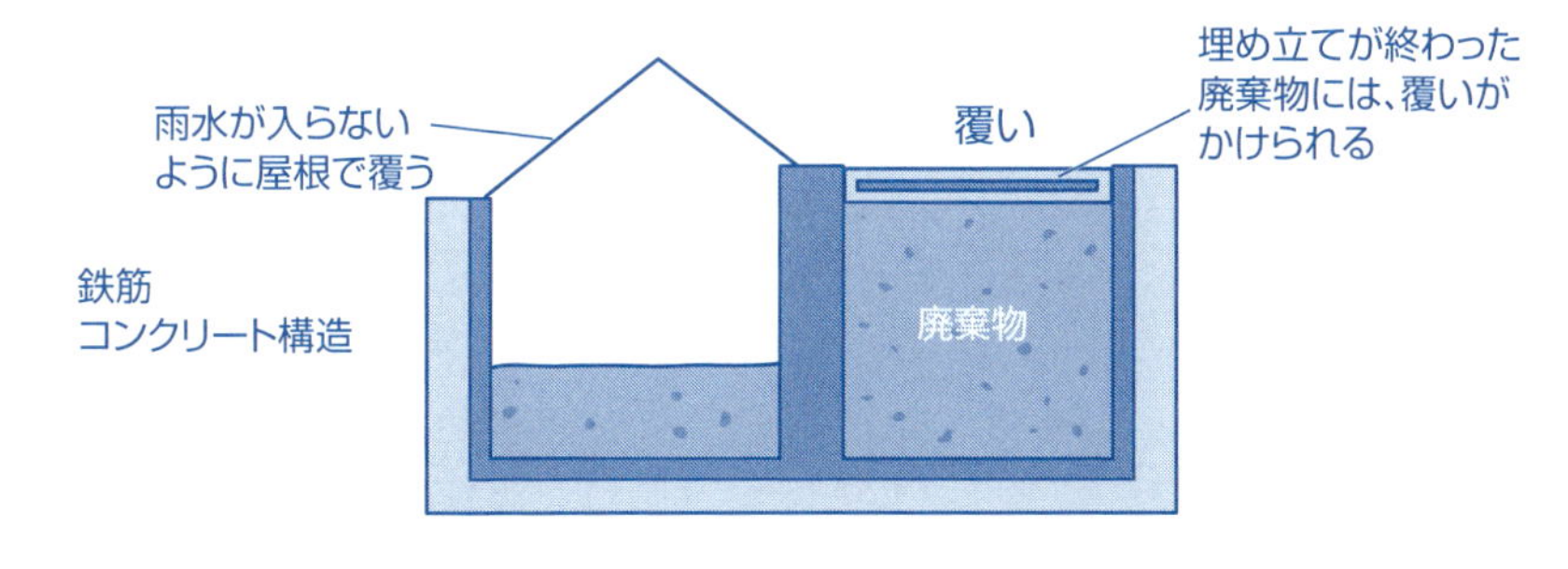

埋め立てるもの
有害物質をある一定基準以上含む産業廃棄物

8 循環型社会に向けて

リサイクル製品のこれからを考える

私たちは、自分たちが排出する廃棄物をリサイクルすることで、循環型社会が成り立つように考えがちです。もちろん、実際にリサイクルすることが循環型社会形成への第一歩であることに違いはありません。

しかし、リサイクルするだけでなく、そのリサイクルされた製品を積極的に購入し、さらにその使用が終わった時に、極力廃棄物を出さないというところまでして初めて、循環型社会が成り立つのです。ですが、リサイクル製品に対して偏見を持ったり、価格とリサイクル製品の質とが合わなかったりするために、あえてリサイクル製品を購入するまでにいたらない人が多いのが実情ではないでしょうか。

ある製紙事業者を訪問した時、「日本人はトイレットペーパーでもリサイクル製品より新しいものを選びたがるが、トイレットペーパーに新しい紙を使っているのは日本ぐらいだ」という話を聞いたことがあります。

それでも最近では、生活のあらゆる場面で環境へ負荷を与えないことを優先する人が増加しています。このような人々は、率先してリサイクル製品を購入しているようです。しかし、こうした考え方が日本で一般的になるには、まだ時間を要するでしょう。なぜなら、リサイクル製品自体に魅力がなかったり、価格と質が釣り合わなければ、消費者がリサイクル製品を進んで購入することは難しいからです。

過去にさまざまな環境破壊による公害の被害を受け、現在は環境先進国となっているドイツでは、日本とは逆に環境に負荷を与えない製品が好んで選ばれます。もちろん、ドイツの人々が環境に寄せる関心の強さもありますが、環境に負荷を与えない製品を購入するほうが消費者にとって有益になる制度が、しっかり確立されていることも大きな要因です。

たとえば、2003年からドイツでは飲料容器のデポジット制を採用し、

●循環型社会に向けて

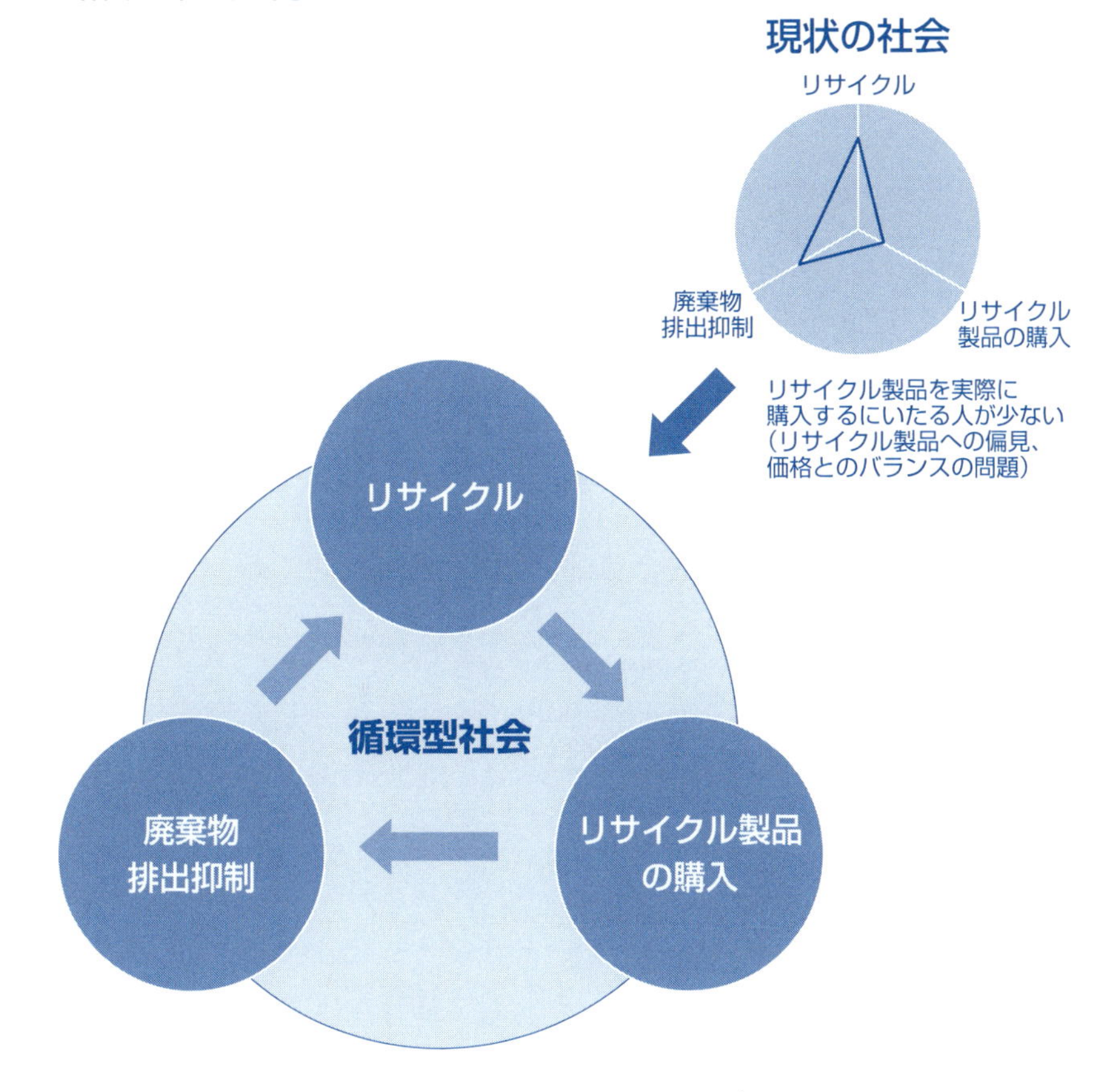

使い捨て容器に対するリターナブル容器（再び容器としてそのまま再利用できる容器）の利用促進を図りました。その結果、リターナブル容器に入った飲料が以前より10％以上も多く利用されるようになり、使い捨て容器の増加傾向に歯止めがかかったのです。

日本でも、リサイクル製品自体の品質と価格が消費者のニーズに歩み寄り、それらの製品が市場に数多く出始めれば、消費者は進んでリサイクル製品を選ぶようになるでしょう。そうすることによって、現在バランスの取れていない「リサイクル」「リサイクル製品の購入」「廃棄物排出抑制」の関係が、徐々に循環型社会へと近づきます。リサイクル製品の生産者と消費者が互いに歩み寄り、リサイクル製品に理解を示すことで初めて、循環型社会が機能し始めるのです。

[グリーン購入] 消費者が製品を購入する際に、価格・品質だけではなく、それが環境に配慮されたものかどうかを判断の材料に加えるという考え方。2001年（平成13年）にグリーン購入法が定められ、国や市町村などの公共機関にグリーン購入が義務づけられた（6章7項参照）。

Column

さまざまな環境ラベル

私たちが日頃さまざまな製品を購入するに当たって、その製品が環境に負荷をなるべく与えない製品であることを見分けることができる方法のひとつが、製品についている下のようなマークです。グリーン購入、グリーン調達などを行なう際にはこれらの環境ラベルが目印になります。

〈世界初の環境ラベル〉

	ブルーエンジェルマーク	ドイツで1978年に導入された世界初の環境ラベルです。生産から廃棄にいたるまでの全過程において環境に配慮して作られた製品やサービスにつけられています。

〈日本の環境ラベル〉

	エコマーク	「生産」から「廃棄」にわたるライフサイクル全体を通して環境への負荷が少なく、環境保全に役立つと認められた商品につけられています。
グリーン マーク	グリーンマーク	古紙の含有率の高い再生紙等を使った紙製品や地球の自然環境の保護、森林資源の愛護につながる商品について、学校などの団体で集めると、再生品のノートもしくは苗木と交換できます。
R100 古紙パルプ配合率100%再生紙を使用	再生紙使用マーク	古紙を原料とした製品につけられています。マークの後の数字は古紙配合率を表わしています（左の例の場合は100%)。
R 牛乳パック再利用	パックマーク	使用済み牛乳パックを再利用して作られた製品につけられています。
PC リサイクル	PCリサイクルマーク	このマークが付いている家庭向けパソコンは、不要になった際に追加料金なしで参加メーカーが回収・リサイクルを行ないます。
TREE FREE	ツリーフリーマーク	非木材（バガス・ケナフ等）が対木材バージンパルプ比で10%以上含まれている紙製品に対してつけられています。

〈識別マーク〉　「資源有効利用促進法（リサイクル法)」の改正に伴い、容器・包装に対する識別マークの表示が義務づけられることになりました。

紙製容器包装
飲料用紙（アルミ不使用のもの）と段ボール製のものを除く

PETボトル

アルミ缶

プラスチック容器包装
「PETボトル」に含まれるものを除く

スチール缶

3章 これが適正処理の流れだ

1

適正処理フロー

適正処理で押さえておくべき3つのポイント

産業廃棄物は、出した人（**排出事業者**）に、その処理をする責任があります。実際の処理は収集運搬や処分を扱う処理事業者に任せているのが一般的ですが、他社に処理を委託した時でも、自らの出した廃棄物を「管理する義務」があるのです。

繰り返し述べてきたように、廃棄物処理を委託していた事業者が、実は不法投棄をしており、それが発見され、不法投棄廃棄物の中から排出事業者を特定できる証拠が見つかった場合、その責任は処理事業者だけでなく排出事業者にも及びます。つまり、適正処理のフローとは、「産廃の処理を委託する際に必要な管理方法」と言うこともできるでしょう。

適正処理のフローで、必ず押さえなければならないポイントは3つあります。ひとつは、産業廃棄物処理を委託する前に契約書を取り交わすこと。2つ目が、処理事業者の各都道府県知事または政令市の場合は市長から認められている許可証を確認すること。そして3つ目は、委託する廃棄物それぞれにマニフェストを交付することです。

「**契約書**」は、排出事業者と処理事業者両者が委託内容を明確にして契約を締結することによって、産業廃棄物の適正な取扱いを約束するものです。この契約書に必ず添付されている書類が「**許可証**」です。許可証には処理事業者の事業の範囲等が明示されています。委託しようとする廃棄物が処理事業者の事業範囲に含まれているか、処理方法や処理施設の能力等が適切であるかどうかをこの許可証で確認します。「**マニフェスト**」は産業廃棄物の管理票であり、廃棄物の処理状況を確認するためのものです。

以上の3点すべてが満たされていても、それで産業廃棄物の処理が適正になされたと保証されるわけではありません。ただ、この3つのポイントは、そのうちのどれが欠けても、直接罰則の対象となります。

●産業廃棄物の適正処理の流れ

事前説明
- ●排出事業者と処理事業者間での協議・合意

↓

契約書締結
- ●運搬と処分のそれぞれの事業者と書面による契約が必要
- ●運搬・処分それぞれにおいて、許可品目・許可期限などを許可証によって確認
- ●最終処分先・再生先（二次先）の確認

↓

廃棄物発生　マニフェスト交付
- ●マニフェスト＝産業廃棄物の管理票
- ●運搬車輌1台につき1枚交付
- ●排出事業者、運搬・処分受託者、廃棄物の種類などを記入

↓

運搬
- ●産廃を運搬する車輌には運搬車であることを表示し、書類（許可証の写し、マニフェスト）を携帯
- ●収集運搬の許可は排出事業者と運搬事業者が異なる際に必要

↓

中間処理
- ●選別・破砕・焼却・溶融など

↓

最終処分・再生
- ●埋め立てが可能な品目・安定型／管理型／遮断型処分場の区分の確認
- ●廃棄物の種類に応じたリサイクル技術の検討

↓

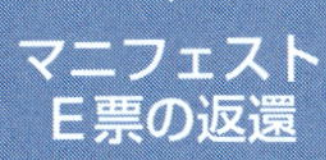

- ●マニフェストE票により排出事業者は処理を委託した廃棄物の適正処理を確認
- ●返還されたマニフェストは5年間保存の義務あり

［拡大生産者責任］ 製品が廃棄物となった時の処理・リサイクル責任を生産者が負うという考え方。廃棄物の処理・リサイクルの費用を販売価格に上乗せすることになるが、価格が上がれば、売れなくなる可能性があるため、より処理・リサイクルしやすい製品の開発が進むことが期待される。

2 契約書

契約書は誰と交わせばいいのか

あなたの会社では、処理を委託している処理事業者と契約書をしっかりと取り交わしているでしょうか。もし、取り交わしていなければ、それだけで**違法行為**になります。

また、たとえ契約書を取り交わしていても、それだけで安心はできません。契約書には「記載すべき事項」や「添付する書類」が決められているからです。

ここでは、契約書に関係することをチェックしていきましょう。

契約書は、**産業廃棄物の処理を委託する収集運搬事業者・処分事業者それぞれと取り交わさなければならない**と決められています。

たとえば、収集運搬事業者と運搬のみの委託契約を結ぶだけでは、不十分です。委託を受けた運搬事業者は、おそらく受け取った廃棄物をどこかの処分事業者に運んでいるはずです。排出事業者は、運搬事業者が運び込む先である処分事業者とも契約を取り交わさなければなりません。

つまり、排出される産業廃棄物の運搬をA社に、処分をB社に委託する場合、排出事業者は、A社とB社それぞれと契約書を取り交わす必要があるわけです。排出事業者とA社・B社の3社がひとつの契約書を取り交わすのは禁止されています。ただし、運搬と処分を同一の事業者に委託する場合は、ひとつの契約書で十分です。

契約書は、排出事業者からどのような品目の廃棄物がどれくらい出るのか、運搬・処分事業者はどの品目を扱うことができ、いくらで委託を受けるのか、といったことを明らかにする約束事をまとめた書面と言えます。

契約書には、添付しなければならない書類と、記載しなければならない事項が定められています。

添付しなければならない書類は、運搬あるいは処分事業者の許可証です。許可証は、他社の廃棄物を運搬したり処分したりする事業者に対して、各行

●契約書を交わす相手は？

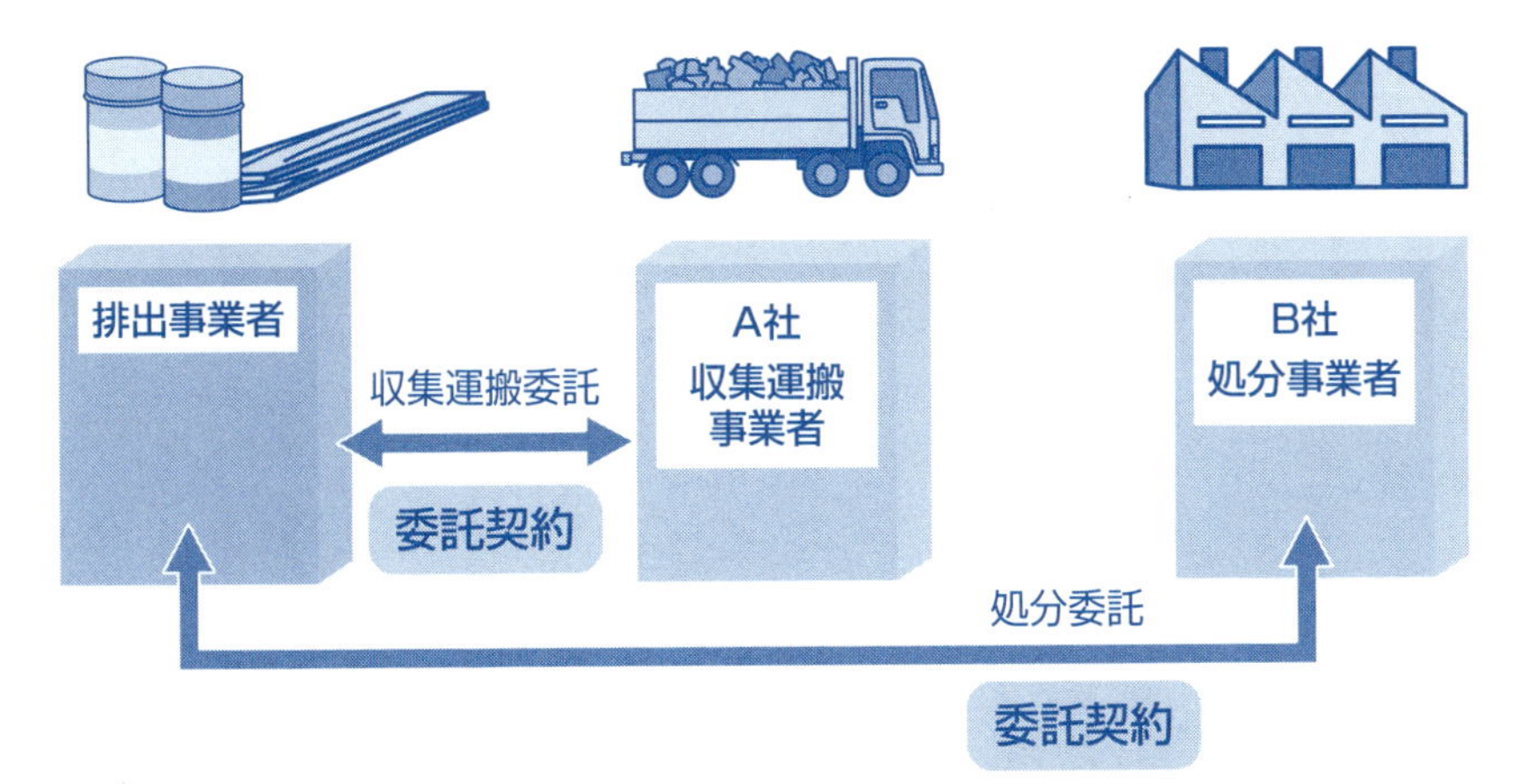

収集運搬事業者と処分事業者が異なる場合は、収集運搬事業者、処分事業者それぞれと委託契約を締結する必要があります。

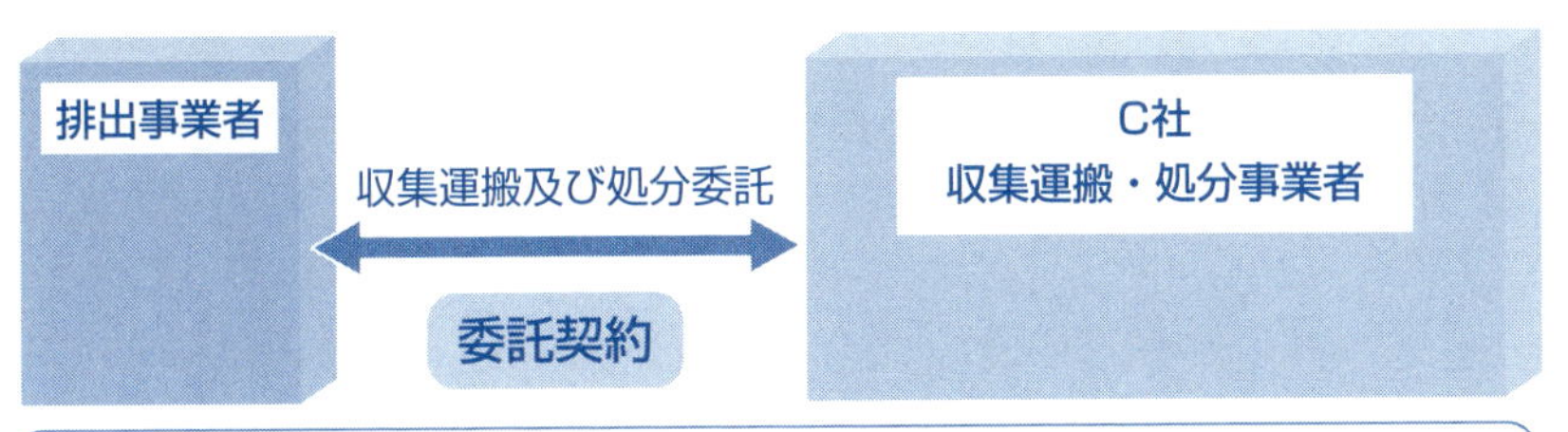

収集運搬及び処分を同一の事業者に委託する場合は、ひとつの契約書で問題ありません。

政が認めるものです。

許可証には、「許可番号」「扱える品目」「許可の有効期限」などが記載されており、許可証で認められた品目以外のものを取り扱うことはできません。たとえば、「木くず」のみの処理許可しか持たない事業者に、「廃プラスチック」の処理を委託することはできないのです。

契約書に記載しなくてはならない事項の決めごとはたくさんあります。その中でも特に重要なのが、委託する産業廃棄物の「種類」「数量」「単価」です。

また、中間処理事業者と契約を取り交わす場合、中間処理後の「残さ」の運搬先も、契約書で確認します。

このように、契約書は、事業者が排出した廃棄物の「行き先・処理方法」のすべてを明示するものなのです。

3 許可証

許可証は廃棄物を運搬・処分するすべての事業者に必要

産業廃棄物収集運搬業許可証

住所 □□□ □□□ □□□
氏名 □□□ □□□ 代表取締役 △△△ △△△

廃棄物の処理及び清掃に関する法律 第十四条第一項の許可を受けた者であることを証する

○○知事 ××××× 印

許可の年月日 平成□年□月□日
許可の有効年月日 平成□年□月□日

1. 事業の範囲
事業の区分：積替・保管を含まない
産業廃棄物の種類
①廃プラスチック類
②紙くず
③木くず
④繊維くず
⑤ゴムくず
⑥金属くず
⑦ガラス及び陶磁器くず
⑧がれき類
2. 積替又は保管を行なうすべての場所の所在地及び面積並びに当該場所ごとにそれぞれ積替又は保管を行なう産業廃棄物の種類（積替又は保管を行なう場合に限る。）
3. 許可の条件
4. 許可の更新又は変更の状況
平成○○年○○月○○日

排出事業場
愛知県

愛知県
収集運搬業許可
必要

廃棄物の運搬を他社に委託する場合、委託先の事業者が「**産業廃棄物収集運搬業許可**」を得ているか、しっかり確認することが大切です。産業廃棄物の収集・運搬を業として行なう者は、その業を行なう区域を管轄する都道府県知事等の許可を受けなければならないからです。

許可証には、扱える品目や許可の有効期限など、排出事業者が確認すべきチェックポイントがいくつかあります。委託する廃棄物が収集運搬事業者の事業内容でまかなえるのかどうか、契約書に添付してある「産業廃棄物収集運搬業許可証」を確認する必要があります。

他人から委託を受けて産業廃棄物の処分（中間処理または最終処分）を行なう場合にも、「**産業廃棄物処分業許可証**」が必要です。

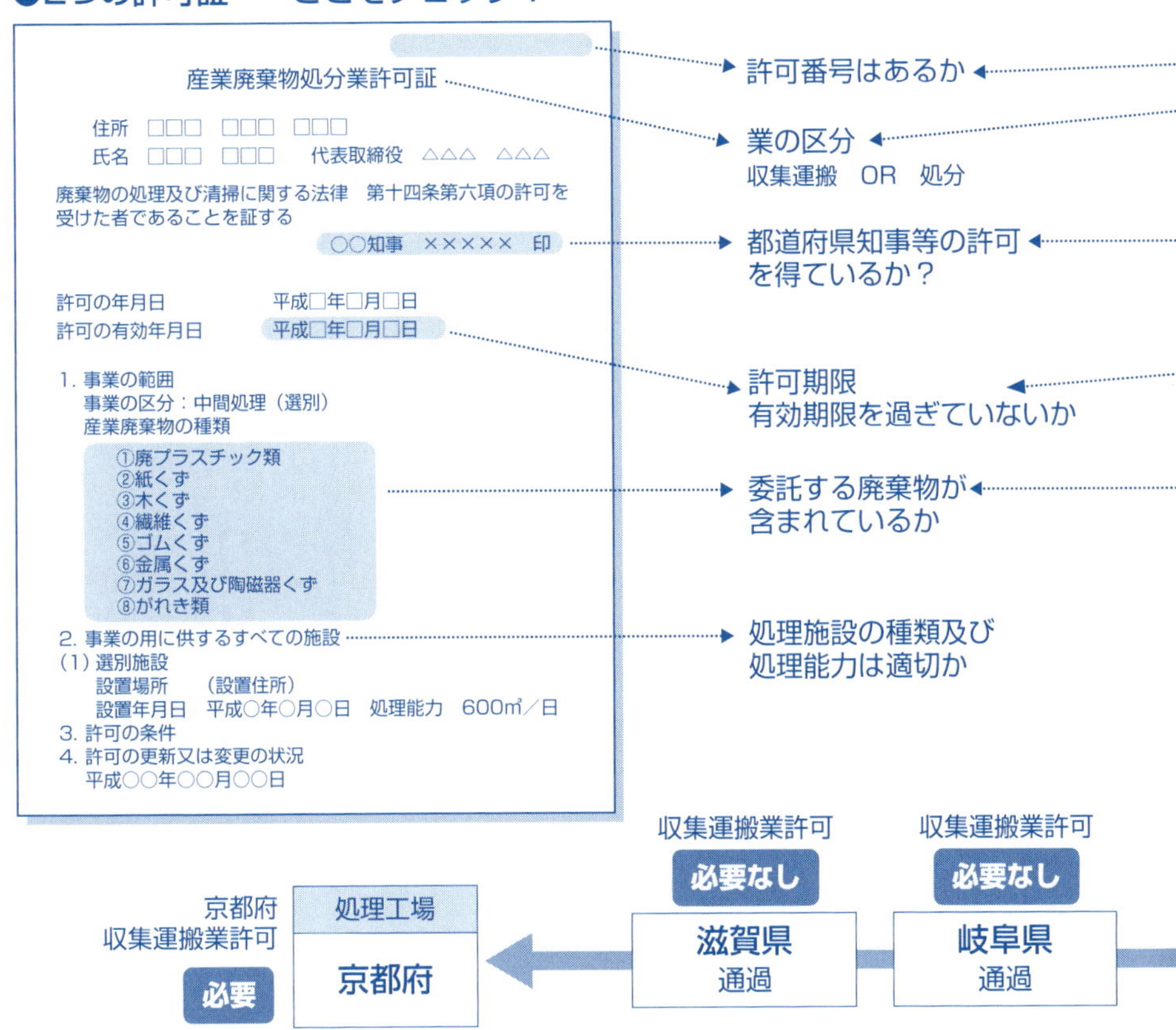

収集・運搬と同様に、処分を行なう区域を管轄する都道府県等の許可を受けなければなりません。もちろん産業廃棄物の収集・運搬業と処分業の両方を行なう者は、それぞれの許可が必要になります。

産業廃棄物収集運搬業については、産業廃棄物の積み降ろし場所それぞれについて、その場所を管轄する都道府県知事等の許可が必要です（両足主義）。

たとえば、愛知県で排出された廃棄物を京都府の中間処理工場で処分する場合、廃棄物を積む場所、降ろす場所はそれぞれ愛知県、京都府なので、愛知県と京都府の収集運搬業許可が必要となるわけです。

途中で通過する岐阜県、滋賀県の場合は、その場所で廃棄物を積み降ろししないため、許可は必要ありません。

【都道府県等】産業廃棄物の許可を発行し、管轄する行政は、都道府県及び政令市である。ここでいう政令市とは、政令指定都市と中核市に尼崎市、西宮市、呉市、大牟田市、佐世保市を加えた市であり、従来の保健所設置市から小樽市を除いたもの。

4

収集運搬業の許可

収集運搬業許可の注意点

前項で示したように、収集運搬事業者は、運搬の積み込みと積み降ろしを行なうそれぞれの都道府県等の許可を持っていなければ、他者から委託を受けて産業廃棄物を運搬することができません。

平成22年度までは、全国どこでも産業廃棄物の積み降ろしを行なう収集運搬事業者は、全国に存在する100以上の都道府県または政令市すべてで許可を受けなければなりませんでした。

それが、平成23年度以降は、原則として都道府県の許可を持っていれば、その都道府県内の政令市でも産業廃棄物の積み降ろしが可能になりました。つまり、全国どこでも産業廃棄物の積み降ろしを行なう収集運搬事業者は、47都道府県の許可を持っていればその事業を行なえるということです。

これにより、広域的に産業廃棄物の処理を委託する排出事業者・収集運搬事業者双方の事務作業を軽減することになりました。

また、収集運搬事業者にとっては、許可証ごとに必要な5年ごとの更新時にかかる7万円程度の申請費用を抑えることもできます。

ただし、政令市は収集運搬業の許可を出さなくなったわけではありません。都道府県内のひとつの政令市のみで産業廃棄物の積み降ろしを行なう場合、さらに、政令市内で収集運搬業の一部である積替保管を行なう場合には、政令市が許可を出すことになります。

ひとつの政令市のみで産業廃棄物の積み降ろしを行なうことは、排出場所も処分施設も点在している実態からは想定されにくいため、都道府県の許可を得ている収集運搬事業者がほとんどです。それゆえ、政令市から許可を受けるのは、その政令市内に積替保管施設を有する場合のみとなるでしょう。

収集運搬業許可証では、左図のように、「事業の範囲」には「積替・保管を含む」と記載され、「積替の許可の

●収集運搬業許可制度の合理化

平成23年3月まで

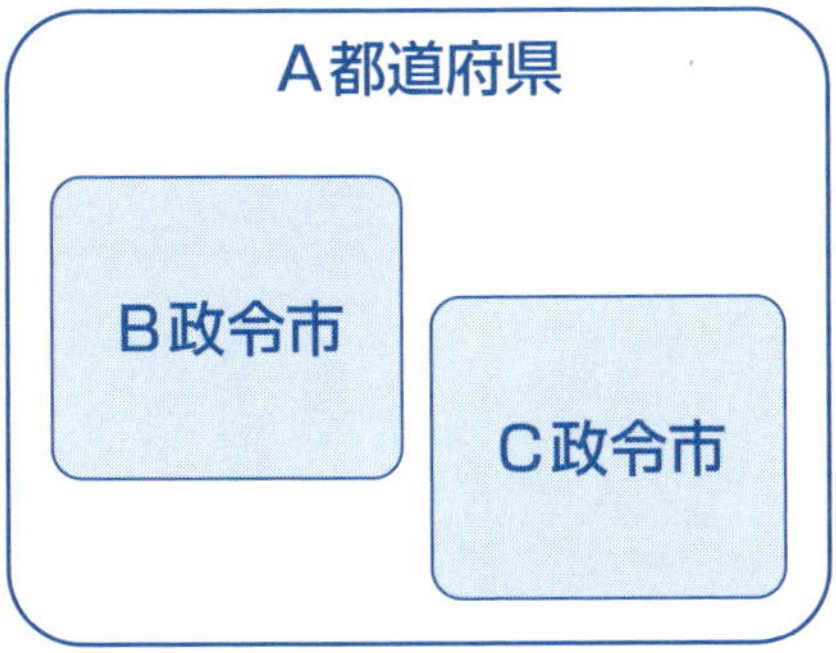

A都道府県

B政令市

C政令市

B政令市とC政令市で積み降ろしをする場合、それぞれの政令市の許可が必要

・A都道府県はB·C政令市以外の都道府県内のみを管轄
・A都道府県とB・C政令市はそれぞれ独立している
＝産業廃棄物に関する行政区の管理範囲と同じ

全国で収集運搬業を行なうには100以上の許可が必要

平成23年4月以降

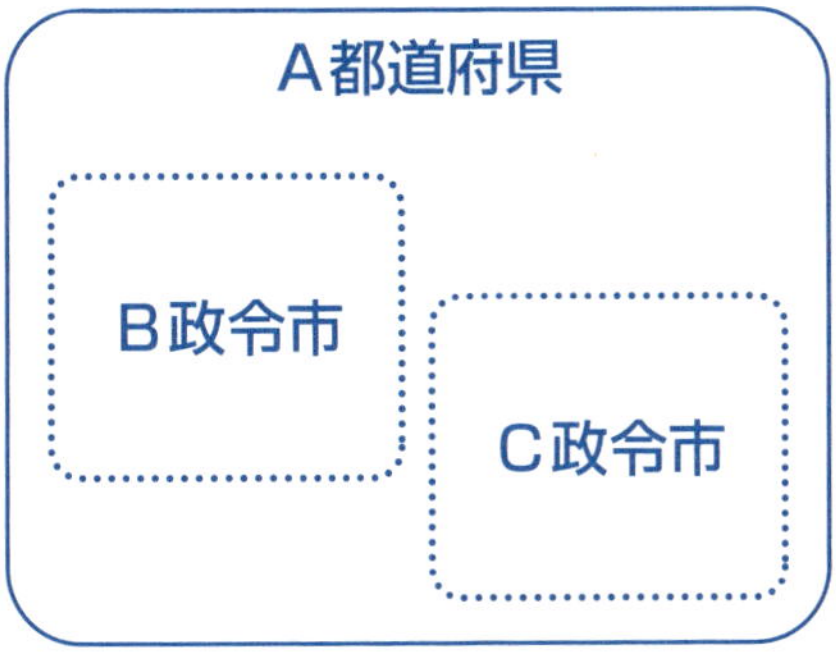

A都道府県

B政令市

C政令市

B政令市とC政令市で積み降ろしをする場合、A都道府県の許可を持っていればよい

A都道府県はB・C政令市の区域を含む都道府県内を管轄
＝産業廃棄物に関する行政区の管理範囲と異なり、収集運搬業の許可だけの特例となる

全国で収集運搬業を行なうには47の許可が必要

※政令市が収集運搬業をまったく許可しないわけではない
・政令市内にて積替保管施設を含む場合
・政令市内のみで収集運搬を行なう場合（都道府県の許可でも可能であるが）
上記2つの場合には政令市が許可をすることになる

有無」に「無し」と記載されている許可証や、逆に「事業の範囲」には「積替・保管を含まない」と記載され、「積替の許可の有無」には「有り」と記載されている許可証があります。このような場合、積替保管の許可があるといえるでしょうか。

収集運搬業許可証の「事業の範囲」は、この許可に積替保管を含んでいるかどうかを示しています。左図①のように「積替・保管を含む」といった記載（自治体により多少表記が異なる場合があります）の場合、この許可証を出した自治体内に積替保管施設を持っており、積替保管の許可を受けていることがわかります。

許可証の「積替の許可の有無」は、都道府県から出される収集運搬業許可に記載され、その都道府県内の政令市で収集運搬業の許可を受けているかを示しています。

左図②のように「無し」と記載されている場合、政令市で許可を受けていないということがわかります。政令市で許可を受けている場合には、「有り」と記載され、その政令市名と許可番号が記載されます。

政令市の許可証では、政令市内に別の政令市が存在することはあり得ないため、②の記載は「無し」または何も記載されません。

収集運搬業者は積替保管施設が政令市内にある場合、都道府県の収集運搬業許可とは別に、政令市からも積替保管を含む収集運搬業の許可を受けなければなりません。

その場合、都道府県の収集運搬業許可の有効範囲はその政令市を除いた地域となります。政令市内の収集運搬については、積替保管を行なうかどうかによらず、政令市の許可が有効と見なされます。

左図②の「積替の許可の有無」が「有り」となっており、政令市名や許可番号が記載されている場合には、委託に関わる廃棄物の積み降ろし場所のどちらかがその政令市内で行なわれるかどうかを確認しましょう。

積み降ろしの場所が政令市以外であれば、都道府県の許可を確認し、政令市内であれば都道府県の許可ではなく、その政令市の許可を確認します。

収集運搬業許可証に記載されている2つの意味が異なる積替保管に関する事項の違いには注意が必要です。

●積替保管の許可を確認するポイント

許可番号　〇〇〇〇〇〇号

産業廃棄物処分業許可証

住所　□□□　□□□　□□□

氏名　□□□　□□□　代表取締役　△△△　△△△

廃棄物の処理及び清掃に関する法律　第十四条第六項の許可を受けた者であることを証する

〇〇知事　×××××　印

許可の年月日　平成□年□月□日

許可の有効年月日　平成□年□月□日

1. 事業の範囲

事業の区分：積替・保管を含む　→ ①この許可証の積替保管の許可の有無を示している

産業廃棄物の種類

①廃プラスチック類
②紙くず
③木くず
④繊維くず
⑤ゴムくず
⑥金属くず
⑦ガラス及び陶磁器くず
⑧がれき類

2. 積替又は保管を行なうすべての場所の所在地及び面積並びに当該場所ごとにそれぞれ積替又は保管を行なう産業廃棄物の種類（積替又は保管を行なう場合に限る。）

所在地：□□県□□市□□□

面積：〇〇㎡

種類：①②③⑦⑧

保管上限：△△㎡　積み上げ高さ：△m

3. 許可の条件

4. 許可の更新又は変更の状況

平成〇〇年〇〇月〇〇日

5. 積替の許可の有無

無し　→ ②この許可証を出した都道府県内の政令市で積替の許可を受けているかを示している

（①と②は）意味が異なる

5

契約書のチェック

契約書で押さえておきたい項目

産業廃棄物の収集運搬及び処分を委託する際には、それぞれの処理事業者と書面で契約を結ぶ必要があること、契約書は廃掃法（はいそうほう）によって必要記載事項が定められていること——この2点については、すでに述べたとおりです。契約書に虚偽や不備があった場合には、委託基準違反として罰則の対象になります。

契約書は排出事業者と処理事業者の両者間で決められたことを明確化したものです。排出事業者は処理事業者と交わした委託内容と契約内容に間違いがないかをチェックし、きちんと把握しておく義務があります。

委託契約書に記載しなければならない必要事項は左表のとおりです。排出事業者が処理事業者と委託契約を締結する時は、大きく3つのパターンに分けられます。

●契約書のひな型（収集・運搬用）

様式1

産業廃棄物処理委託標準契約書

収入
印紙

〔収集・運搬用〕

排出事業者：________________（以下「甲」という。）と、
収集運搬業者：________________（以下「乙」という。）は、
甲の事業場：________________から排出される産業廃棄物の収集・運搬に関して次のとおり契約を締結する。

第1条（法の遵守）
甲及び乙は、処理業務の遂行にあたって廃棄物の処理及び清掃に関する法律その他関係法令を遵守するものとする。

第2条（委託内容）
1.（乙の事業範囲）
乙の事業範囲は以下のとおりであり、乙はこの事業範囲を証するものとして、許可証の写しを甲に提出し、本契約書に添付する。なお、許可事項に変更があったときは、乙は速やかにその旨を甲に通知するとともに、変更後の許可証の写しを甲に提出し、本契約書に添付する。

◎収集運搬に関する事業範囲

〔産廃〕

許可都道府県・政令市：	________	許可都道府県・政令市：	________
許可の有効期限：	________	許可の有効期限：	________
事業範囲：	________	事業範囲：	________
許可の条件：	________	許可の条件：	________
許可番号：	________	許可番号：	________

〔特管〕

許可都道府県・政令市：	________	許可都道府県・政令市：	________
許可の有効期限：	________	許可の有効期限：	________
事業範囲：	________	事業範囲：	________
許可の条件：	________	許可の条件：	________
許可番号：	________	許可番号：	________

2.（委託する産業廃棄物の種類、数量及び単価）
甲が、乙に収集・運搬を委託する産業廃棄物の種類、数量及び収集・運搬単価は、次のとおりとする。

種類：	________	________	________
数量：	________	________	________
単価：	________	________	________

●委託契約パターン別に見た委託契約書に必要な記載事項

種類	①処分に関する事項	②収集運搬に関する事項	③「共通事項」収集運搬及び処分に関する事項
委託契約書に必要な記載事項	・処分(再生)の場所の所在地 ・処分(再生)の方法 ・処分(再生)の処理能力 ・最終処分場の所在地 ・最終処分方法 ・最終処分場の処理能力	・運搬の最終目的地の所在地(積替保管をする場合には別途記載)	・他人の産業廃棄物の運搬または処分を業として行なうことができる者で、委託する産業廃棄物が事業範囲に含まれていることを証する書面(許可証など)の添付 ・産業廃棄物の種類 ・産業廃棄物の数量 ・委託契約の期間 ・契約金額 ・受託者の事業範囲 ・産業廃棄物の性状 ・産業廃棄物の荷姿 ・産業廃棄物の性状の変化 ・産業廃棄物の混合等による支障 ・CO950含有マークの表示に関する事項 ・石綿含有産業廃棄物が含まれる場合その旨 ・水銀含有ばいじん等もしくは水銀使用製品産業廃棄物が含まれる場合その旨 ・その他産業廃棄物取り扱い上の注意 ・産業廃棄物の情報に変更があった場合の伝達方法 ・受託業務終了の報告 ・契約解除時の産業廃棄物の取り扱い
Ⓐ収集運搬のみ委託	—	必要	必要
Ⓑ処分のみ委託	必要	—	必要
Ⓒ収集運搬と処分を委託	必要	必要	必要

Ⓐ収集運搬のみを委託する場合
Ⓑ処分のみを委託する場合
Ⓒ収集運搬及び処分をひとつの処理事業者に委託する場合

具体的な記載事項については、上表を確認してください。

①には産業廃棄物の処分を委託する時に記載しなくてはならない事項(収集運搬のみを委託する場合は記載する必要はありません)が、②には収集運搬を委託する時に記載しなくてはならない事項(処分のみを委託する場合は記載する必要はありません)が、③は収集運搬及び処分を委託する時に必ず記載しなくてはならない事項が明記されています。

自社から出た廃棄物の処理を委託するのですから、処理事業者の許可の有効期限が切れていないか、委託した廃棄物が許可品目に含まれているかな

[許可の有効期限] 許可の有効期限は、許可を受けた日から5年間とされている。許可の有効期限が切れた場合、許可の更新を行なわなければ、無許可事業者と同じ。委託をしている産廃事業者の許可の有効期限が切れていないか、確認をする必要がある。

ど、契約書の中身も確認しましょう。

契約書の作成において、もうひとつ考慮すべき事項は、印紙税に関する内容です。印紙税法によるとその税額は、20に分類される文書の種類と記載された金額から算出します。

では、産業廃棄物委託契約書の場合、印紙税額はどう判断するのでしょうか。

産業廃棄物委託契約書は収集運搬の契約と処分の契約の大きく2つに分けられます。収集運搬の契約書は印紙税法の種類における1号文書（運送に関する契約書）、処分の契約書は2号文書（請負に関する契約書）に該当します。それぞれ、廃掃法により委託金額の記載が義務づけられており、記載された委託金額に応じた印紙税額の収入印紙を添付します。契約書の記載金額について、合計金額の記載がない場合には、単価と数量から算出します。

トン当たりを単価としていれば、「記載金額（円）＝単価（円／トン）×数量（トン／年）×契約期間（年）」により算出された金額を採用します。

契約書の種類によっては、印紙税法における文書の複数の種類に該当する場合も存在します。

たとえば、収集運搬と処分を同じ事業者に委託する場合、収集運搬及び処分の契約を同一の書式で行なう場合が考えられます。この契約書は1号文書と考えるべきでしょうか。それとも、2号文書と考えるべきでしょうか。

この判断については、契約書の中で収集運搬費と処分費が分けて記載されているか、合算して記載されているかによって異なります。合算して記載されていれば、その契約書は1号文書として判断します。

それに対し、収集運搬費と処分費が分けて記載されていれば、どちらが高額かによって該当する種類が決定します。分けて記載されていて、収集運搬費のほうが高額である場合は1号文書に該当し、処分費のほうが高額である場合は2号文書に該当します。つまり、分けて記載されている場合には、高額であるほうの金額を記載金額として採用します。

また、添付をした収入印紙には、割印をするのが一般的です。これを「印紙を消す」と言い、使用済みであることを明確にするためのものです。

印紙を消す割印は、誰のものでもかまいません。担当者印でも、もちろん両者の契約書に使用したものでも使用できます。

印紙税については、個別の事例で判断が分かれる場合があるので、わからない場合は国税局に確認しましょう。

●産業廃棄物委託契約書が該当する文書番号と記載金額

契約書の種類	収集運搬費と処分費が分けて記載されているか	収集運搬費と処分費のどちらが高いか	該当する文書番号	記載する記載金額
収集運搬の契約書	ー	ー	1号文書	収集運搬費
処分の契約書	ー	ー	2号文書	処分費
収集運搬及び処分の契約書	分かれていない	ー	1号文書	収集運搬と処分費の合計額
	分かれている	収集運搬費	1号文書	収集運搬費
		処分費	2号文書	処分費

●1号、2号文書の印紙税額

	記載された金額が	印紙税額
1号文書	1万円未満	非課税
	1万円以上10万円以下	200円
	10万円を超え50万円以下	400円
	50万円を超え100万円以下	1,000円
	100万円を超え500万円以下	2,000円
	500万円を超え1,000万円以下	1万円
	1,000万円を超え5,000万円以下	2万円
	5,000万円を超え1億円以下	6万円
2号文書	1万円未満	非課税
	1万円以上100万円以下	200円
	100万円を超え200万円以下	400円
	200万円を超え300万円以下	1,000円
	300万円を超え500万円以下	2,000円
	500万円を超え1,000万円以下	1万円
	1,000万円を超え5,000万円以下	2万円
	5,000万円を超え1億円以下	6万円

産業廃棄物の運搬

産業廃棄物の運搬には書類を携帯・表示する

2005年（平成17年）4月1日から、産業廃棄物を運搬する車輌の表示及び書類の備えつけが義務づけられています。これは、走行中の運搬車が「産業廃棄物を運搬していること」を明確にし、処理事業者の監視強化と共に不法投棄の防止を目的としています。

他社が排出した廃棄物を運搬する時だけでなく、自社運搬時にも、表示と書類の携帯が義務づけられています。

◆表示義務

産業廃棄物の収集・運搬を業として行なう者は、その業を行なう区域を管轄する都道府県知事等の許可を受けなければなりません。親切心で取引先の廃棄物をついでに持って行く場合でも許可が必要です。自社運搬、収集運搬いずれもその旨を表示しなければなりません（左図参照）。

◆書類の携帯義務

他社から委託を受けて廃棄物を運搬する際には、マニフェスト及び収集運搬業許可証の写しを常に所持しておかなければなりません。

また、処分施設まで自社運搬する際には、処分の委託のためマニフェストを所持します。

廃棄物を処理する前、一時的に自社の倉庫へ持ち帰るというような処理の委託を行なわない場合には、マニフェストの代わりに運搬指示票を用いる必要があります。

ただし、倉庫でいったん保管した後、処分場まで運搬する際には、マニフェストが必要になります。

◆運搬指示票

運搬指示票には次の項目を記載する必要があります。

○氏名または名称及び住所
○運搬する産業廃棄物の種類、数量
○運搬する産業廃棄物を積載した日
○積載事業場の名称、所在地、連絡先
○運搬先事業場の名称、所在地、連絡先

●運搬時の表示義務と書類の携帯

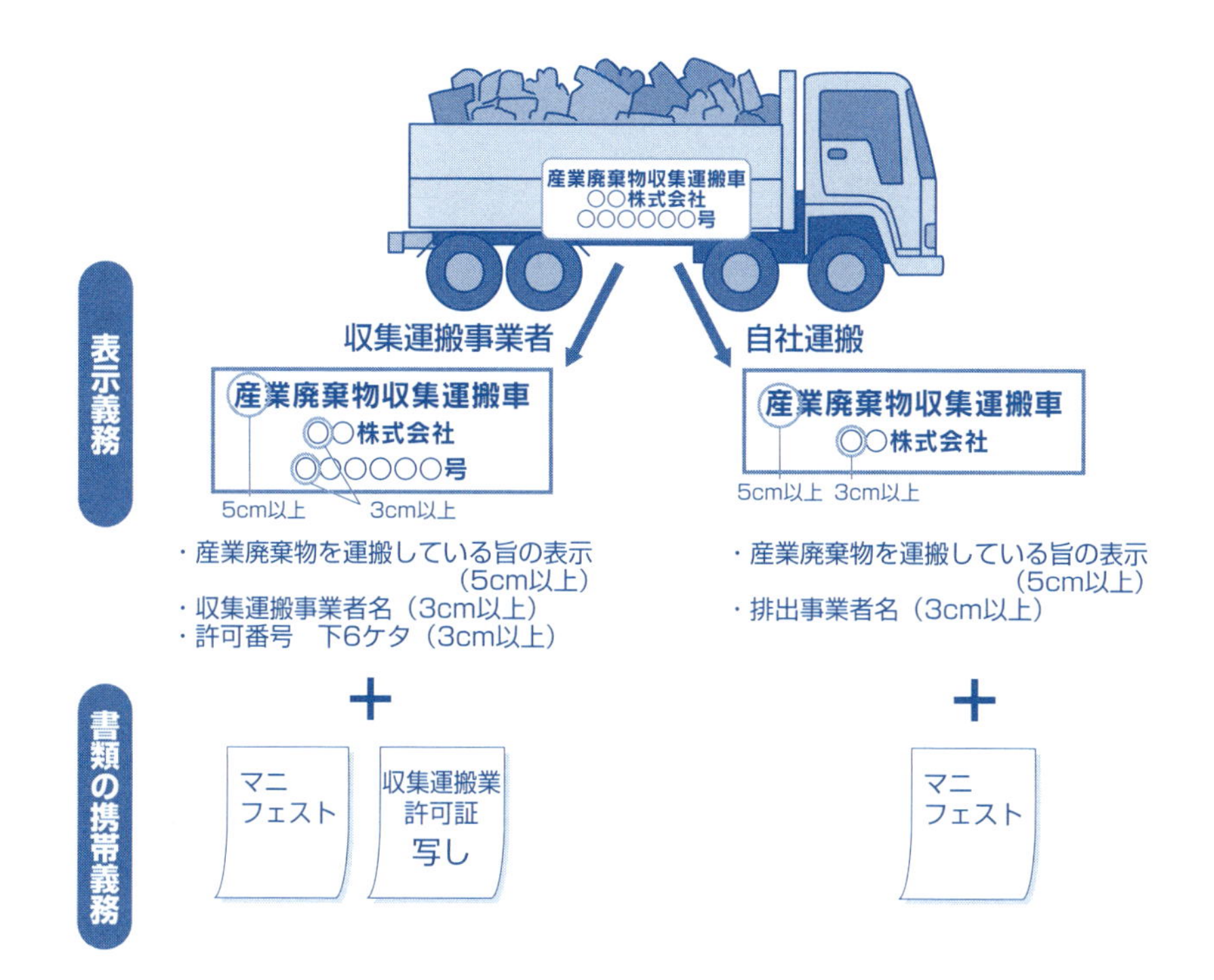

●運搬指示票が使えるケース

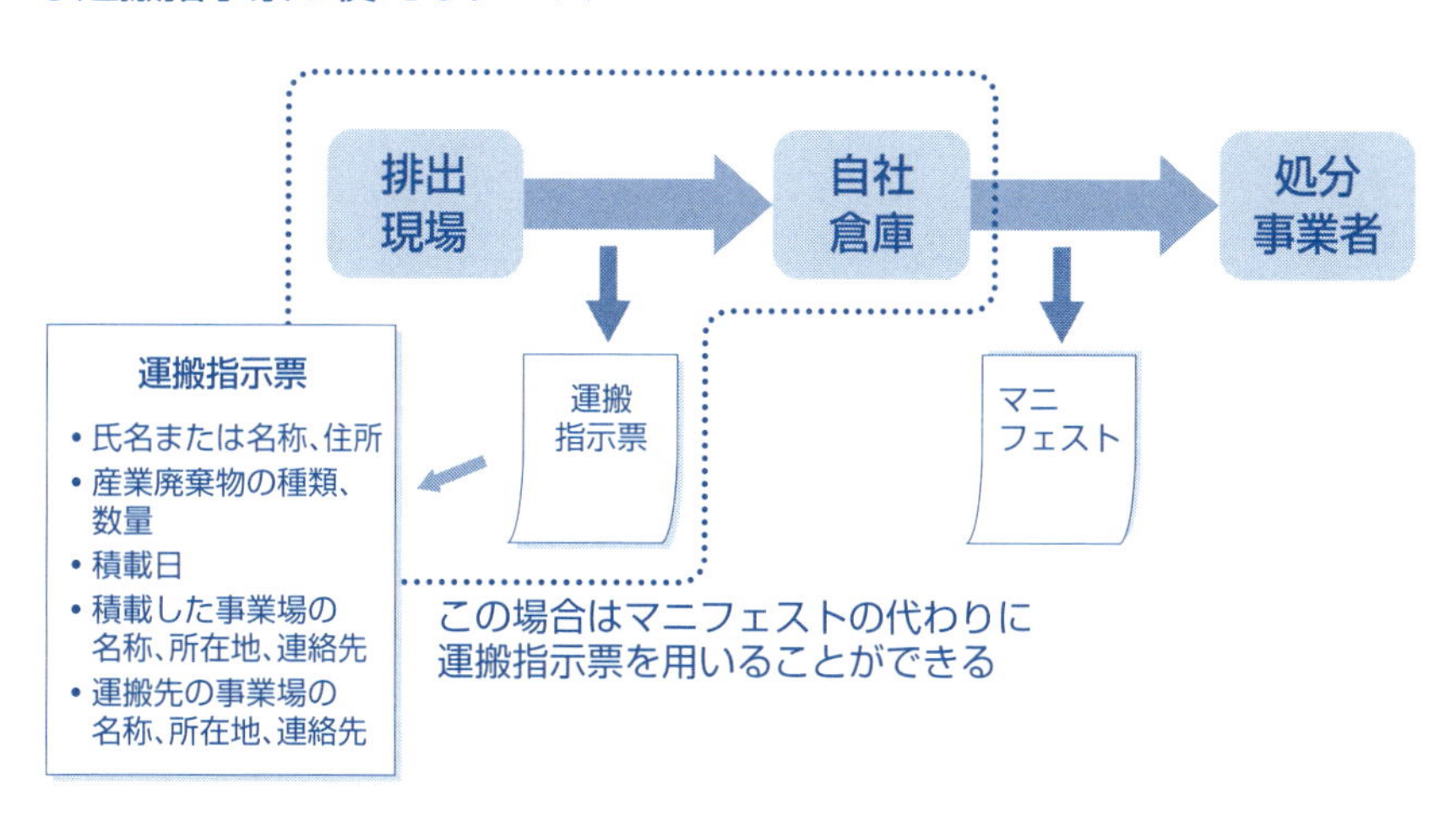

［運搬指示票］処理の委託を行なわない自社運搬の際（保管施設に持ち帰る場合など）に必要な書類。いつ・誰の・どんな廃棄物を・どれだけ・どこから・どこまでということを記載する。処理を委託する際にはマニフェストに置き換えられる。

中間処理事業者

廃棄物及び
マニフェスト
本体の流れ

C1票　控えです

（中間）
処理終了

最終処分終了

最終処分事業者

二次マニフェスト
の運用で確認

7 産業廃棄物管理票（マニフェスト）①
マニフェストの流れを理解しよう

排出事業者が産業廃棄物の処理を委託する際には、廃棄物の管理票「**マニフェスト**」が必要になります。マニフェストに廃棄物の種類、数量、収集運搬事業者名、処分事業者名などを記入し、事業者から事業者へ、産業廃棄物と共に流通させることによって、廃棄物の処理状況を排出事業者自らが把握、管理できるしくみになっています。

マニフェスト制度ができる前は、どの事業者がどのような廃棄物を、どのように処理しているのか、といったことがまったく管理されておらず、不法投棄等が多発していました。マニフェスト制度は、このような不適正処理を防止するために、厚生省（現・厚生労働省）の指導のもと1990年に導入され、翌年の廃掃法改正によって、特別管理産業廃棄物についてのマニフェストの交付が義務づけられ、199

●マニフェスト7枚の綴りと廃棄物の流れ

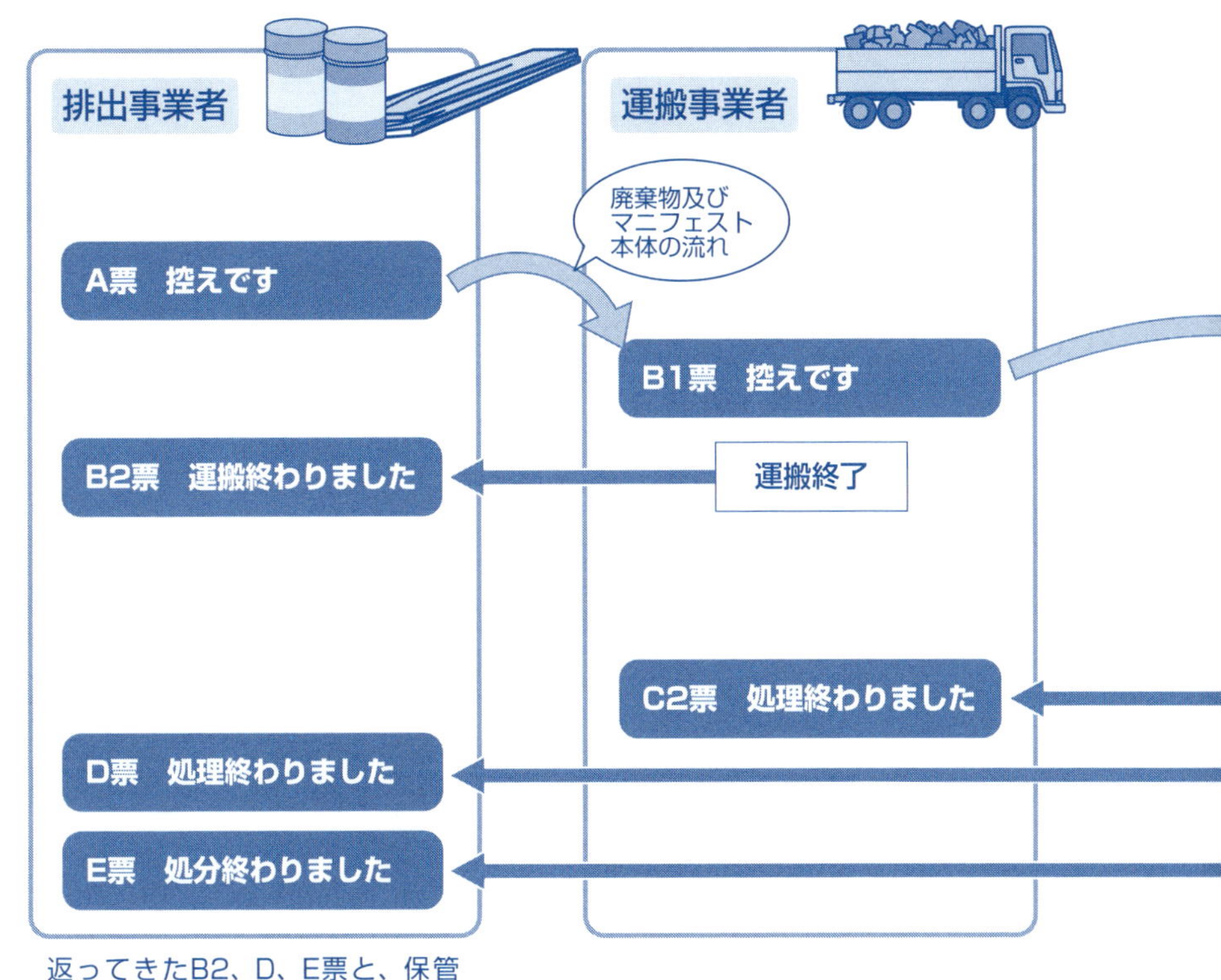

7年の法改正により、すべての産業廃棄物にマニフェストの交付が義務づけられたのです。

マニフェストは7枚綴りの複写式になっており、A票、B1票、B2票、C1票、C2票、D票、E票と名前がついています。廃棄物の処理を委託する際、排出事業者は廃棄物と共にマニフェストを収集運搬事業者に渡し、排出事業者には控えとしてA票が返されます。収集運搬事業者から中間処理事業者に廃棄物が引き渡されると、排出事業者には運搬終了の証明として、B2票が返ってきます。そして中間処理が終了するとD票が、最終処分が終了するとE票が処分終了の証明として排出事業者の元へ返ってきます。

このように、各工程が終了するごとに排出事業者の元にマニフェストが戻ってくるしくみになっています。

【二次マニフェスト】排出事業者が交付し、収集運搬事業者及び中間処理事業者とやり取りするマニフェストを「一次マニフェスト」と呼ぶのに対し、中間処理事業者が中間処理後の廃棄物の最終処分を行なうために、あたかも中間処理事業者が排出事業者のごとく最終処分事業者との間でやり取りされるマニフェストのこと。

8

産業廃棄物管理票（マニフェスト）②

排出から最終処分までを管理するマニフェスト

マニフェスト制度は、排出事業者が処理を委託した産業廃棄物の移動、及び処理の状況を、自ら把握するためにあります。廃棄物の移動及び処理の状況を把握するためには、マニフェストのしくみをよく理解しておく必要があります。

ここでは、廃棄物が排出事業者から収集運搬事業者、処分事業者の順に委託された時のマニフェストの流れについて説明していきましょう。排出事業者は、それぞれの処理終了後に、各事業者から処理終了のマニフェストを受け取ることで、委託内容どおりに廃棄物が処理されたかを確認できます。

①廃棄物の発生

廃棄物が発生したら、まず最初に、排出事業者はマニフェストを準備しなければなりません。

1 廃棄物の発生

排出事業者	収集運搬事業者	処分事業者
E		
D		
C2		
C1		
B2		
B1		
A		

2 廃棄物引渡し（排出事業者→収集運搬事業者）

排出事業者	収集運搬事業者	処分事業者
A	E	
	D	
	C2	
	C1	
	B2	
	B1	

マニフェストは各都道府県の産業廃棄物協会で購入することができますから、排出事業者が準備しましょう。

もちろん、事前に処理事業者と委託契約を締結しておく必要があります。

②産業廃棄物の引渡し

排出事業者は、マニフェスト（7枚複写式）に必要事項を記入します。マニフェストは、自分が出した廃棄物が、適正に処理されているかどうかを確認するために重要なものなので、正確な情報を記入する必要があります。記入の仕方については次項で詳しく説明します。

必要事項を記入したら、廃棄物と共にマニフェストを収集運搬事業者へ渡します。収集運搬事業者は署名・捺印の上、A票を排出事業者に返します（控えとして排出事業者が保管）。

3 運搬終了（収集運搬事業者→処分事業者）

③運搬終了

収集運搬事業者は、排出事業者と委託契約を締結している処分事業者のもとに廃棄物を運搬します。

運搬終了後、収集運搬事業者は、残りのマニフェスト（B1〜E票）を廃棄物と共に処分事業者に渡します。処分事業者は署名・捺印の上、B1票、B2票を収集運搬事業者に返します。

収集運搬事業者は、B1票を控えとして保管し、B2票を排出事業者に送付します（運搬終了の報告）。

この時、収集運搬事業者は運搬を終了した日から、10日以内にB2票を排出事業者へ送付しなければなりません。

4 B2票の返送

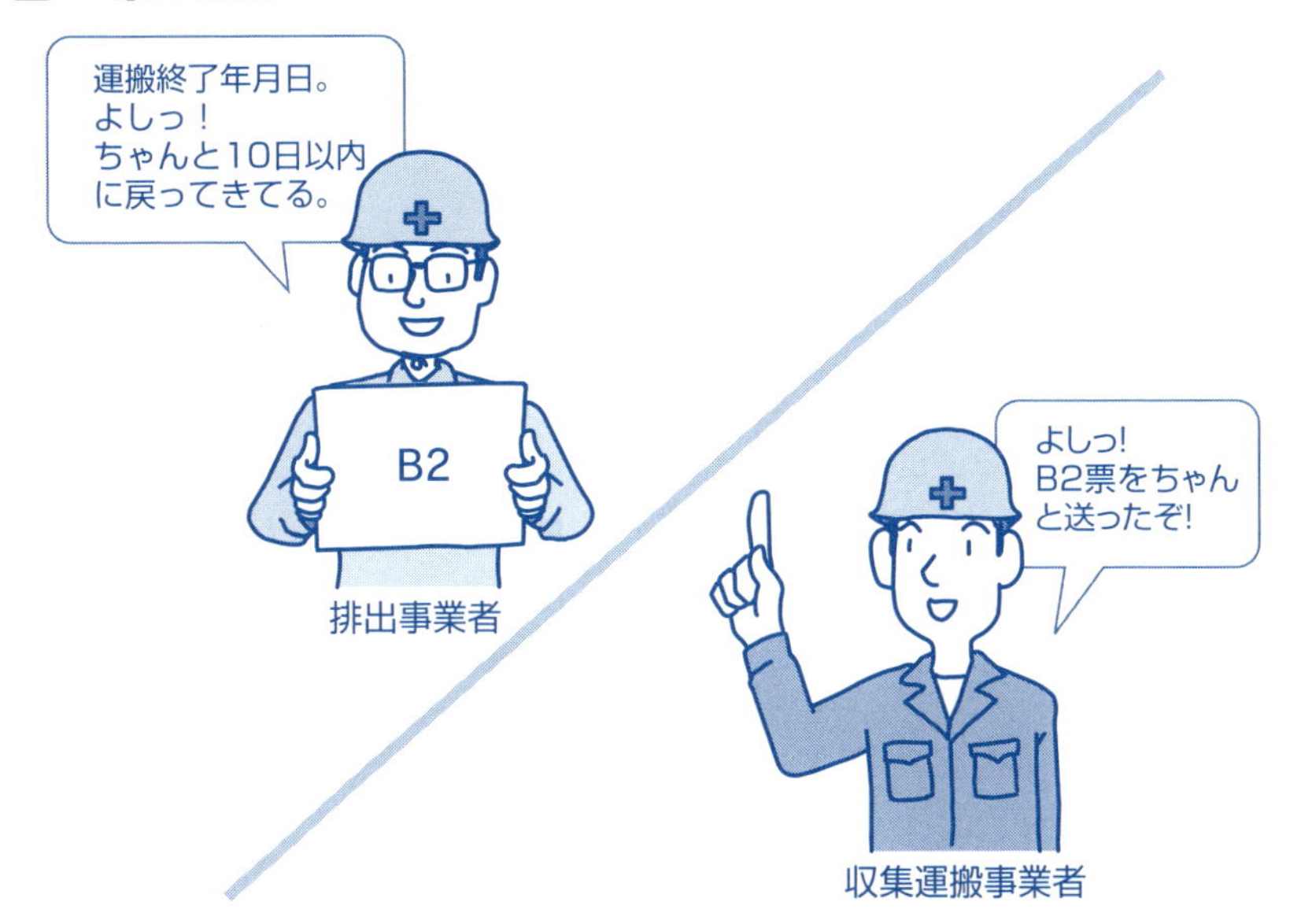

排出事業者		収集運搬事業者	処分事業者
A		B1	E D C2
B2	←	B2	C1

④B2票の返送

排出事業者は、運搬を終えた収集運搬事業者から返送されてきたB2票とA票を照合確認します。

たとえば、事業者名、回収までの期間などに問題はないか、運搬終了年月日とB2票返送日を見比べ、10日以内に返送されているかどうかをチェックしましょう。

内容確認後、A票の照合確認欄に確認した日付を記入します。

照合確認の上で問題がなければ、5年間適切に保存する必要があります。

[紙マニフェスト] 7枚綴りの複写式マニフェストのことを、後述する電子マニフェストと区別するために、このように呼ぶこともある。

5 中間処理終了

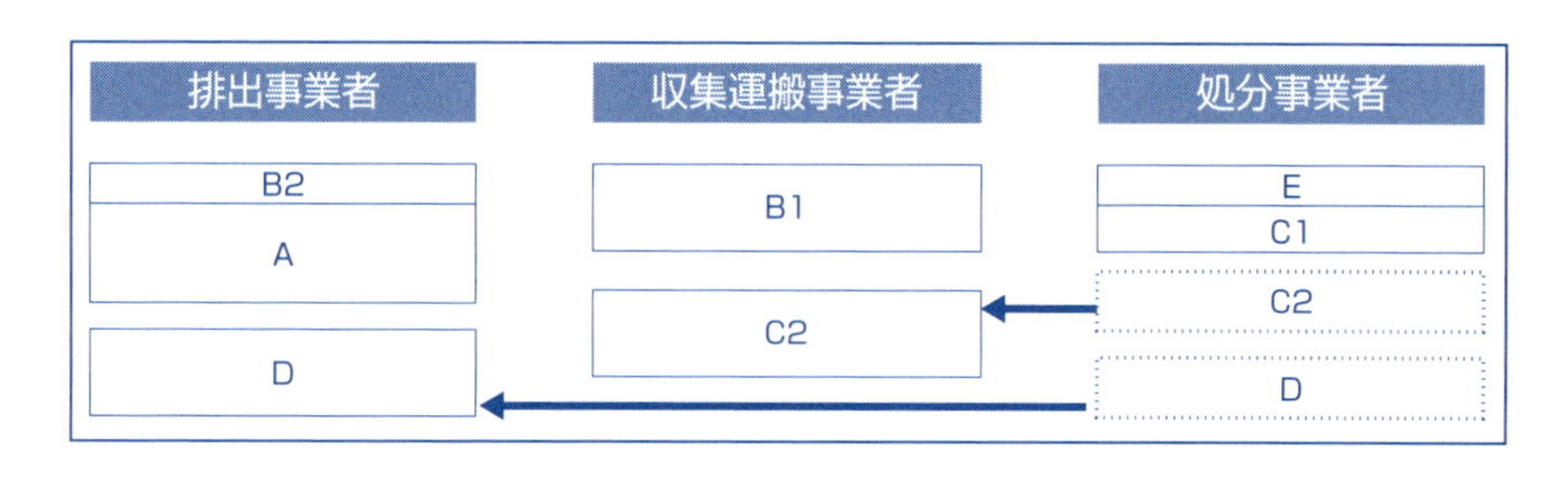

⑤中間処理終了

処分事業者は中間処理終了後、マニフェストに署名・捺印し、収集運搬事業者にC2票を、排出事業者にD票を送付します（中間処理終了の報告）。C1票は処分事業者が保管します。

処分事業者は、処分が終了した日から10日以内に収集運搬事業者にC2票を、排出事業者にD票を送付しなければなりません。排出事業者はB2票返送時と同様に、返送されてきたD票とA票の内容を照合し、きちんと処理がなされているか、事業者名、処理場所などを確認します。

中間処理終了の年月日より、10日以内に返送されていることを確認し、内容に問題がなければ、A票の照合確認欄に日付を記入します。

6 最終処分終了

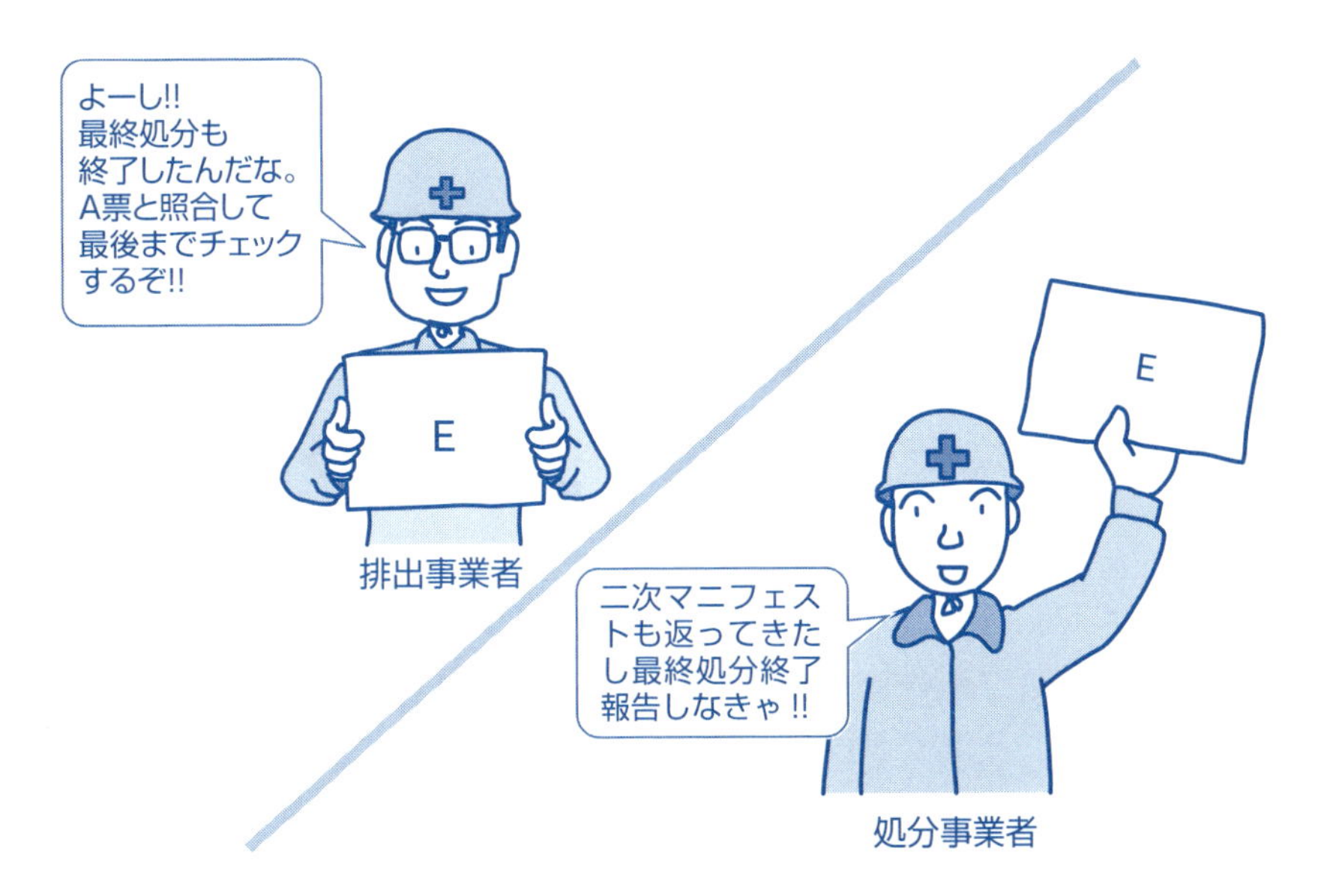

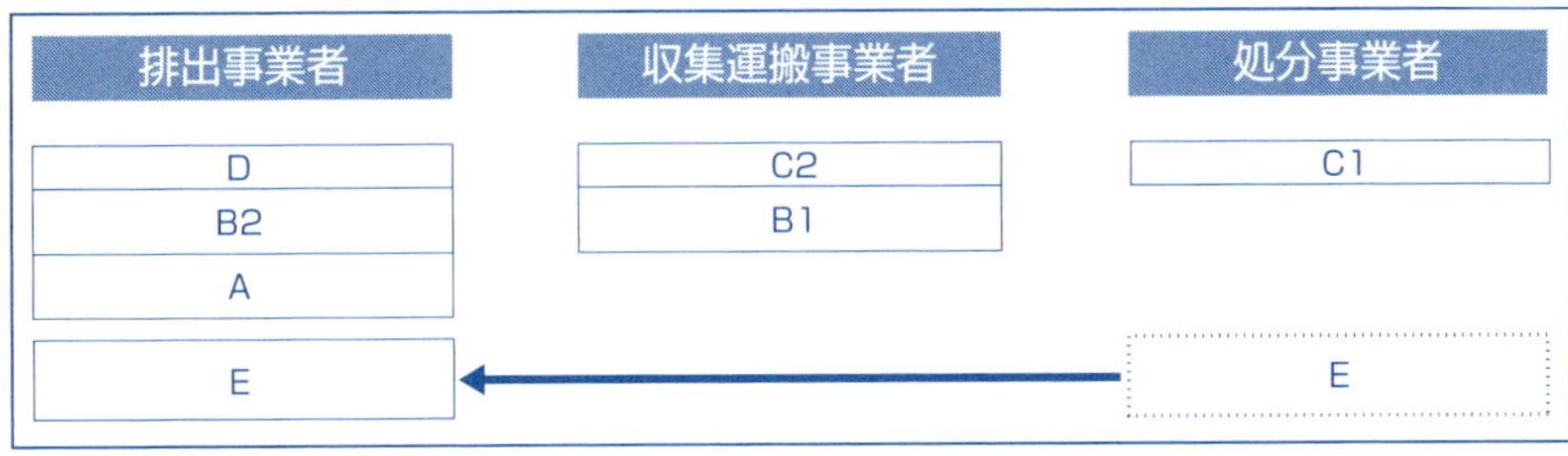

⑥最終処分終了

二次マニフェストの運用により、最終処分の終了を確認した後、E票に最終処分終了の年月日、最終処分の場所を記載の上、排出事業者に返送します。この時も処分事業者は、最終処分終了の報告を受けた日から10日以内に、E票を排出事業者に送付しなければなりません。

排出事業者は返送されてきたE票とA票を照合確認し、最終処分終了年月日を確認後、A票の照合確認欄に日付を記入します。

排出事業者は、マニフェスト交付の日から90日以内（特別管理産業廃棄物の場合は60日以内）にB2票、D票が、180日以内にE票が返送されてこない時には、委託した産業廃棄物の処理状況を確認すると共にその旨を行政に報告しなければなりません。

［再委託の禁止］ 再委託とは、排出事業者と当初に委託契約を結んだ処分事業者が、受託した廃棄物の処理を他の者に委託すること。法律では産業廃棄物処理の責任の所在が不明確になり、不適正な処理を引き起こす恐れがあるため、再委託を原則として禁止している。

9 産業廃棄物管理票（マニフェスト）③

実際にマニフェストを記入してみよう

排出事業者はマニフェストの正しい記入方法を知っておかなければなりません。

マニフェストを記入するに当たって、気をつけなければならない点がいくつかあります。

まず、マニフェストは排出事業者自らが、正確に記入し、記入事項がない時は斜線を引き、空白がないようにします。

マニフェストは複写式のため、7枚目のE票まで写るように、はっきり強く記入してください。

A票の照合確認欄では、B2票、D票、E票が返送されてきた都度、照合確認を行ないます。事業者名、処分場所、回

※建設系廃棄物には、専用の「建設系廃棄物マニフェスト」もあります。

●マニフェストの記入のしかた

マニフェスト交付番号は10桁であらかじめ印刷してあります。

チェックディジットは、キー入力等におけるコンピュータへのエラー検出に利用します。

廃棄物を渡した日付
交付年月日

排出事業者の
名称・住所等

委託する廃棄物の
種類・数量等

「当欄記載のとおり」の場合は、処分場の名称・所在地・電話番号を記入します。

運搬事業者の
名称・住所等

処分事業者の
名称・住所等

運搬担当者の受領確認
※運搬担当者が、廃棄物の受領時に署名します

産業廃棄物管理票（マニフェスト）A票

交付年月日 平成 30年10月9日　交付番号 20521249125　整理番号 123　交付担当者

事業者（排出者）　氏名又は名称 凹凸建設（株）
住所 〒456-4444　電話番号 06-1111-2222
大阪府○×市○×区1-2-3

事業場（排出事業場）　名称 ○△ビル
所在地 〒456-4444
大阪府□□市□

産業廃棄物
☑ 種類（普通の産業廃棄物）　□ 種類（特別管理産業廃棄物）　数量（及び…
□ 0100 燃えがら　☑ 1200 金属くず　□ 7000 引火性廃油　□ 7424 燃えがら（有害）
□ 0200 汚泥　☑ 1300 ガラス・コンクリート・陶磁器くず　□ 7010 引火性廃油（有害）　□ 7425 廃油（有害）
□ 0300 廃油　□ 1400 鉱さい　□ 7100 強酸　□ 7426 汚泥（有害）　産業廃棄物…
□ 0400 廃酸　□ 1500 がれき類　□ 7110 強酸（有害）　□ 7427 廃酸（有害）
□ 0500 廃アルカリ　□ 1600 家畜のふん尿　□ 7200 強アルカリ　□ 7428 廃アルカリ（有害）　有害物質等
☑ 0600 廃プラスチック類　□ 1700 家畜の死体　□ 7210 強アルカリ（有害）　□ 7429 ばいじん（有害）
☑ 0700 紙くず　□ 1800 ばいじん　□ 7300 感染性廃棄物　□ 7430 13号廃棄物（有害）
☑ 0800 木くず　□ 1900 13号廃棄物　□ 7410 PCB等　□　備考・通信
□ 0900 繊維くず　□ 4000 動物系固形不要物　□ 7421 廃石綿等　□
□ 1000 動植物性残さ　□　□ 7422 指定下水汚泥　□
□ 1100 ゴムくず　□　□ 7423 鉱さい（有害）　□

中間処理産業廃棄物　管理票交付者（処分委託者）の氏名又は名称及び管理票の交付番号（登録番号）
□ 帳簿記載のとおり
□ 当欄記載のとおり

最終処分の場所　名称／所在地／電話番号
☑ 委託契約書記載のとおり
□ 当欄記載のとおり

運搬受託者　氏名又は名称 （有）△△環境運輸
住所 〒111-2345　電話番号 0797-55-6666
兵庫県△△市△△7-8-9

運搬先の事業場（処分事業場）　名称 ○○企業○
所在地 〒660-0000
兵庫県○○郡

処分受託者　氏名又は名称 ○○企業（株）
住所 〒650-1111　電話番号 0797-33-4444
兵庫県○○市4-5-6

積替え又は保管　名称 （有）△△環
所在地 〒650-1111
兵庫県○○市

運搬担当者　氏名　受領印　運搬終了年月日 平成　年　月　日

処分担当者　氏名　受領印　処分終了年月日 平成　年　月　日

最終処分を行った場所　名称／所在地／電話番号　（委託契約書記載の場所にあっては委託契約書記載の番号）

（直行用）

発行元：社団法人 全国産業廃棄物連合会

収までの期間などを確認し、照合確認日を記入します。

2005年10月1日より、マニフェストの記載事項が追加されています。それまでは、運搬担当者・処分担当者の確認欄に、氏名のみを記入すればよかったものが、改正により、氏名に加えて会社名も記入することが必要です。

このように、マニフェストには廃棄物の情報が細かく記載されています。マニフェストの記入事項で、ここは書かなくてもよいという項目は、ひとつもありません。

［マニフェストの保存期間］マニフェストは、廃棄物の運搬・中間処理・最終処分のそれぞれの過程ごとに、排出事業者の元へ送られるしくみになっている。排出事業者はこれらのマニフェストを5年間保存する義務がある。

START!

収集運搬チェックシート

① 産業廃棄物を、運搬する車輛には、「表示」と「書類の携帯」を…

A）両方している
⇒②へ

B）どちらかでも欠けている
⇒Ⅲへ

② 産業廃棄物の現場から中間処理場までの運搬は…

A）自社で運搬している
⇒⑨へ

B）他社に任せている
⇒③へ

③ その運搬事業者は、現場と運び込む処理場所在地両県（市）の産業廃棄物収集運搬業許可を…

A）持っている
⇒④へ

B）持っていない
⇒Ⅲへ

④ 収集運搬業許可のある品目は、運搬されている廃棄物すべての品目を…

A）含んでいる
⇒⑤へ

B）含まれていない（許可のない品目が運ばれている）
⇒Ⅲへ

⑤ 収集運搬事業者と委託契約を…

A）書面で交わし、許可証も添付されている
⇒⑥へ

B）書面で交わしているが許可証が添付されていない
⇒Ⅱへ

C）書面で交わしていない　⇒Ⅲへ

⑥ 契約有効期限は…

A）切れていない
⇒⑦へ

B）切れている
⇒Ⅲへ

⑦ 収集運搬許可の期限は…

A）切れていない
⇒⑧へ

B）切れている
⇒Ⅲへ

⑧ 運搬途中に、廃棄物をある敷地内で一時保管を…

A）していない
⇒⑪へ

B）している
⇒⑨へ

⑨ その事業者は積替保管許可（自社運搬で300㎡以上の敷地使用の場合には届出）**を…**

A）積替保管許可をその敷地所在地に持っている（自社運搬の場合には届出済み）
⇒⑩へ

B）持っていない
⇒Ⅲへ

Ⅰ

産廃収集運搬の委託においては事業者及び運搬ルートの確認をされ、法律を遵守した管理体制ができています。
ただし、環境を取り巻く法律等は目まぐるしく変わるもの…。今後もこの調子で厳しい目でチェックしましょう！

⑩ 積替保管基準について…

A）いつでも基準を守れている　⇒⑪へ

B）積替保管基準を知らない　⇒Ⅱへ

C）保管敷地に廃棄物が山積み。基準は守られていない様子
⇒Ⅲへ

Ⅱ

おしい！
「そこまでしなくても大丈夫」の考えが命取りな時代になってきています。161ページのチェックシートで管理体制の徹底を図りましょう。もうあと一歩のところまで来ていますよ！

⑪ 廃棄物の積載状況について…

A）過積載や落下が起きないよう注意して見ている　⇒Ⅰへ

B）かさ上げはしないが、積めるだけ積んでいる　⇒Ⅱへ

C）かさ上げして積めるだけ積んでいる
⇒Ⅲへ

Ⅲ

この項目がクリアできなかった現状はかなり危険であるといえます。
161ページのチェックシートを用いて、再度確認を行ない、状況に変更がなければ事業者変更も必要かもしれません。

さぁ、診断の結果はどうでしたか？

START!

中間処理チェックシート

① 委託している中間処理事業者と契約書を交わしていますか?

A）交わしている
⇒②へ

B）交わしていない
⇒Ⅲへ

② 実際に中間処理施設を見学したことがありますか?

A）行ったことがある
⇒③へ

B）行ったことはない
⇒⑥へ

③ その時の処理の許可はどのようになっていましたか?（選別・破砕・焼却…）

A）破砕と焼却の2つもしくはそのどちらかひとつ
⇒⑦へ

B）破砕・焼却・選別の3つ
⇒④へ

④ 中間処理事業者の選定はコストよりも適正処理を第一に考えていますか?

A）考えている
⇒⑤へ

B）考えていない
⇒Ⅱへ

⑤ 契約どおりにマニフェストが交付されていますか?

A）交付されている
⇒⑧へ

B）交付されていない
⇒Ⅱへ

⑥ 排出事業者は中間処理だけでなく最終処分まで把握する必要があることを知っていますか?

A）知っている
⇒⑦へ

B）知らない
⇒Ⅲへ

⑦ 中間処理場で品目ごとに分ける行為には選別の許可が必要なのを知っていますか?

A）知っている
⇒Ⅱへ

B）知らない
⇒Ⅲへ

⑧ 中間処理事業者が交付する二次マニフェストを確認していますか?

A）確認している
⇒Ⅰへ

B）確認していない
⇒Ⅱへ

追加チェック

リサイクル先で処理されたものがどのような形に生まれ変わり市場に出ているか知っていますか?

A）知っている
⇒Ⅰへ

B）知らない
⇒Ⅱへ

I

"完璧です"
産廃の処理に関する管理が適切に行なわれています。ただし、環境を取り巻く法律等は目まぐるしく変わるもの…。今後もこの調子で厳しい目でチェックしましょう!

II

"もう少し"
「そこまでしなくても大丈夫」の考えが命取りな時代になってきています。事業者の「しっかり処理しています」の言葉よりも自分自身の目で確認する努力が必要です。

III

"危険です!!"
産業廃棄物の処理に関する規制が年々厳しくなる中で処理に関する知識が乏しい。もう一度処理に関する意識改革が必要と思われます。

10

産業廃棄物管理票（マニフェスト）④

電子マニフェストのしくみを知っておこう

1997年（平成9年）の法改正によって、排出事業者と処理事業者における情報管理の合理化を推進するため、**電子マニフェスト制度**が導入されました。これは、マニフェスト情報を電子化し、排出事業者、収集運搬事業者、処分事業者が情報処理センター（JWNET）を介してネットワークでやり取りするものです。

また、2017年度（平成29年度）の法改正で、PCB廃棄物を除く特別管理産業廃棄物を前々年度に年間50トン以上排出する排出事業者に電子マニフェストの利用が義務化されることになりました（施行は2020年度）。

①マニフェスト情報の登録

排出事業者は、産業廃棄物を収集運搬事業者に引き渡してから、3日以内に情報を登録する。

②運搬終了報告

収集運搬事業者は、①によって登録されたマニフェスト情報に対して、運搬が終了した日から3日以内に情報処理センターに運搬終了を報告。情報処理センターは、排出事業者に対し運搬が終了した旨の通知を行なう。

③中間処理終了報告

中間処理事業者は、①によって登録されたマニフェスト情報に対して、中間処理が終了した日から3日以内に情報処理センターに終了報告をする。情報処理センターは、排出事業者に対し、中間処理が終了した旨の通知を行なう。

④⑤最終処分終了報告

最終処分事業者は、最終処分が終了した日から3日以内に、情報処理センターへ最終処分が終了した旨を報告。情報処理センターは、中間処理事業者と排出事業者に対し最終処分が終了した旨の通知・報告を行なう。

電子マニフェストは、マニフェスト情報を電子化することによって、パソコンや携帯電話からいつでも見ることができるため、各処理工程の情報を排出事業者、収集運搬事業者、処分事業

●電子マニフェストのしくみ

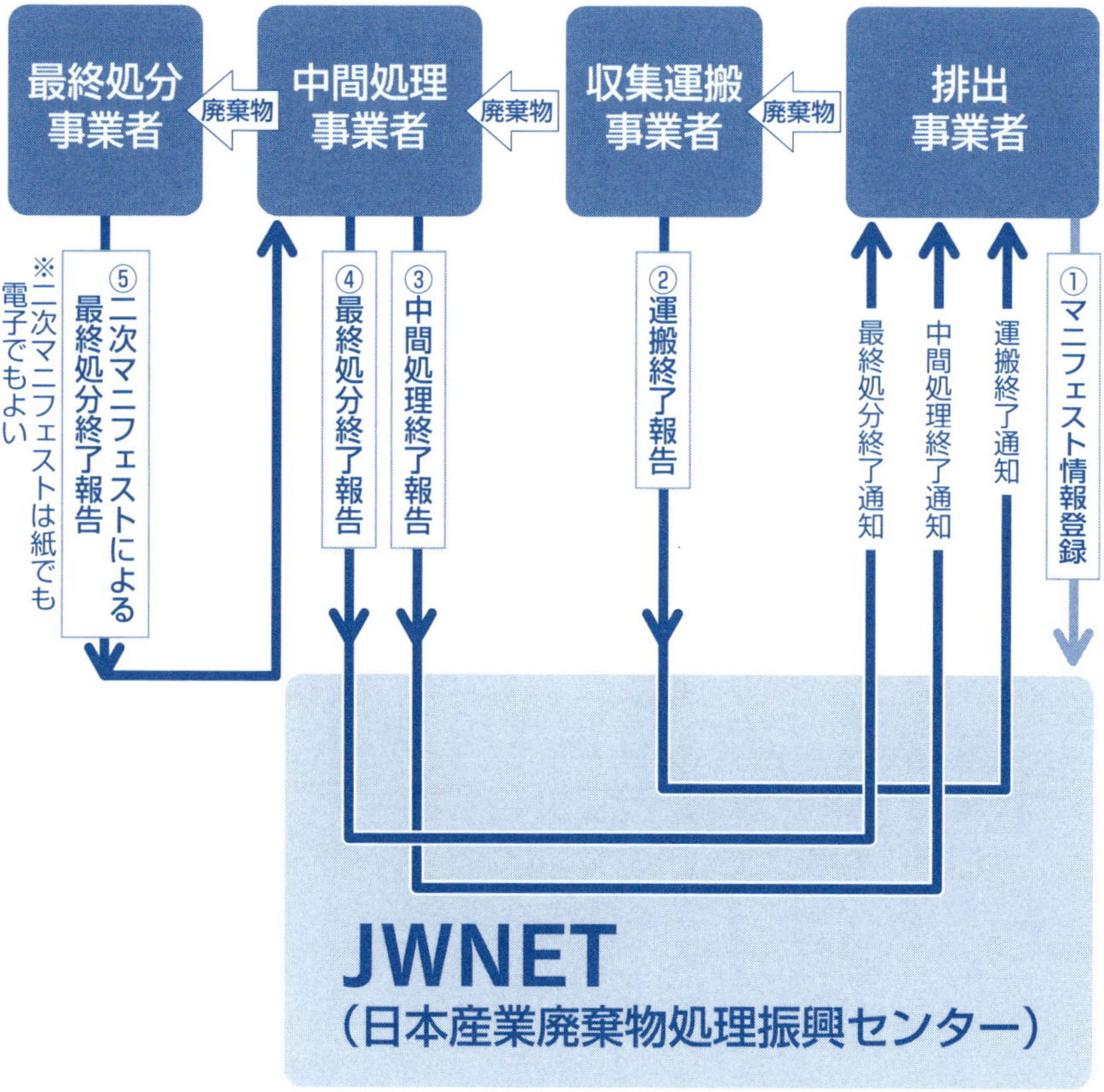

者の三者で共有することができ、情報伝達の効率化といったメリットがあります。さらに、排出事業者は返送された紙マニフェスト伝票を5年間保管する必要がありますが、電子マニフェストでは情報処理センターが情報を管理・保管してくれるため、自社で保管する必要がなく、1年ごとにマニフェスト情報を行政に報告する実務作業が不要となります。また、処理事業者も運搬・処分終了報告の情報を情報処理センターに送信するだけで済みます。

紙マニフェストと電子マニフェストの情報はまったく同じですが、情報を電子化することによって、時間と手間を省略することができるわけです。

電子マニフェストを使用するには、排出事業者、収集運搬事業者、処分事業者の三者共に情報処理センターに加入する必要があります。

［JWNET（日本産業廃棄物処理振興センター）］電子マニフェストを利用するためのシステムを管理・運用している日本で唯一の情報処理センター。問い合わせ先：TEL 03-5275-7023、FAX 03-5275-7112

産業廃棄物管理票（マニフェスト）⑤

電子マニフェスト運用の注意点

電子マニフェストの運用において、電子化されているために紙の書類はまったく必要ないかというとそうではありません。廃棄物の引き渡し時に、受渡確認票と呼ばれる紙の書面が必要になります。受渡確認票が必要な理由は2点あります。

まずは、引き渡し後に電子マニフェストの情報登録を行なうための元データとして必要です。紙マニフェストは、廃棄物の引き渡しと同時に交付することで、マニフェストを交付しなければならないとする法令の義務を果たすことになりますが、電子マニフェストは、引き渡しから3日以内にJWNETに情報を登録することで法令の義務を果たします。電子マニフェストを担当者の記憶による登録では管理が困難なため、引き渡しの実績を示す書面を用意する必要があります。

また、受渡確認票は収集運搬事業者が運搬時に備えつけることが義務づけられている書面にもなります。紙マニフェストを使用している場合には、運搬時に紙マニフェストを携帯することにより、運搬する廃棄物の情報を示す書面となります。

この受渡確認票については、JWNETに引き渡しが予定されている廃棄物について予約登録をすることで、出力することができるため、これを活用している排出事業者が多くあります。

ただし、受渡確認票の様式は定められているわけではありませんので、引き渡し後に電子マニフェストに登録するための情報と、収集運搬事業者が携帯する書面に必要な記載事項が網羅されていれば、独自の書式を用意してもかまいません。独自で受渡確認票を作成する場合には、左ページ下図の作成例のように、事前に明らかである排出事業者や収集運搬事業者の情報、委託する可能性のある品目と運搬先を記載した書式を事前に準備し、引き渡し時には、日時や数量のみを記載する形式が効率的です。

受渡確認票は、排出事業者が登録をするためだけでなく、委託を受けた処理事業者にとっても、引き渡しを受けた事実を確認する意味で必要となります。そのため実務では、排出事業者が受渡確認票を2枚用意し、引き渡し時に双方1枚ずつ保有する、または、収集運搬完了後に収集運搬事業者から排出事業者宛てにFAX等で通知するなどの方法で、排出事業者と処理事業者が委託した産業廃棄物の情報を共有します。

●電子マニフェスト運用時の受渡確認票の役割

紙マニフェスト

廃棄物の引き渡し時にマニフェストを交付すると

①マニフェストの交付として「よい」

②運搬時の携帯すべき書類として「よい」

↓

受渡確認票を利用することで

↓

電子マニフェスト

①後のマニフェスト登録時に必要な情報を共有

- 紙マニフェストに記載する内容（排出事業者と処理事業者で共有）

※共有ができれば書式は問わない

②運搬時に明らかにする事項

- 廃棄物を積載した日
- 排出事業者の名称
- 廃棄物の種類と数量
- 排出事業場の名称、連絡先
- 運搬先事業場の名称、連絡先

●受渡確認票の独自の書式作成例

受渡確認票

排出日	年　月　日	備考	

排出事業者	収集運搬事業者
住所 TEL FAX	住所 TEL FAX

排出事業場		車輌番号		車種	2t・4t・その他（　）
引渡担当者		荷姿	バラ		
運搬担当者					

種類・品目 内容例	コード	数量	単位	処分方法	運搬先の事業場		
					名称	住所	連絡先
廃電気機械器具 パーソナルコンピュータ	3108			選別・破砕	（株）□□	……	000-000-000
廃電気機械器具 電話機	3108			破砕	（株）□□	……	000-000-000

12

産業廃棄物管理票（マニフェスト）⑥

マニフェストが必要なケース、必要でないケース

産業廃棄物の処理を他人に委託する時は、マニフェストの交付が必要なことやマニフェストの運用方法、記入方法などについては、これまでの説明で理解できたと思います。

ここでは、産業廃棄物の処理を他人に委託するのは同じなのですが、果たしてマニフェストが必要なのかどうか迷うケースについて説明しましょう。

ある工務店が「木くず」の処理をA事業者へ委託しました。A事業者は「木くず」を再生紙としてリサイクルしています。さて、リサイクルされることがわかっている事業者に廃棄物を委託するようなケースでも、マニフェストは必要なのでしょうか。

リサイクルされるのであれば、不適正処理には該当しませんから、「マニフェストは必要ない」とも考えられます。ところが、このような場合でも産業廃棄物の処理を他人に委託しているので、マニフェストの交付が必要になってくるのです。

このように、マニフェストを運用していくにあたっては、さまざまなシチュエーションが考えられます。

そこで、マニフェストが必要な場合と不要な場合の例をいくつか挙げてみましょう。

①産業廃棄物をリサイクル品として排出する場合

最終的にリサイクル品として排出されるとしても、排出時において産業廃棄物であればマニフェストを交付する必要があります。

②「専ら物（もっぱぶつ）」を委託する場合

専ら再生利用の目的となる産業廃棄物を専門的に取り扱っている事業者（専ら業者）に引き渡す場合は、マニフェストは必要ありません。

ちなみに、「専ら物（もっぱぶつ）」とは、専ら再生利用の目的となる産業廃棄物のことを言い、「古紙」「古繊維」「くず鉄」「空き瓶類」の4品目のことを言います。

●こんな時、マニフェストは必要か？

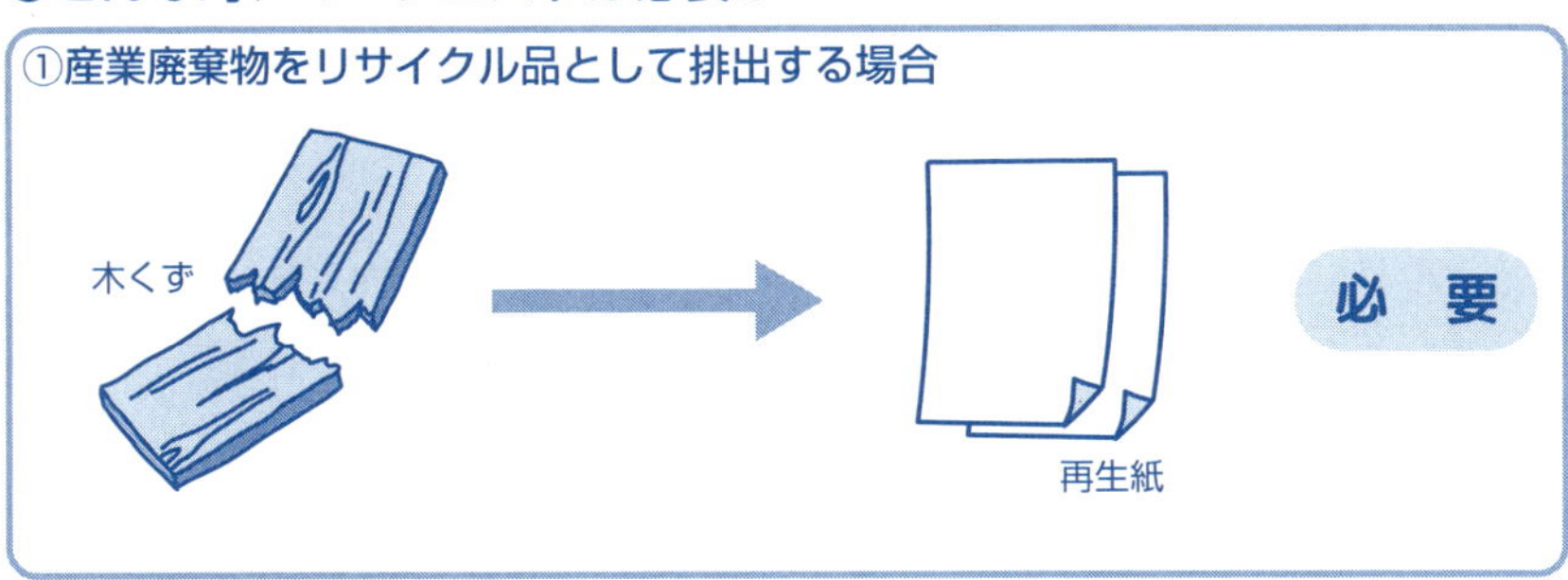

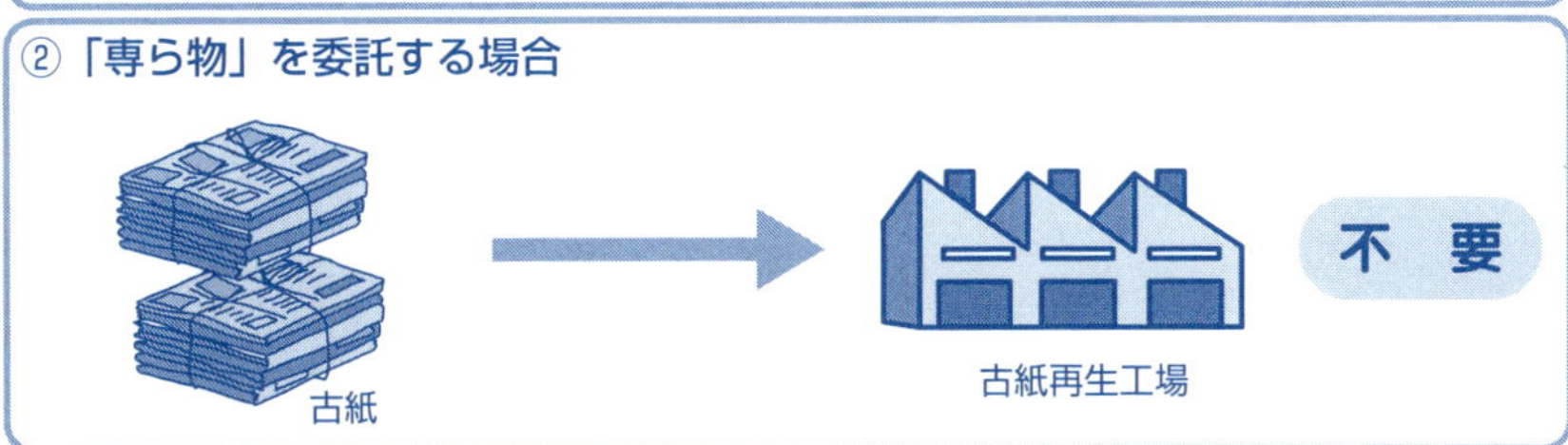

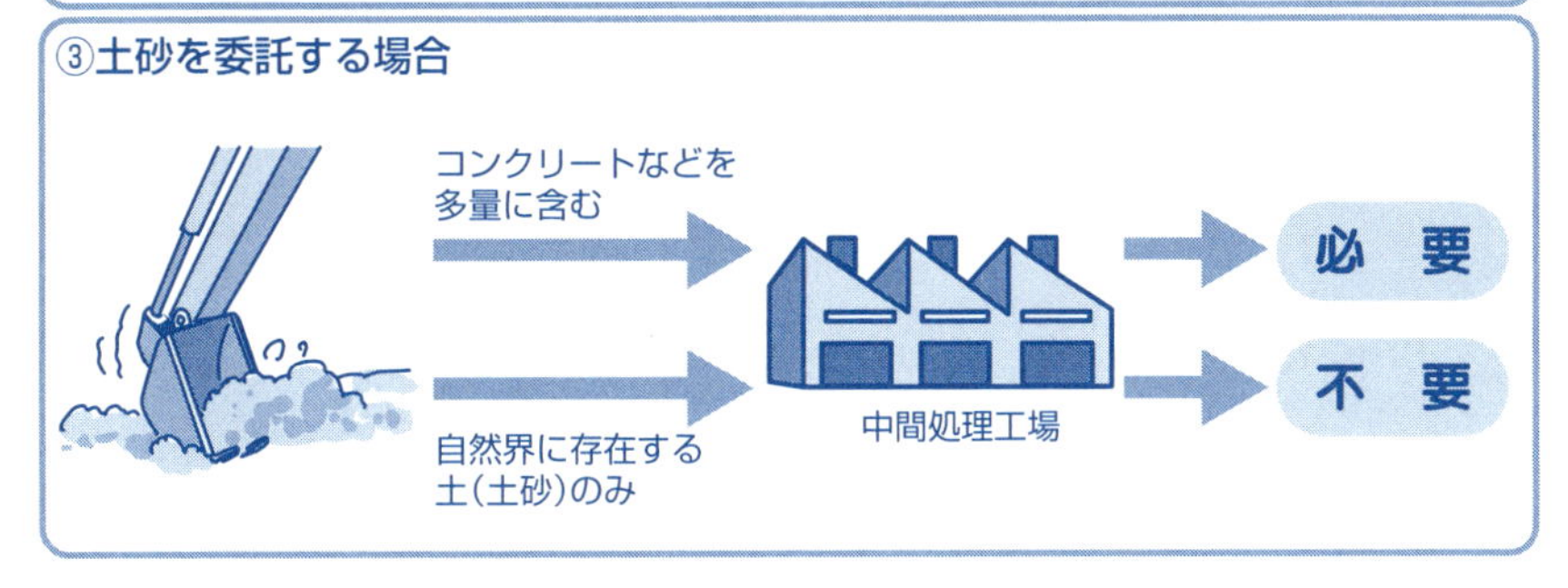

③土砂を委託する場合

掘り起こした土＝土砂は、もともと自然界に存在するものであり、産業廃棄物ではありませんから、マニフェストの交付は必要ありません。しかし、土の中にコンクリートなど土以外のものが多量に含まれていると「がれき類」に分類されるので産業廃棄物となります。その場合には、マニフェストの交付が必要になります。

④少量を定期回収してもらう場合

週に数回、パッカー車等で少量の産業廃棄物を定期的に回収する場合がありますが、この場合も産業廃棄物の処理を委託しているので、マニフェストの交付が必要になります。「少量だから」とか、「そのたびに交付するのが面倒だから」といってマニフェストの交付をしないというのは、マニフェス

[専ら物] 専ら再生利用の目的となる廃棄物のみの収集運搬または処分を行なう既存の回収事業者は廃掃法の許可は不要。ここで言う「専ら再生利用の目的となる廃棄物」を略して「専ら物」と言い、主に、古紙、古繊維、くず鉄（古銅等を含む）、空き瓶類の４種類がある。

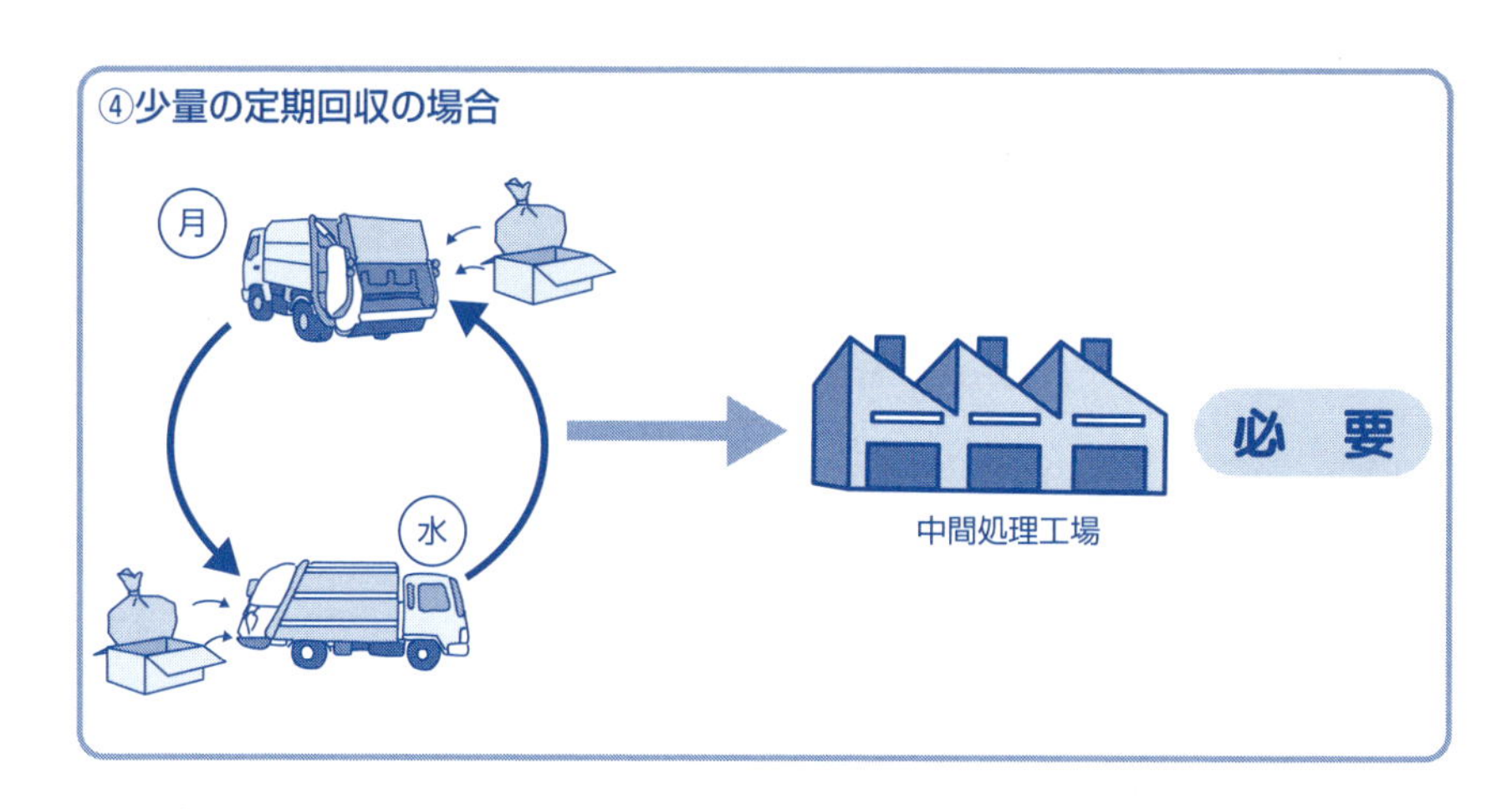

ト交付義務違反に該当します。

⑤現場に人がいない場合

現場にある廃棄物を回収する際、その場に人がいない時、「マニフェストを直接手渡しできない」との理由から、マニフェストを交付しない排出事業者がいます。しかし、こういった場合にもマニフェストの交付は必要です。廃棄物の処理を委託する時は、必ずその場でマニフェストを交付しましょう。

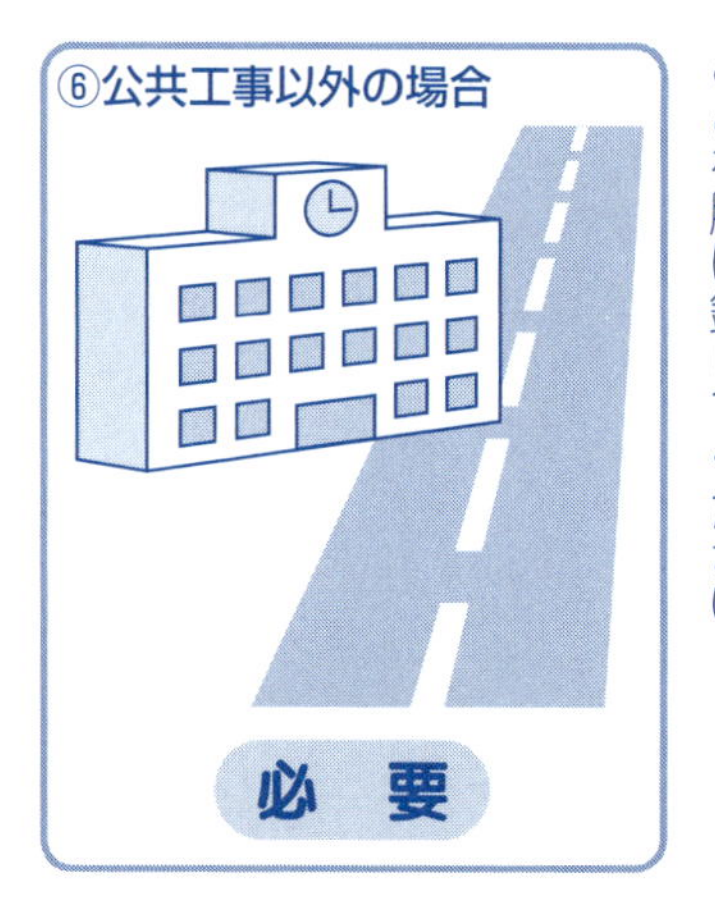

⑥公共工事以外の場合

学校や公園、図書館などの建設や、道路、上下水道の改修など、公共工事を行なう際には、行政から契約書、マニフェスト（写し）の提出を求められます。このような理由から、公共工事の時だけマニフェストを交付する人がいますが、そういうわけではありません。公共工事の時だけではなく、廃棄物の処理を委託する際には、必ずマニフェストを交付する必要があるということを肝に銘じてください。

⑥公共工事以外の場合

必　要

13 産業廃棄物管理票（マニフェスト）⑦

マニフェストの交付状況報告義務

産業廃棄物処理を委託する際に交付が義務づけられているマニフェストは、排出事業者が1年ごとにその交付状況を取りまとめ、排出場所を管轄する都道府県または政令市に報告しなければなりません。

この報告により、行政は、すべての産業廃棄物の委託処理の流れを把握することができます。

マニフェストには、紙マニフェストと電子マニフェストの2つの種類があり、排出事業者はそのどちらかを運用して、個々に委託する産業廃棄物の処理の終了を確認します。

電子マニフェストを運用した場合、毎年の交付状況報告は情報を管理する情報処理センター（JWNET）が行なうため、排出事業者として報告する必要はなくなります。

実質的には、紙マニフェストを交付して産業廃棄物の処理を委託した場合のみ、この交付状況報告が必要になります。紙マニフェストから電子マニフェストへの移行をさらに進めることが、この交付状況報告義務の目的です。

報告は、環境省により定められた、次ページの様式で行ないます。

産業廃棄物を排出した行政区ごとに、産業廃棄物の種類・処理ルートごとに、排出量（トン）と交付枚数（枚）を集計して提出しなければなりません。同一の排出事業者であっても、排出場所が2つの都道府県または政令市に分かれている場合、それぞれ分けて集計し、提出する必要があります。

また、同じ行政区内から排出した産業廃棄物で同じ品目であっても、処理委託先が異なれば、分けて集計をしなければなりません。

マニフェストでの数量の記載がトンではなく、㎥や袋などの重量ではない単位の場合には、環境省か都道府県または政令市の提示する換算係数を用いて、トンに換算する必要があります。

廃棄物の種類は、交付したマニフェストの記載に合わせて報告します。

●紙マニフェストと電子マニフェスト

マニフェストの種類	交付	運搬終了報告	処分終了報告	最終処分終了報告	交付状況報告
紙マニフェスト	引渡しと同時に交付	B2票	D票	E票	排出事業者が集計して報告
電子マニフェスト	引渡し日から3日以内に情報を登録	情報処理センターへの運搬終了報告	情報処理センターへの処分終了報告	情報処理センターへの処分終了報告	情報処理センターが代行

●交付状況報告書

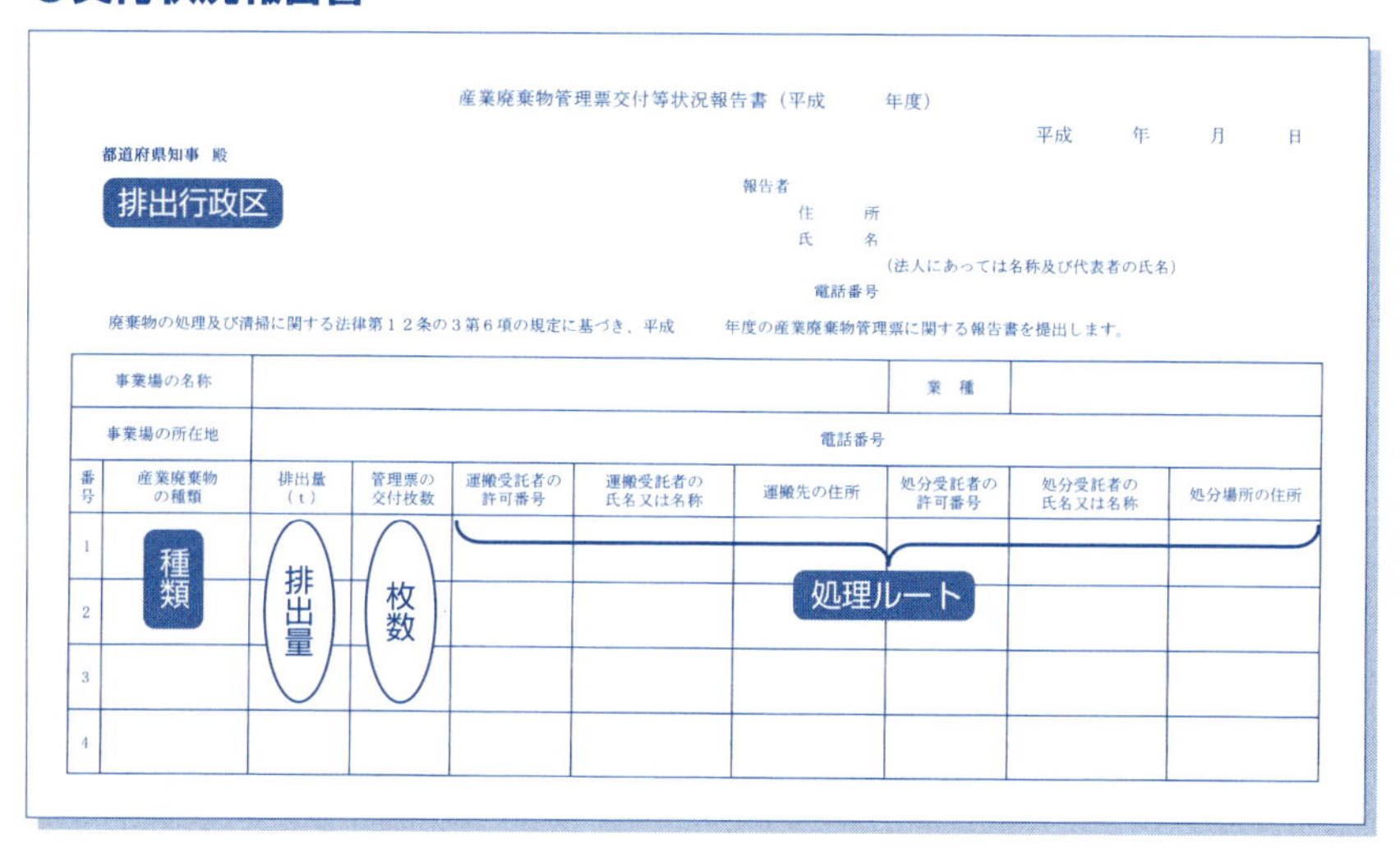

産業廃棄物管理票交付等状況報告書（平成　　年度）

平成　　年　　月　　日

都道府県知事　殿

報告者
住　所
氏　名
（法人にあっては名称及び代表者の氏名）
電話番号

廃棄物の処理及び清掃に関する法律第１２条の３第６項の規定に基づき、平成　　年度の産業廃棄物管理票に関する報告書を提出します。

事業場の名称							業　種		
事業場の所在地		電話番号							

番号	産業廃棄物の種類	排出量（t）	管理票の交付枚数	運搬受託者の許可番号	運搬受託者の氏名又は名称	運搬先の住所	処分受託者の許可番号	処分受託者の氏名又は名称	処分場所の住所
1									
2									
3									
4									

14

子会社やグループ会社を1つの排出事業者にできるか

排出事業者の範囲

契約の締結やマニフェストの運用など産業廃棄物にかかわる手続きは排出事業者ごとに行ないます。企業規模が大きくなれば本社・支店・営業所と組織も複雑になるため、排出事業者の単位を明確にしなければなりません。このような場合の排出事業者の単位には規定がありませんので、自由に決定することができます。全社の産業廃棄物管理を本社で一括して行なう、管理は支店ごとに行なうなど企業独自のルールを決めて産業廃棄物の管理を行なっていけば問題はありません。

一方で、最近は企業の分社化や子会社化ということが頻繁に行なわれています。たとえ100％出資子会社やグループ会社であっても、廃掃法上では全く関係なく、子会社やグループ会社は別法人であるため、これらの会社をまとめて1つの排出事業者と見なすことはできません。そのため、仮に同一敷地内であっても、別々に管理しなければならないので、契約やマニフェスト等の手続きもそれぞれが行なわなければならないということになります。

また、自社で排出した産業廃棄物を自社で処理している、というケースはよくあります。そのような場合において産業廃棄物の処理部門を子会社化してしまうというケースがありますが、そのような場合でも子会社と親会社をひとつの会社とは見なすことはできません。あくまで親会社と子会社は別法人であるため、原則として親会社の産業廃棄物を子会社が処理することは他者の産業廃棄物を取り扱うこととなります。そのため、子会社には処理業の許可が必要です。もちろん委託契約書の締結・マニフェストの交付も必要になってきます。

ただし、平成29年度の法改正により、ある一定の条件を満たした場合のみ、親子会社間での自ら処理を認定する制度が始まりました。

しかし、その条件は次のように非常に限定的です。

●排出事業者の単位

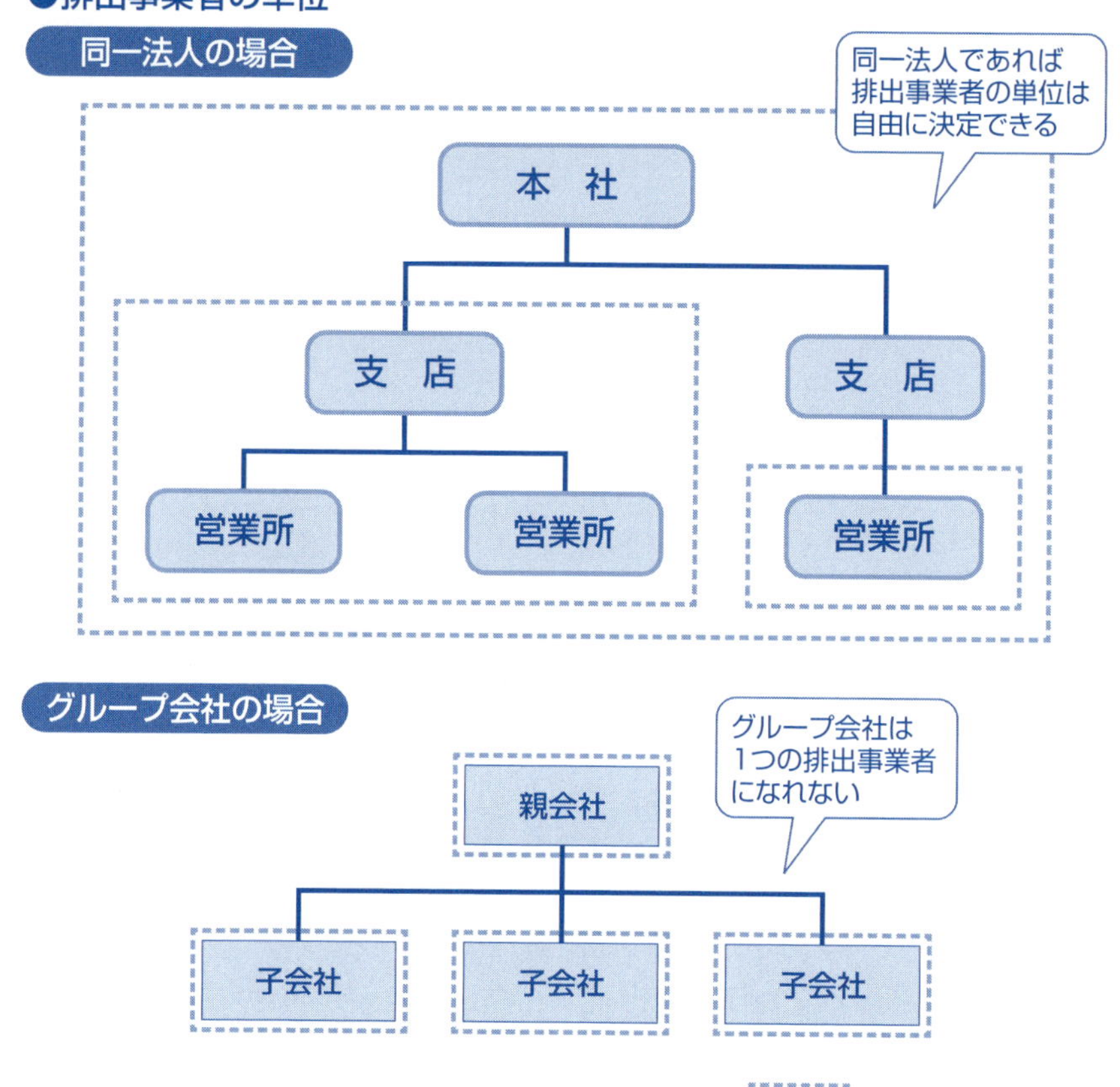

①いわゆる100%子会社であるか、それと同等の親子関係である
②親子会社のいずれかのうち、少なくとも1社は業許可が必要な程度の処理を行なっている

また、この条件を満たしていたとしても、認定を受けるためには事業概要、一連の処理工程、定款、役員の氏名・住所などを含む申請書類の提出が必要となります。さらに、その処理が複数の都道府県または政令市にまたがる場合には、それぞれの区域を管轄する自治体に申請が必要となり、すべての自治体から認定を受ける必要があります。

したがって、現時点ではこれらのハードルをクリアして認定を受けるメリットがあるかどうか不透明な状況だと言えます。

4章 知っておきたい「産業廃棄物処理」の事情

1

産廃処理委託の具体的事例①

収集運搬事業者を利用し、中間処理事業者に委託するケース

産業廃棄物の処理を委託するには、3つのケースがあります。❶産業廃棄物の排出事業者、それを収集運搬する事業者、中間処理事業者の三者が別々の場合、❷廃棄物を運搬・処理する事業者が同じ場合、そして❸廃棄物の運搬は排出事業者が行ない、処理だけを中間処理事業者に委託する場合です。

この項では、❶のケースについて説明しましょう。これがすべての産業廃棄物処理委託の基本であり、マニフェストもこのケースを想定して作成されています。

①収集運搬事業者B社との契約

許可証により、産業廃棄物の搬出地点と搬入地点（中間処理工場所在地）両方の収集運搬業許可を持つことを確認し、委託単価を契約書に記載する。

②中間処理事業者C社との契約

品目ごとにキログラム当たり、または㎥当たりの単価を決定する。

③廃棄物発生

④実際に廃棄物を引き渡すと同時にマニフェストの交付

廃棄物を収集運搬事業者B社に引き渡す時点でマニフェストを記入します。契約は、実際に廃棄物の運搬・処理を委託する以前に取り交わします。

ポイントは「収集運搬事業者と、中間処理事業者のいずれとも契約を取り

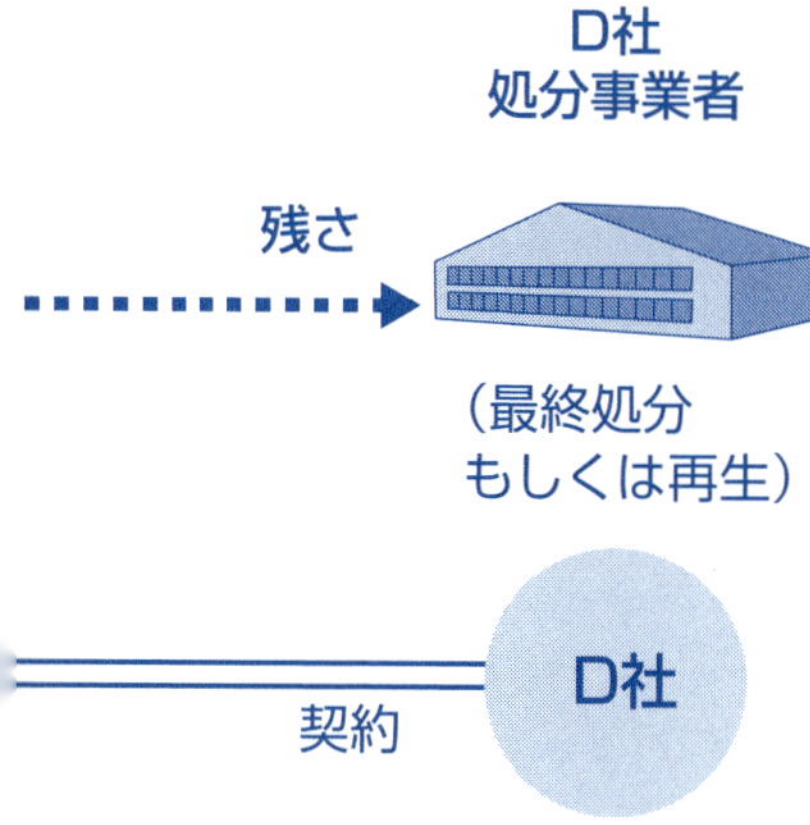

D社
処分事業者
残さ
（最終処分
もしくは再生）
D社
契約

●産業廃棄物処理委託の基本ケース

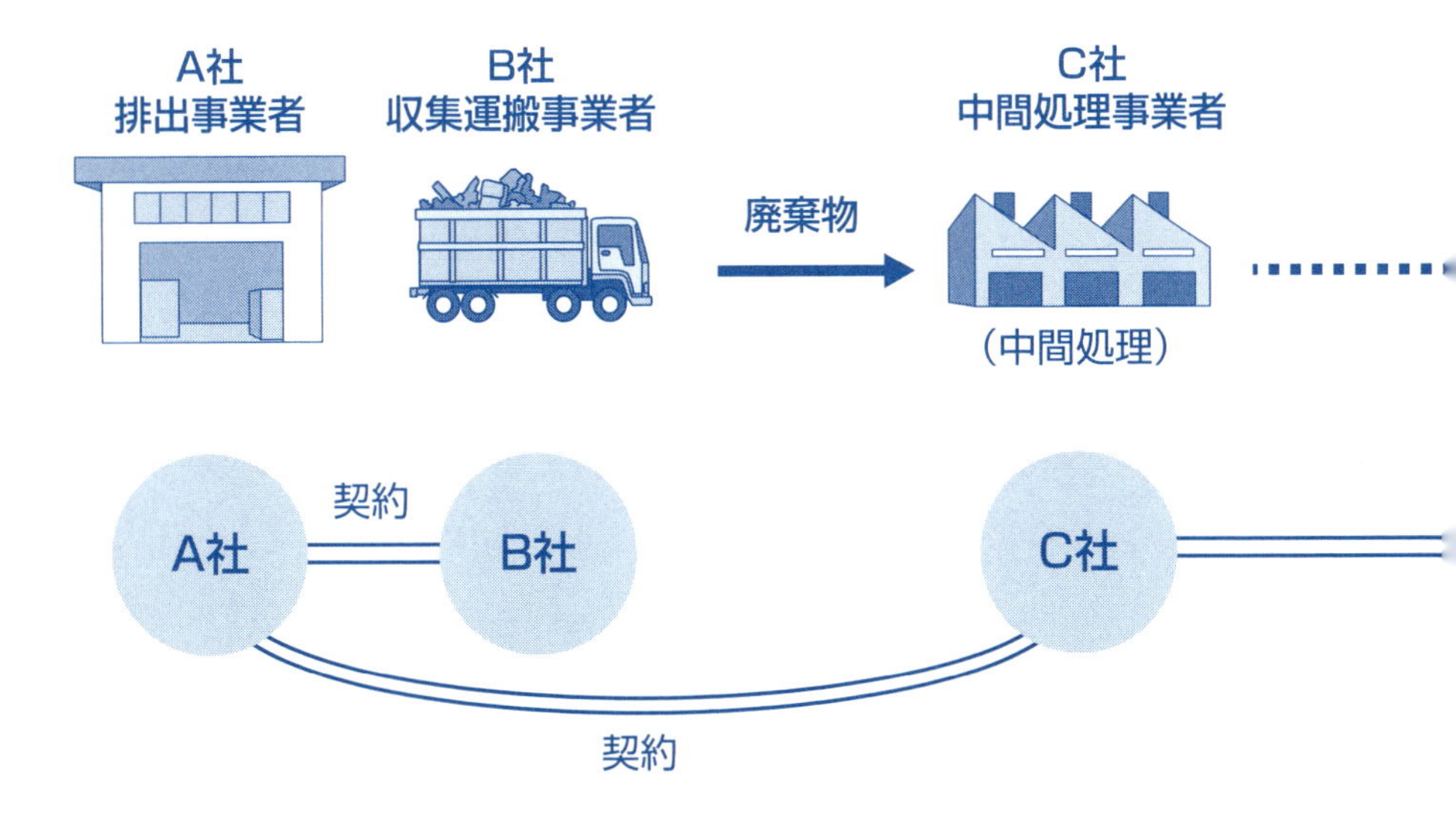

排出事業者A社のポイント

- 収集運搬事業者B社、中間処理事業者C社の両社と直接契約する。
- B社のみとの契約では成立しない。
- 中間処理後の残さを処分するD社との契約は必要ない。

交わすこと」。必ず収集運搬事業者B社と中間処理事業者C社の、両方と契約することが必要です。

中間処理事業者の処分のみの単価は、㎥当たりの場合には、「底面積×高さ」により算出します。ただ実際には、廃棄物を処分事業者が目視により、いくらというように判断する場合も多いでしょう。キロ（グラム）当たりの場合には、計量器を用いて実質重量とキロ（グラム）当たりの品目別に定めた単価により処分費が算出されます。その点では、計量器を用いた重量による算出は明確な料金システムです。

どちらの場合も、発生した時点でその処分費がいくらになるのかはっきりとはわかりません。しかし、処分単価は事前に契約書に記載する必要がありますので、委託単価の記載を契約書で確認することが、まず重要です。

［二次委託］中間処理事業者が、中間処理後の残さの処理をさらに委託することを二次委託という。排出事業者は、中間処理後の残さを処理する処分事業者と契約する必要はないが、事前に取り交わした契約書への記載とマニフェストによって、中間処理後の残さの行方を把握する必要がある。

2

産廃処理委託の具体的事例②

産業廃棄物の運搬と処分を同じ事業者に委託するケース

産業廃棄物処理を委託する前項❷のケース（運搬と処理を同じ事業者C社に委託するケース）を考えましょう。

①収集運搬＆処分事業者C社との契約

排出事業者は、収集運搬と処分それぞれの契約書を取り交わす必要がありますが、運搬と処分が同一の事業者の場合には、運搬と処分に関する両方の内容を盛り込んだひとつの契約書によって契約が可能です。この場合の処理単価は、収集運搬と処分の費用を合わせて、㎥当たり○○円、もしくはキログラム当たり○○円という形となります。

②廃棄物発生

③実際に廃棄物を引き渡すと同時にマニフェストの交付

マニフェストの受け渡しは、三者の立場がある場合（前項④）と同じです。排出事業者にはC社より、B2・D・E票がそれぞれの過程が済み次第返送され、A票と合わせて4枚を保管します。C社は、運搬事業者と処分事業者（前項❶のケースのB社とC社）の保管すべき、3枚を保管します。

契約は廃棄物を委託する以前に取り交わすというのはここでも同様です。

この場合、保管しておいた廃棄物を車輌に積み込んで回収するという形と、コンテナなどを設置する形の2とおりがありますが、後者のコンテナやカゴなどを設置して回収・交換する形のほうが一般的です。単価は、ひとつのコンテナ当たりの収集運搬と処分の費用を合わせていくらという計算方法になります。

その場合、

空のコンテナを設置

↓

コンテナに廃棄物を入れていく

↓

いっぱいになる

↓

廃棄物のいっぱいになったコンテナを回収すると同時に、新しい空のコンテナを設置する

↓

●運搬・処分を同じ事業者に委託する場合

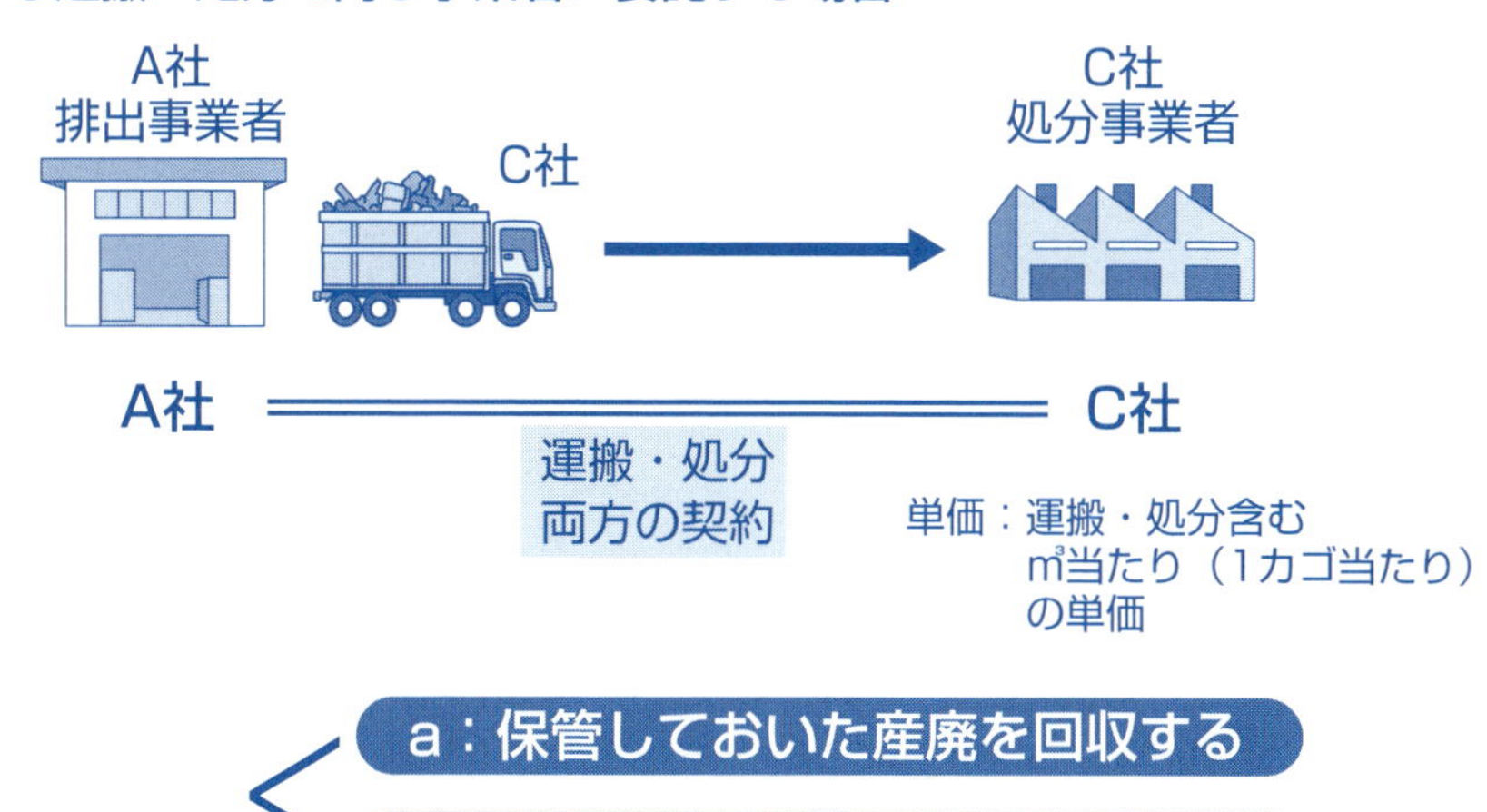

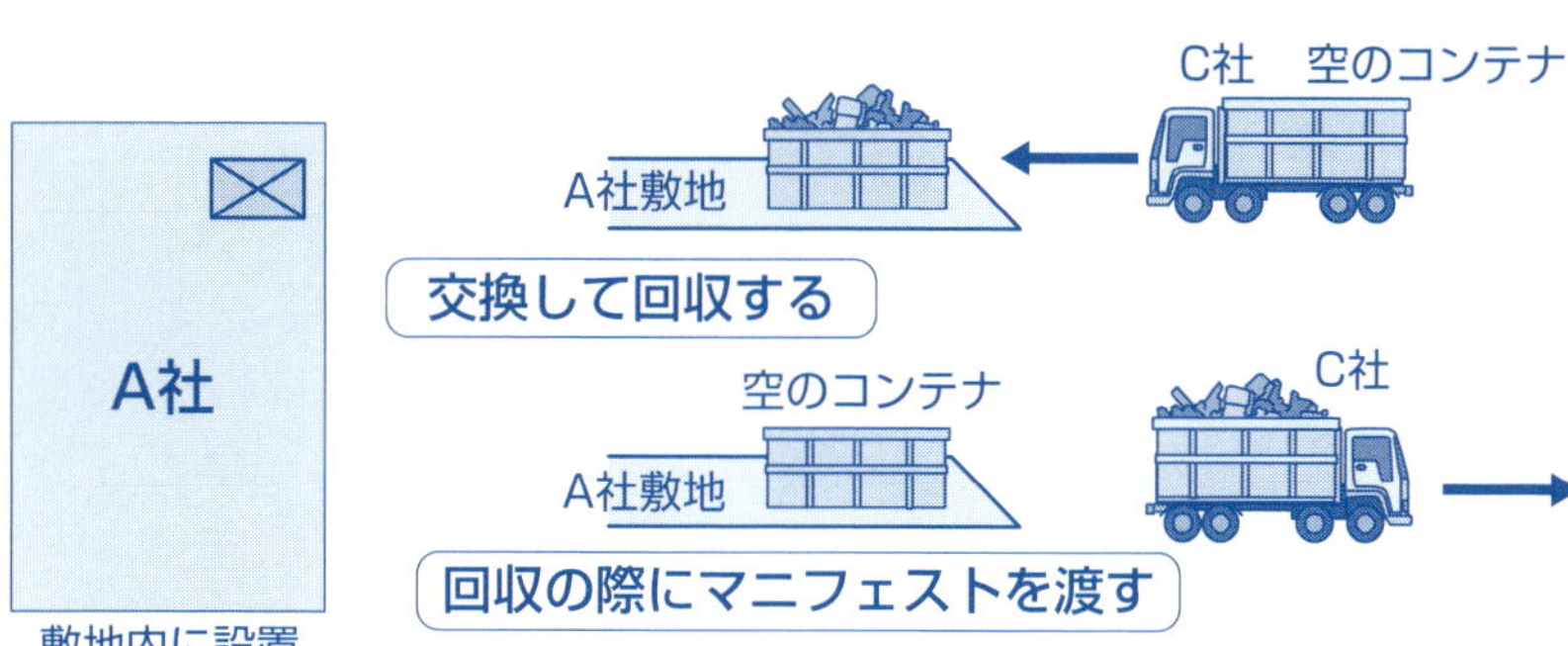

コンテナに廃棄物を入れていくという流れに沿って、廃棄物の運搬と処分を委託します。

マニフェストは、廃棄物を回収するごとに交付することを忘れてはなりません。

コンテナの設置には、車輌が進入できる道路だけでなく、設置スペース、交換の際にあと2つのコンテナを**仮置き**できるスペースが必要なことにも注意が必要です。

コンテナなどを設置する場合も保管してある廃棄物を車輌に積み込んで回収する場合も、実際の廃棄物を確認しなければ、価格の設定が困難です。そのため、実際の廃棄物の内容物と量、コンテナの設置スペースがあるかどうかなどを確認した上で、一番効率のよい回収方法を決め、価格の設定を行ないます。

[仮置き] コンテナの交換作業では、「空のコンテナを一時置く→廃棄物の入ったコンテナを引き上げ別の場所へ一時置く→空のコンテナを設置場所へ置く→廃棄物の入ったコンテナを引き上げ回収する」という流れが必要であり、この「一時置く」作業を仮置きという。

3

産廃処理委託の具体的事例③

廃棄物を自社で運搬し、処分のみを中間処理事業者に委託するケース

産業廃棄物の処理を委託するという4章1項の❸のケース、つまり自社で廃棄物を運搬し処分だけを中間処理事業者C社に委託する場合を考えてみましょう。

流れとしては次のようになります。

①処分事業者との契約

予定数量・委託単価の記載を特に確認する。

②廃棄物発生

③マニフェストの交付

処分事業者へ産業廃棄物の運搬を開始する際にマニフェストを交付する。

この3つが基本的な流れです。もちろん、契約は実際に処分を委託する以前に取り交わすことが必要です。

また、キロ㌘当たり、もしくは㎥当たりの単価を契約書に記載しておく必要があります。

この際の運搬には許可は必要ありません。排出事業者が、自社の排出した廃棄物を運搬する場合（排出事業者と収集運搬事業者が同一の場合）には、収集運搬業の許可は必要ないからです。しかし、車輌に「産業廃棄物を運搬する」という表示と、それがどこから発生してどこへ行く、どんな品目なのかといったことを記載する書類の携帯は必要です。

処分事業者に持ち込む際（処分を委託する際）には、マニフェストを交付しますので、そのマニフェストによって携帯する書類と置き換えることができます。

ここで、4章1項の❶～❸のケースをまとめておきましょう。

3つのケースのいずれも、産業廃棄物を排出した排出事業者が、処理を自社で行なわずに委託するケースです。処理を委託するまでの運搬を、誰が行なうかによって3つのケースに分類されるわけです。すべての事例に共通して言えることは、廃棄物が発生した時点からその処理が完了するまでの流れを、**「産業廃棄物を排出した事業者自身が確認する」**ということです。

●運搬は自社、処分は委託の場合

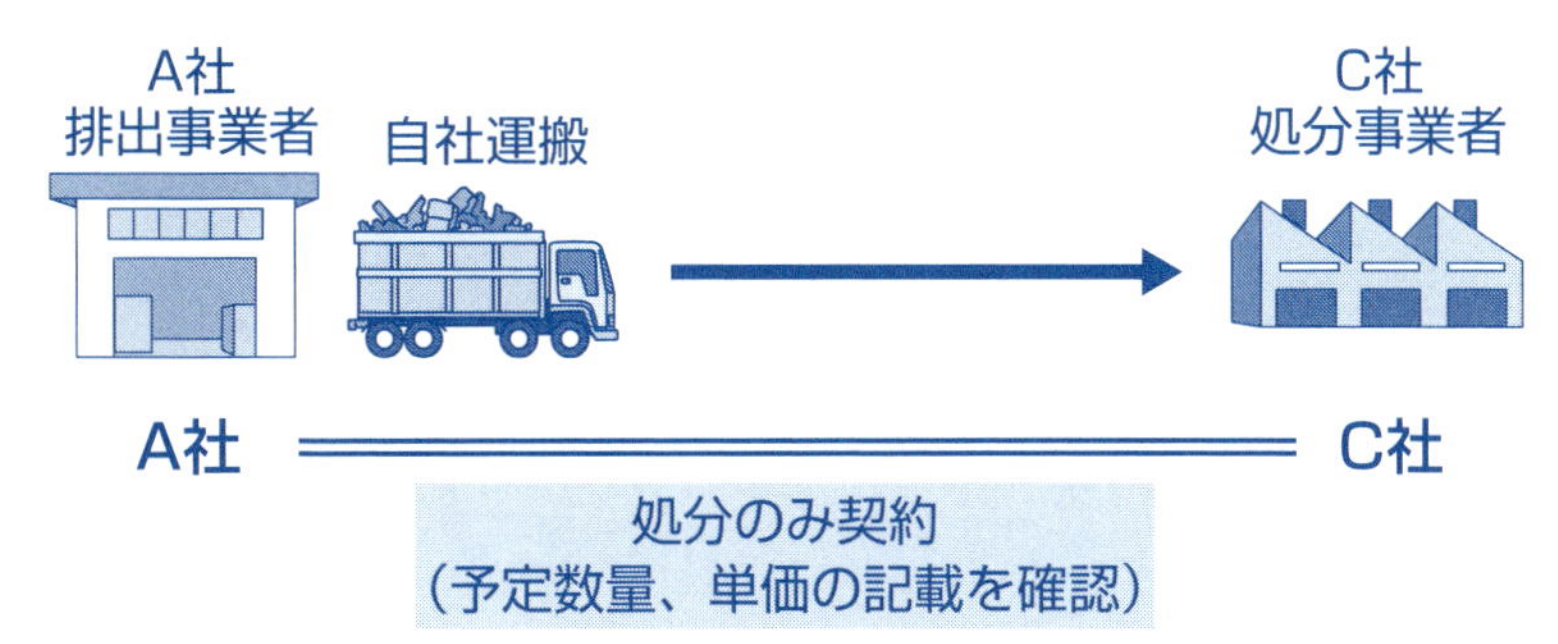

A社 ＝＝＝ C社

処分のみ契約
（予定数量、単価の記載を確認）

☆この際には、収集運搬業の許可は必要ありません。

●排出事業者の確認事項

（1）収集運搬及び処理を委託するには、事前に契約書を取り交わす

（2）処理を委託する場合には、運搬を開始した時点でマニフェストを交付する

（3）排出事業者は、契約書どおりに廃棄物が処理されているか否かをマニフェストでチェックする

（4）産業廃棄物を運搬する車輌には、すべて「車輌の表示」と「書類の携帯」（処理を委託する場合はマニフェスト）があるかをチェックする

（5）単価はキログラム当たり○○円、もしくは㎥当たり○○円という形で決め、契約書に記載する

4

産廃処理委託の具体的事例④

各現場と事務所から運搬を委託するケースの注意点

産業廃棄物の排出場所が複数の場合には、次のような注意が必要です。

◆製造業

製造業の場合には、製造過程から排出される産業廃棄物の排出場所が、その工場1ヶ所だけとなるので、これまで4章1項の❶～❸のいずれかと同様に対応できます。たとえ発生場所が複数であっても、それぞれの現場にコンテナ等を設置すれば、排出場所からの運搬と処分を委託する形となり、ケース❸とまったく同じ流れとなります。

◆建設業

しかし、建設業のように複数の建設現場を持ち、廃棄物の発生場所も複数となる場合には、複数の現場から発生する廃棄物をひとつの場所（保管用地など）に集め、積み替えや処分のための保管をし、保管場所から処理を委託することになります。その時に注意すべきポイントは、次のとおりです。

各現場から保管場所へ廃棄物を自社で運搬する場合には、

①処理を委託しているものでないため、マニフェストは必要ありません。

マニフェストは処理を委託する際に交付するものです。

②排出事業者による運搬のため、産業廃棄物の収集運搬の許可は必要ありません。

排出事業者と運搬事業者が同じであるかどうかが、収集運搬の許可が必要かどうかの判断になります。同じ場合には必要ありませんし、異なる場合には許可が必要です。

③すべての産業廃棄物を運搬する際に必要な、「車輛の表示と書類の携帯」が必要となります。

それは、自社の倉庫に持ち帰る場合であっても、産業廃棄物を運搬していることには変わりがないためです。

④保管する場所の面積、保管量によっては、行政への届出が必要となる場合があります。

平成23年4月1日から施行された改

●建設業（搬出場所が複数）の運搬・委託のケース

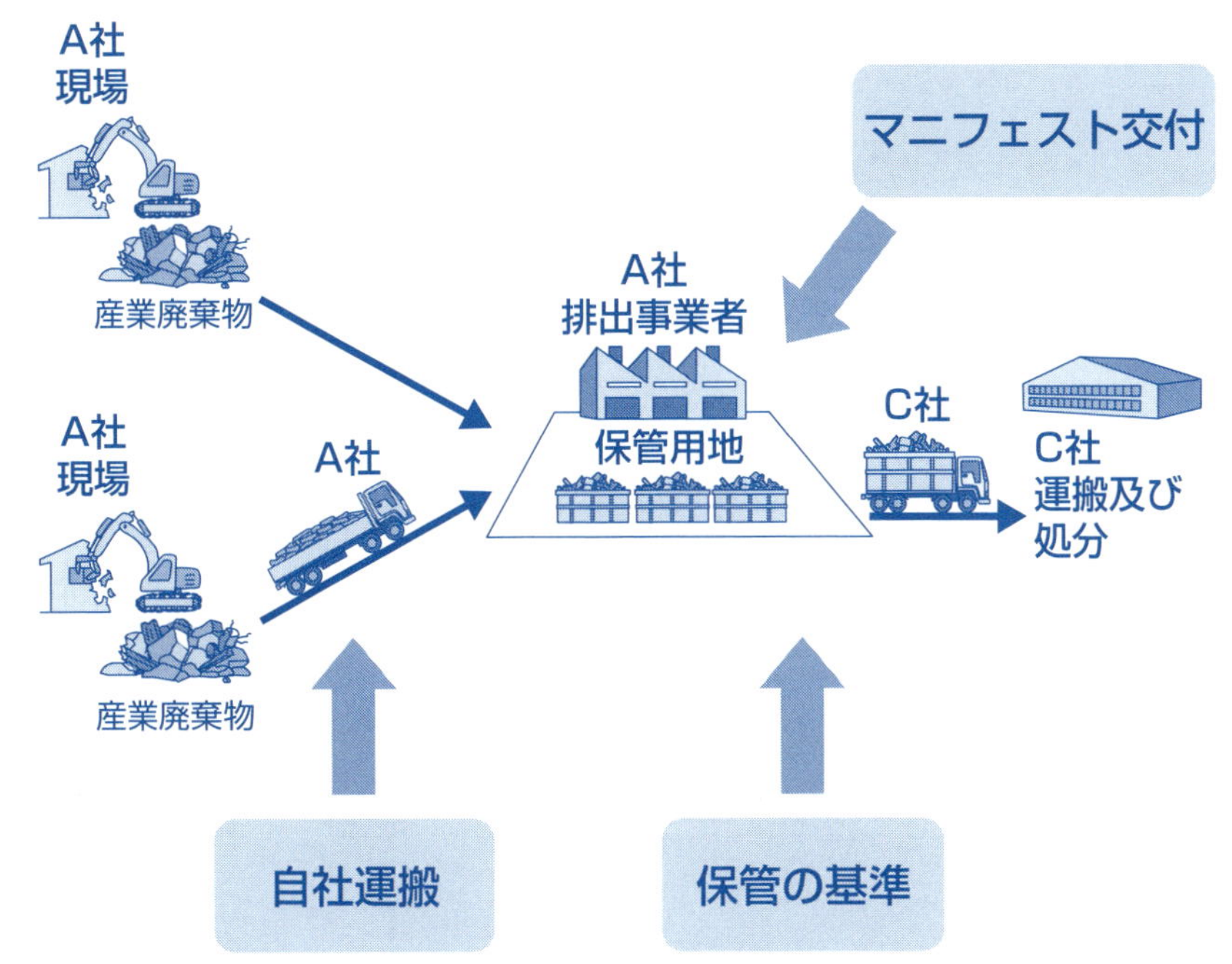

処理を委託する運搬でないため、マニフェストは必要なし。

平成23年4月から、建設工事に伴って生じた産業廃棄物に限り、300㎡以上の敷地で保管する場合、届出が必要。

正法により、建設工事に伴って生じた産業廃棄物に限り、排出した場所と別の場所で排出事業者が300㎡以上の敷地で保管する場合、保管場所を管轄する都道府県または政令市に届け出ることが義務づけられています。

一部の地域では、「建設工事に限らない」「100㎡以上」など、法令の条件を上回る基準を定め、保管場所の届出を求めています。そのため、排出事業者自身で保管場所を設置する場合には、それぞれ管轄する都道府県もしくは政令市に問い合わせてください。

都道府県は、県内の政令市以外の地域を管轄します。産業廃棄物に関する窓口の名称は、それぞれの自治体によって異なりますので、代表番号に電話し、産業廃棄物について確認したいと伝えれば、紹介してもらえます。

［積替保管］廃棄物の処理を行なう前に、いったん廃棄物を積み替えて保管すること。他社の排出した廃棄物の積替保管を行なうためには、収集運搬業の許可の一部である積替保管の許可が必要であり、積替保管の許可にも品目、積替保管場所、保管の上限などが定められている。

産廃処理委託の具体的事例⑤

積替保管施設を経由した運搬の委託

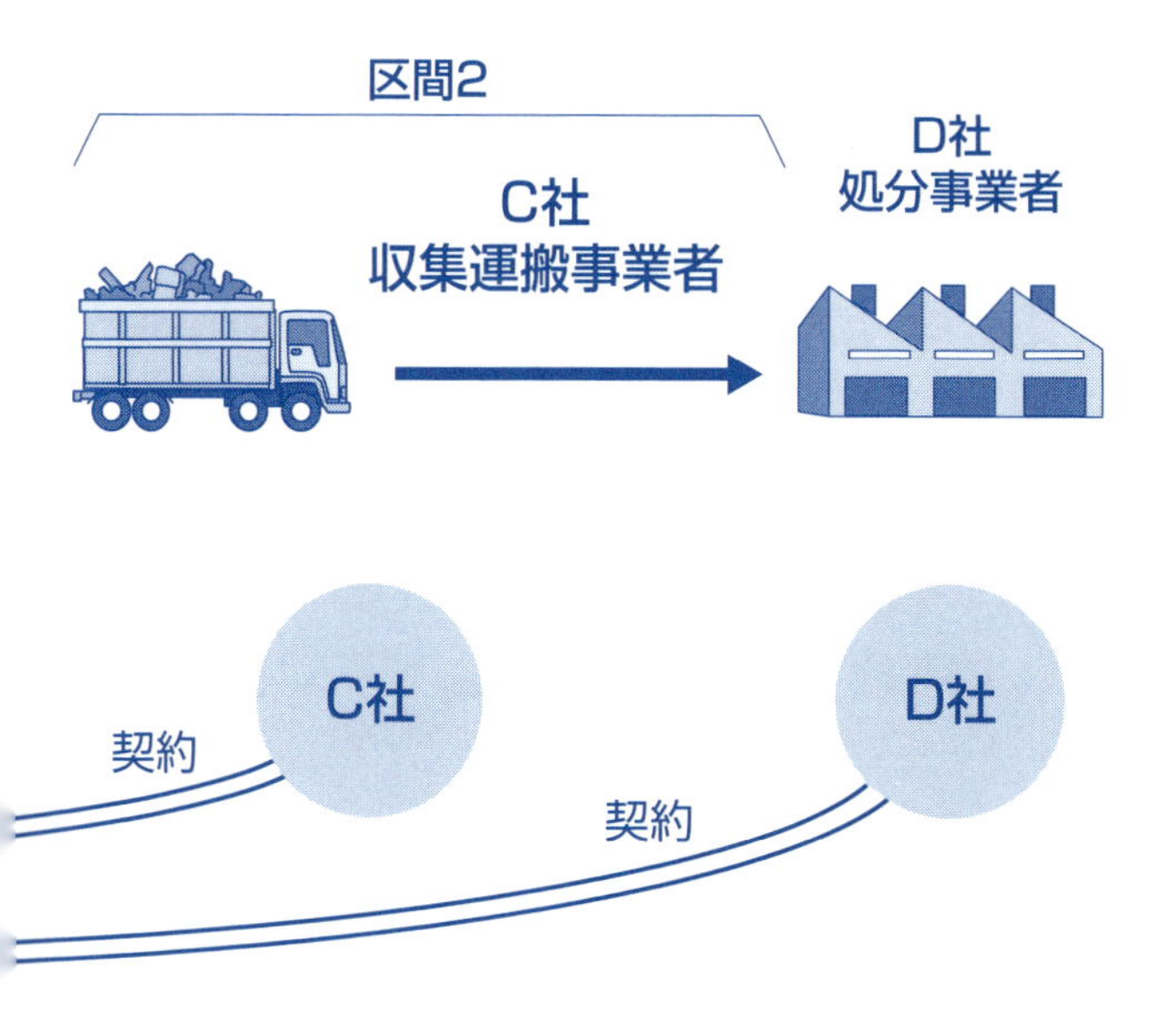

上図のように収集運搬の途中で積替保管を行ない、積替保管の前後で運搬区間が2つに区切られ、それぞれ別の収集運搬事業者が運搬する場合もあります。具体的には、石綿含有産業廃棄物のように、埋立処分など限られた方法により処分するしかない産業廃棄物において、処分施設が排出場所から遠方にある場合などが考えられます。発生量が少量であり、個々の排出事業場から直接遠方の処分施設に運搬することが困難な場合、いったん積替保管施設に集積し、複数の排出事業場からの産業廃棄物が集積し一定量となった段階で、大型車輌などで運搬します。

積替保管の許可は収集運搬業許可の一部です。積替保管を行なう施設は、区間1の運搬を行なうB社か、区間2の運搬を行なうC社のどちらの施設である場合も想定できますが、ここでは

●産業廃棄物処理委託の基本ケース

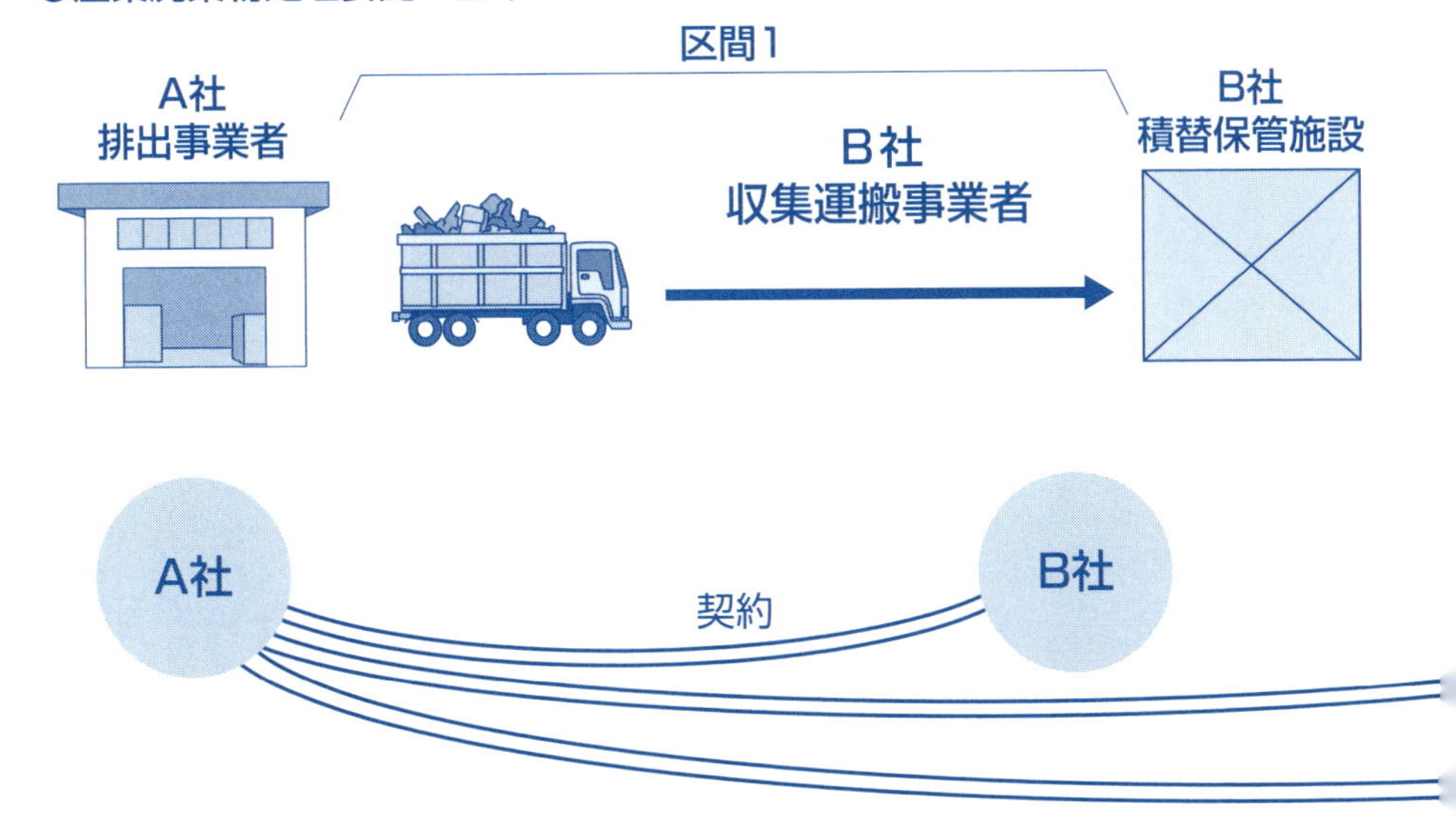

ポイント

積替保管施設の経由によって、区間1、2の収集運搬事業者が分かれた場合、排出事業者は、それぞれの収集運搬事業者と直接契約する

区間1の運搬を行なうB社の積替保管施設であると仮定します。

ポイントは、排出事業者が直接契約する対象は区間1の収集運搬事業者のみではなく、区間1と区間2のそれぞれの収集運搬事業者である点です。B社とは区間1の収集運搬及び積替保管の契約を、C社とは区間2の収集運搬の契約を締結します。さらに、排出事業者は収集運搬業者と処分業者それぞれと契約する必要があるため、収集運搬後の処分先であるD社とも処分の契約を直接締結する必要があります。

最初に行なわれる処分施設に搬入されるまでの収集運搬を行なう事業者が何社あったとしても、排出事業者はそれぞれと直接契約する義務があります。

また、このようなケースに備え、「積替保管用」のマニフェストが存在します。

6

産廃処理委託の具体的事例⑥

建設工事における排出事業者の定義

産業廃棄物に関しては、排出事業者に求められる責任は非常に大きいと言えます。しかし、複数の企業が関わりあう中で発生した産業廃棄物については、誰が排出事業者となるのかが曖昧になるケースも存在します。

廃掃法では、「事業者は、その事業活動に伴って生じた廃棄物を自らの責任において適正に処理しなければならない」（第三条）とあり、排出事業者は「その事業活動に伴って廃棄物を排出した者」であるとのみ定義されています。排出事業者に関する定義がそもそも曖昧なため、誰が排出事業者になるべきか判断が分かれる事例がいくつも生まれたのです。

平成23年度の法改正により、建設業における排出事業者の定義が、法令に明文化されています。

建設系の産業廃棄物は、これまでに明らかになっている不法投棄廃棄物の半分以上を占めています。それは、建設業界の多重下請け構造によりさまざまな企業が建設工事に関わり、排出事業者が誰になるのかが曖昧になることもひとつの要因と考えられています。

平成22年度までは、環境省からの通知により、原則として工事の全体を管理し把握できる元請業者が、工事の全工程から排出される廃棄物の排出事業者となるという考え方が示されていました。しかし、あくまでも法令ではなく通知であり、強制ではなく指導であるという位置づけでしかありませんでした。

現在は、「土木建築に関する工事に伴い生ずる廃棄物の処理について、当該建設工事の注文者から直接建設工事を請け負った元請業者を事業者（排出事業者）とする」ことが法律に明文化されています。

従来は、排出事業者自身による運搬に許可が不要であることから、下請業者も排出事業者であると考えて許可なく運搬をする、または下請業者が排出事業者として処理委託を行なう、など

●追加された法律　廃掃法第二十一条の三（平成23年4月1日改正）

土木建築に関する工事（建築物その他の工作物の全部又は一部を解体する工事を含む=「建設工事」）が数次の請負によって行われる場合にあっては、当該建設工事に伴い生ずる廃棄物の処理についてのこの法律の規定の適用については、当該建設工事（他の者から請け負ったものを除く）の注文者から直接建設工事を請け負った建設業を営む者（=「元請業者」）を事業者とする。

●建設業における排出事業者の定義

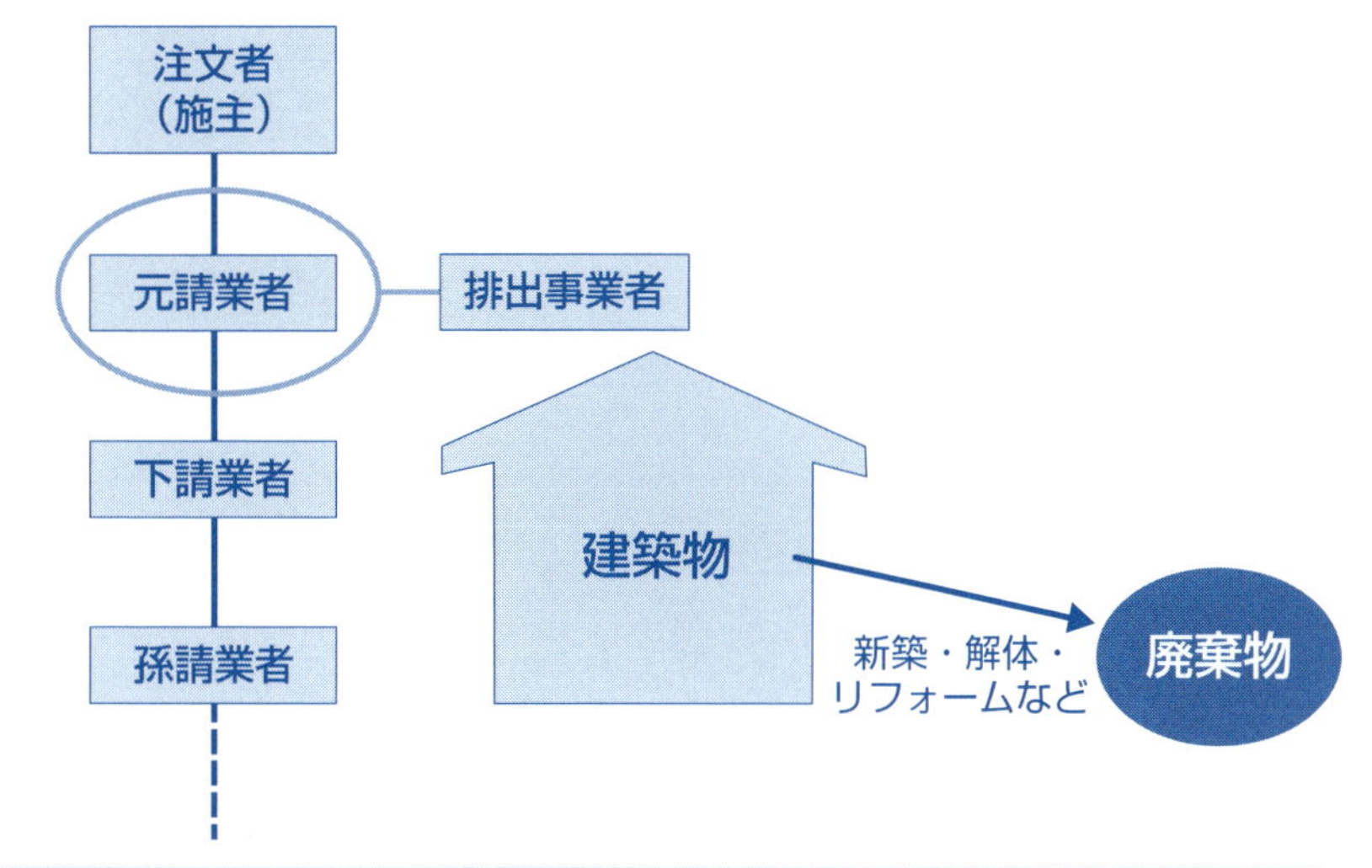

建設業であれば注文者と直接契約した元請業者が必ず排出事業者となる

の体制も実際に見受けられました。しかし、そのような処理は現在、すべて違法行為となりました。

下請業者が産業廃棄物を運搬する場合、下請業者は排出事業者ではないため、元請業者から下請業者に対して収集運搬を委託する形になります。つまり、下請業者が必要な産業廃棄物処理業の許可を持っていなければ委託はできません。

この改正と同時に、一定の条件を満たしていれば収集運搬業の許可を持たない下請業者がいったん運搬をすることも認められる、と例外として定められました。その条件は、廃棄物を発生させる工事が、新築・増築・解体工事ではないこと、1回に運搬する廃棄物の量が1㎥以下であることなど、実務的に考えると非常に限定的です。

7 産業廃棄物処理のコスト①

コスト削減が不法投棄の温床に

中間処理事業者は、排出事業者から産業廃棄物と共に処理料金を受け取り、それによって中間処理事業者は、自社で行なう中間処理のコストと、中間処理後の残さの処理委託に支払う費用（**二次処理コスト**）を賄い、残りが利益となるわけです。

中間処理後の残さは、埋め立てもしくはリサイクル（再生）の最終処分がされます。

最終処分場の残存容量にゆとりのあった頃には、埋め立てのコストは今よりもかかりませんでした。しかし、最終処分場の残存容量が逼迫（ひっぱく）している昨今、埋め立てに必要なコストは高騰しています。

また同じリサイクルでも、リサイクルがしやすいもの、リサイクル製品の需要の高いものは安く、リサイクルしにくいものは処理料金が高い、ということが言えます。

処理事業者によっては、同じ廃棄物の処理を委託する場合でも料金に格差があり、種類によっては倍以上価格が違うというケースさえあります。いったい、その差はどこから生まれてくるのでしょうか。

産廃事業も事業活動・経営活動のため、コスト削減は必要ですが、**処理料金を抑えることが、不法投棄を生む危険性をはらんでいる**ことに、注意する必要があります。なぜなら、中間処理のコストと二次処理コストは、適正な処理のためには必要であるからです。処理事業者が、排出事業者から必要な金額をもらえないために、精度の高い中間処理ができなければ、「焼却」過程からダイオキシンを発生させるなど、周辺環境に影響を与える可能性があります。また、精度の低い中間処理後の残さは、二次委託先がなくなり、不法投棄を生む原因になる場合もあるのです。

「選別」という中間処理を行なう場合、人の目と手によって、リサイクル率を上げようとすれば、結果として高

●中間処理事業者に処分を委託する場合のコスト比較

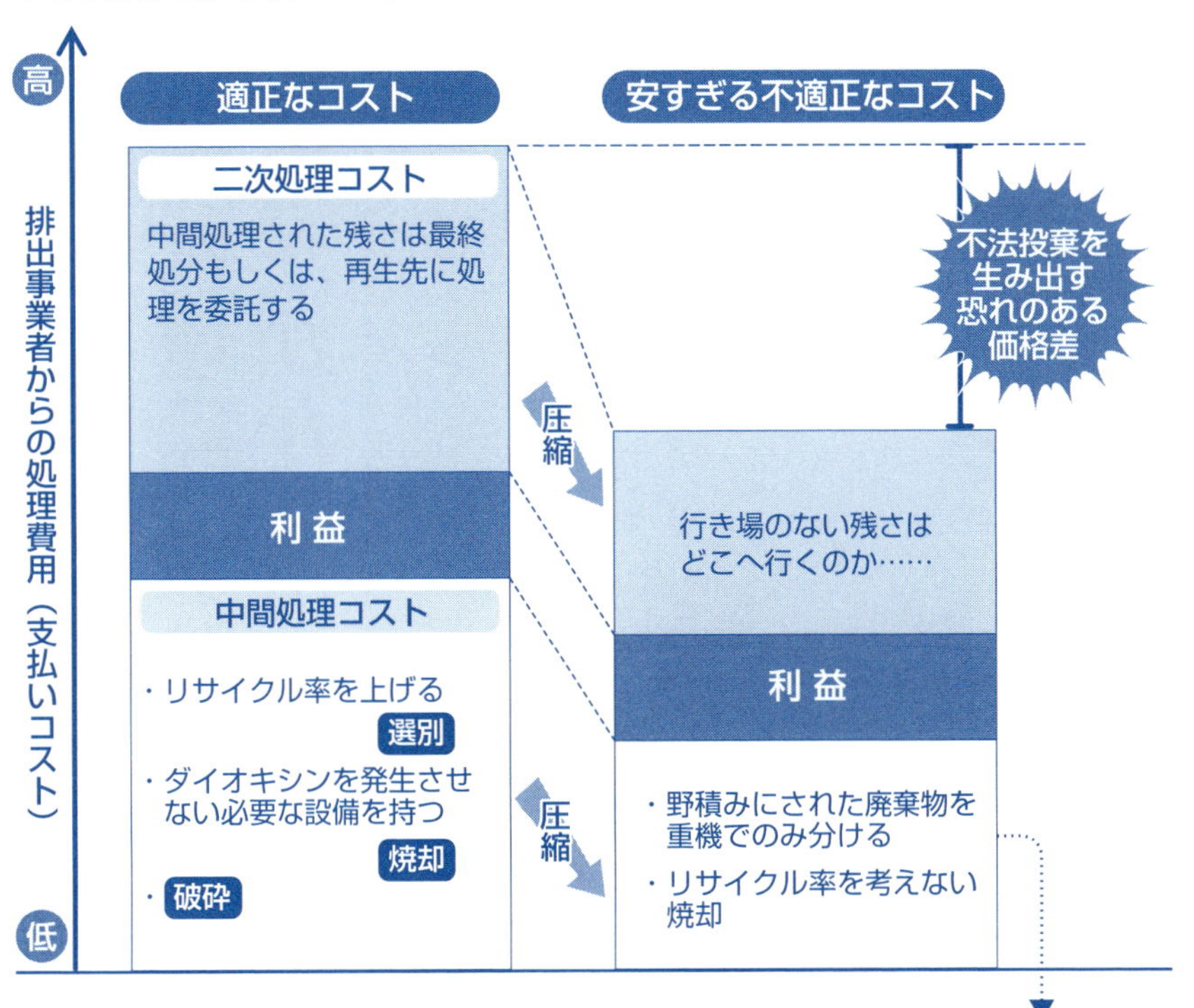

い処理費用がかかります。

しかし、人の手をかけられない処理費用では、機械や重機だけによる精度の低い選別しか行なえません。これでは異物の混入も多く、リサイクルしにくい残さになります。

どこのリサイクル事業者も引き取れない残さであれば、適正な処理方法は埋め立てしかありませんが、現在ではその行く先に余裕がなく、高いコストがかかるのです。そうなると、中間処理事業者の立場からしてみれば、悪いことと知りながらも、不法投棄せざるを得ない状況に追い込まれることも想像できます。

その意味では、排出事業者の側も適正な料金を理解し、支払うだけでなく、どのように使われているのかを自分の目で確認することこそが、不法投棄をなくす近道なのです。

［減容化］廃棄物の容量を減らすこと。運搬効率を上げるためや、限られた埋立処分場を有効に利用するために、減容化する中間処理が行なわれる。減容化のための中間処理のうち、破砕によって隙間をなくすことができ、焼却によって10分の１以下に減容化される。

8

産業廃棄物処理のコスト②

産廃処理にはどのくらいの費用がかかるのだろう

契約書の項（3章の2項）でも確認したように、処理を委託する廃棄物について、その品目・予定数量・単価は契約書に記載することが義務づけられています。しかし、「産業廃棄物の処理に関する価格は不明確である」という認識を持っている方も多いのではないでしょうか。

産業廃棄物は、その品目によって処理方法が異なり、それに伴って処理単価も異なります。特に異なる品目が混合で発生する場合には、排出する企業としては、その処理費用の判断が明確になりにくいという現実があります。

その中でもできる限り具体例を提示してみましょう。

◆新築現場から排出される廃棄物の場合（木くず、紙くず、繊維くず、廃プラスチック類、ゴムくず、金属くず、ガラス及び陶磁器くず、がれき類の建設系8品目が混載される時）

収集運搬も含めると運搬する距離によっても異なり、また排出する品目によっても異なります。

左図の中で、処理単価の高いものが多いほど（たとえば塩ビ管や石膏ボードがほとんどである場合）、混載にした時も処理コストが高くなり、処理単価の安いものが多いほど（金属くずやダンボールが多い場合）、価格も安くなります。

つまり、リサイクル製品として有用なものであればあるほど、処理にかかるコストも安くなるわけです。

さらに、地域間の格差もあるようです。

最終処分場が逼迫（ひっぱく）した今、埋立処分しかできないもの（たとえばアスベスト含有建材）は処理コストが高くなる傾向にあります。埋立処分の中でも、より厳しい管理が必要な埋め立てしかできない品目は、処分場の逼迫の度合いも関係し、いっそう処分単価が高くなります。

処理事業者が提示する価格が高すぎ

●品目別㎥当たりの処理費用の目安

処理単価	品　目	例
高い	非飛散性アスベスト	スレート、外壁材など
↑	塩化ビニル	塩ビ管など
	石膏ボード	
	廃プラスチック	梱包材など
	ガラス及び陶磁器くず	ガラス・タイル破片
	木くず	
	コンクリート破片	
↓	紙くず	ダンボールなど
安い	金属くず	空容器など

ると感じる場合には、たとえば現場が遠いために遠方料金が発生するのか、処理の難しい品目が入っているのか、それだけ質の高い処理が行なわれているのかなど、処理単価が高くなる理由が何かしらあるはずです。

逆に1㎥当たり1万円（新築現場より、建設系廃棄物を混合で、運搬及び処分を委託した場合）を大きく下回るような場合には、少し疑いの気持ちを持つべきでしょう。処分費用が安すぎると感じた場合には、どういった処理をすればその処分単価で行なえるのか、実際に自分の目で確認してみてください。

もしも、不適正処理によって処理費用が安く抑えられても、それが発覚したら、その後の社会的責任を果たすためには、はるかに多くの時間と費用がかかることになります。

9

産業廃棄物処理のコスト③

量を減らすか、質を上げるか

コストのしくみがわかれば、コスト削減への道もわかります。

①廃棄物の量を削減する

②廃棄物の質を上げる

①は明確です。処理単価は、㎥当たりもしくはキログラム当たりで算出されるため、量を減らすことがコスト削減の一番の近道です。

②の「廃棄物の質」というのは、中間処理において行なわれる手間を、できる限り少なくするということです。

具体的なケースで説明しましょう。

滋賀県内のある食品会社では、ビン詰めの工程の中で、ビンと金属製のふたが排出されます。両方を混載で処理を委託していたため、選別する中間処理費用がかかるだけでなく、その割合も不明確で、コストが高くなっていました。そこで、それぞれの排出される工程が異なることを生かし、2つのコンテナを設置し、ビンと金属製のふたを分別することで、それぞれの品目に対する単価を決定し、結果的にコストを抑えることに成功したのです。

ただし、自分で「分別する」ということには、課題もあります。

まず、分別された中に、それ以外のものが混入していてはなりません。信頼のおける分別かどうかが重要です。

さらに、排出事業者が「分別した」という認識と、中間処理における分別とに違いがある場合もあります。

たとえば、「木くず」というひとつの品目であっても、無垢で新築現場から出るような木くずは一様な材料のため、製紙原料としてリサイクルできますが、植栽などは水分が多く、枝・葉・幹などが混在するため肥料としてリサイクルする、というように、その状態によって処分方法が異なります。

排出事業者は、どのように、どこまで分別すればコストが抑えられるのかを検討する必要があります。

また自分で分別するには、それなりにコストがかかります。現場で分別すると、産業廃棄物の処理費用は抑えら

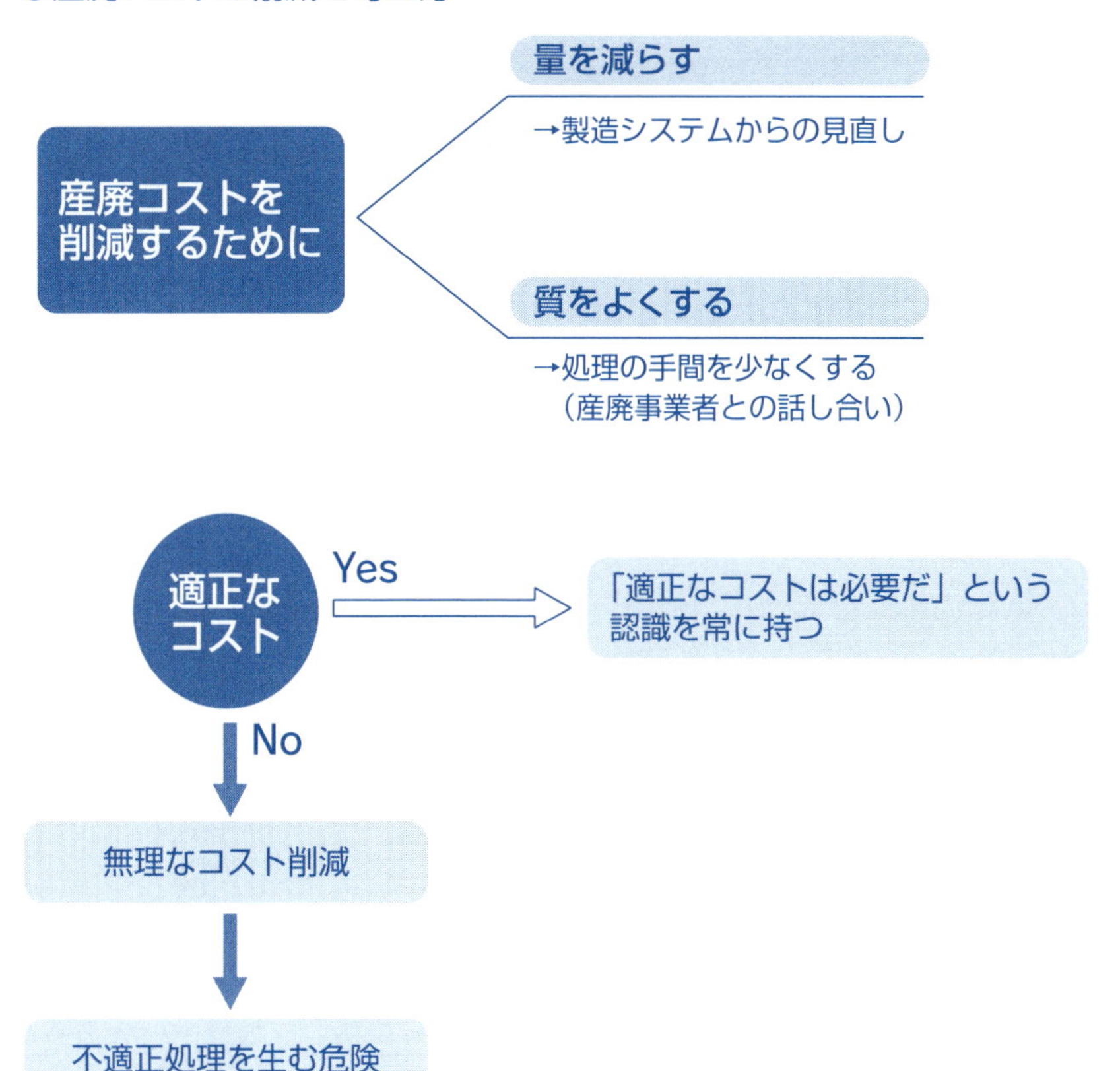

れても、それによって作業効率が落ちては意味がありません。

さらに、運搬にかかるコストとの兼ね合いもあります。分別すれば、分別した状態で運搬する必要があるため、処理コストの減少分よりも運搬コストの増加分のほうがはるかに大きくなるケースもあります。

何より重要なのは、こういったことまで処理事業者と話し合えるような、パートナーシップの形成です。

廃棄物が多くなる原因のほとんどは、製造過程であったり、工法であったり、廃棄物が出る以前の要素によるものです。

廃棄物を少なくすることで、産廃コストを抑えるだけでなく、廃棄物から見える製造コストそのものを見直すことが、会社全体としてのコスト削減の近道なのです。

［無垢木材］複数の木材を合わせた合板木材に対して、木造住宅の柱や梁など、加工のほどこされていない木材。針葉樹の無垢木材は、リサイクルの価値が高く、製紙原料として再使用される。

10

処理事業者選択のチェックポイント

信頼できる事業者を選ぶには「施設の見学」が一番

3章で説明した適正処理の流れは、排出事業者が自分の出した廃棄物が適正に処理されたかどうかを確認するために、法律で定められた絶対に必要となる基本的な部分です。とは言っても、契約書もマニフェストも書類上のことであり、それを運用するのは「法律を遵守する」という意味では当然ですが、「契約書がある」「マニフェストを運用しているから大丈夫なんだ」と信じるのは危険です。

実際に、裏でマニフェストを偽造し、排出事業者に対しては「マニフェストを見てわかるとおり、安心です」と説明をしておきながら、実は不適正処理を行ない、摘発された処理事業者がいたという例もあります。

法律をすべて守っていれば適正処理なのではなく、適正処理をするために必要なことが、法律となっているだけなのです。

では、「その処理事業者が信頼できるかどうか」をチェックする一番の方法は、何でしょうか。それは、**施設の見学**です。

施設を見学することにより、契約書・運用しているマニフェストに記載されたとおりに、自社の委託した廃棄物が処理されているかを確認することができます。排出事業者としての責任を果たすためには、委託した廃棄物を、自社で処理を行なったのと同じように把握しておく必要があります。

日々委託するすべての廃棄物を自分の目で確認することはできません。しかし、定期的あるいは抜き打ち的に施設を確認し、自社が排出した廃棄物が実際にどのように処理されているのかを、直接、確認することが必要です。

中間処理事業者に委託している場合には、中間処理後の残さの行方まで、さらに中間処理事業者が残さを委託している事業者の施設も見学して確認するといいでしょう。頻度としては、1年に1回以上が望ましいと思います。

定期的あるいは抜き打ち的に確認

●産廃事業者選びのポイント

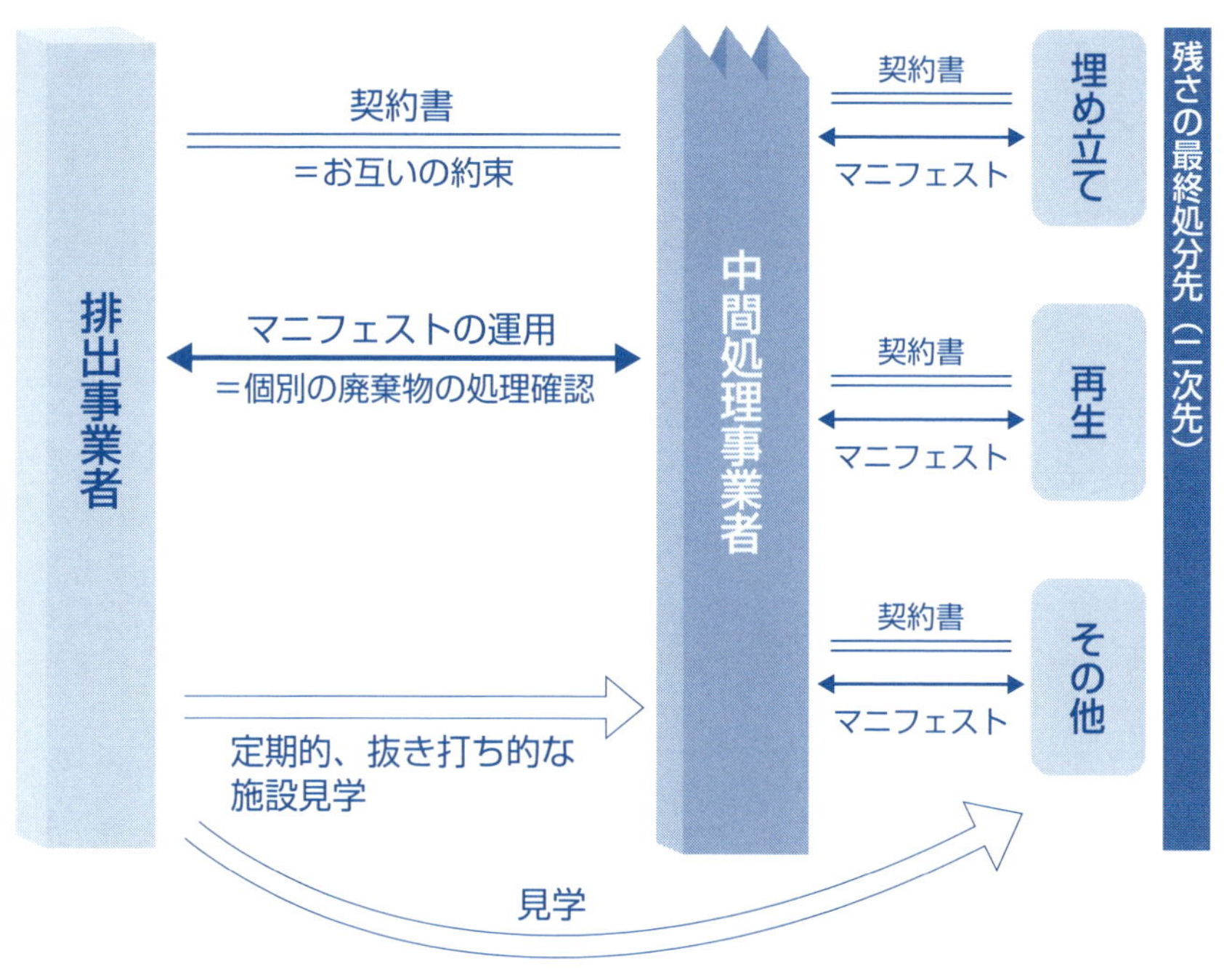

☆契約書・マニフェストの書面どおりに処理されているか、実際に目で見て確認する。

し、実際の廃棄物の動きを排出事業者が確認することで、交付されるマニフェストの必要性も実感することができます。

契約書・マニフェストは、自社の廃棄物を管理するためのものですが、実際に廃棄物を出したところから処分されるまでの流れを把握しなければ意味がありません。

施設見学は、実際に契約をする前にも行なうようにしたいものです。もし、「工場見学はできません」「焼却の温度や保管状況など細部まではノウハウに属するもので見せられない」「細かな質問には答えられない」という事業者がいれば、疑いを持つ目が必要です。

施設見学は法令上義務とされているものではありませんが、都道府県等によっては条例によって義務化している場合もあるので、注意が必要です。

［コンプライアンス（法令遵守）］条約や制度などの社会的取り決めを守ること。単に違法行為をしないというだけではなく、その精神を守り、将来的なリスクを未然に防ぐという意味も持つ。産廃に関する法律は特に複雑であり、単に法律を守るというだけではリスクの回避はできない。

11

処理事業者の認定制度の中身

「認定制度」はあくまでひとつの基準にすぎない

「処理事業者のチェックのため、施設見学もするが、公的な評価制度はないのか」と思う人も多いでしょう。2005年に創設された「**産業廃棄物処理業者の優良性の判断に係る評価制度**」が、平成23年度施行の改正法により、「**優良産廃処理業者認定制度**」として生まれ変わりました。

ここでの「優良性」とは主に情報公開の度合いの評価であり、公開された情報から判断を下すのはあくまで排出事業者自身であることに注意が必要です。この認定を受けていることが、その処理事業者の適正処理を必ずしも保証するものではありません。

評価基準は、次の5項目となります。

①情報公開性

事業内容・処理の能力などを公開し、またそれが定期的に更新されているか。

②遵法性

改善命令などの罰則に値する指摘を一定期間受けていないか。

③環境保全への取り組み

ISO14000シリーズやエコアクション21などの外部の評価を参考にした取り組みを行なっているか。

④電子マニフェストへの対応

電子マニフェストシステムに加入し、利用可能な状態であるか。

⑤財務体質の健全性

直近3年のうち、1年でも自己資本比率が10％以上であるかなど。

この5点を満たしていれば、優良産廃処理事業者として認められ、許可の有効期間が2年延長されるメリットがあります。

この制度は、その処理事業者は違法行為をしないことを保証する、というものではありません。

あくまで、情報公開性・遵法性・環境保全への取り組みなどにおいて、「一定の基準を満たしている」ことを認定するものであり、それをもとに委託する事業者を決定するのは排出事業者自身なのです。

●「処理事業者の優良性」評価制度

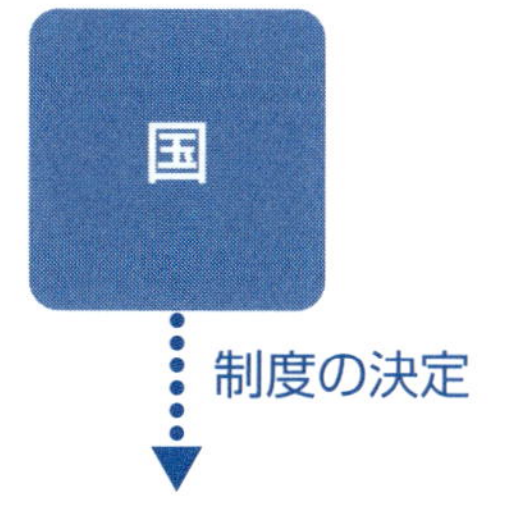

認定を受けた処理事業者は、適正処理や情報公開に率先して取り組んでいる事業者であるとは言えます。

「認定制度」以外にも、処理事業者の情報を調べる方法はあります。産廃情報ネットや環境省産業廃棄物処理業者情報検索システム（203ページ参照）、各都道府県等が独自に公開する許可リスト、各社のホームページなどです。しかし、そのひとつひとつは不十分な点があり、すべての情報を統一した情報源の登場が望まれます。

たとえば、木くずが産業廃棄物として出るとわかった時、同じ管轄内の木くずを取り扱える事業者はどこで、その事業者はどこまで収集運搬の許可を持っているのか、などの情報が得られれば、排出事業者にとっては処理事業者を選択する際の有効な判断材料となるはずです。

【ISO14001】ISO14000シリーズとしていくつかの規格があるが、ISO14001（環境マネジメントシステム規格）が認証登録制度となっている。環境マネジメントシステムを経営システムの中に取り入れていることを意味し、地球環境保全に積極的に取り組んでいる証明になる。

12

多量排出事業者

年間1000トン以上の産廃排出事業者が対象に

廃掃法では、多量の産業廃棄物を排出する事業場を持つ事業者を、「多量排出事業者」と定め、処理計画書と実施状況の報告書を年度ごとに提出することが義務づけられています。

具体的には、前年度1000トン以上の産業廃棄物（特別管理産業廃棄物の場合は50トン以上）を排出した事業場と定められています。

また、この条件に該当する場合であっても、中間処理後の残さを排出する産業廃棄物の中間処理事業者は多量排出事業者に含まれません。

◆多量排出事業者の判断方法

多量排出事業者かどうかの判断方法は「製造業等」と「建設業等」で大きく2つに分かれています。

まず「製造業等」ですが、この場合は基本的にひとつの事業場ごとに多量排出事業者にあたるかどうかの判断を行ないます。

次に「建設業等」ですが、この場合は区域内（都道府県または政令市）の現場を合わせた排出量で判断します。

たとえば、ある建設会社が区域A及び区域Bで工事を行なっていたとします。そして、前年度産業廃棄物の発生量が区域Aでは年間500トン、区域Bでは年間1200トンあったとします。この場合、この建設会社は区域Aでは多量排出事業者にはならず、区域Bでのみ多量排出事業者となります。

◆多量排出事業者の義務

多量排出事業者には、処理計画及び実施状況の報告が義務づけられています。

処理計画書については多量排出事業者に該当する年度の6月30日までに、実施状況の報告書は翌年度の6月30日までに、該当区域を管轄する都道府県知事または政令市の市長に提出する必要があります。

また、報告書の作成単位は多量排出事業者の判断方法と同じとなっています。

●多量排出事業者の判断・報告書作成の単位

製造業等の場合

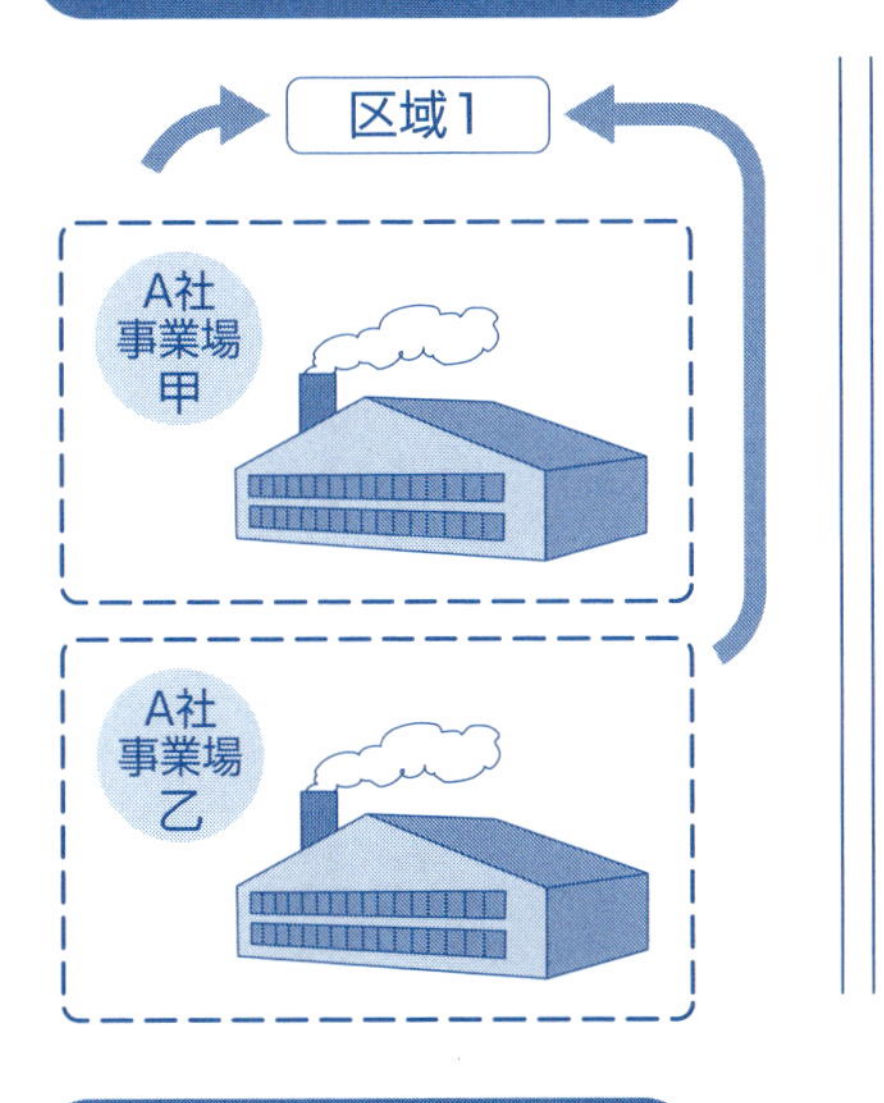

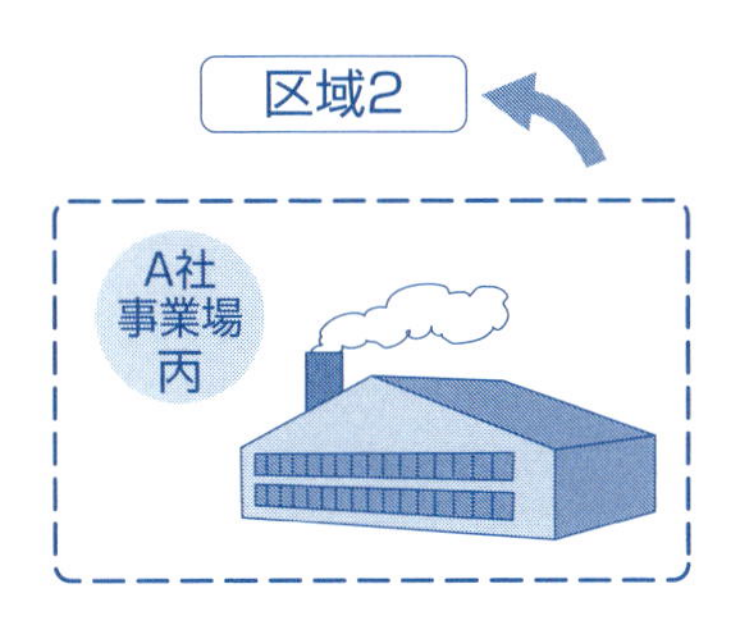

建設業等の場合

■ ⇨ A社工事現場

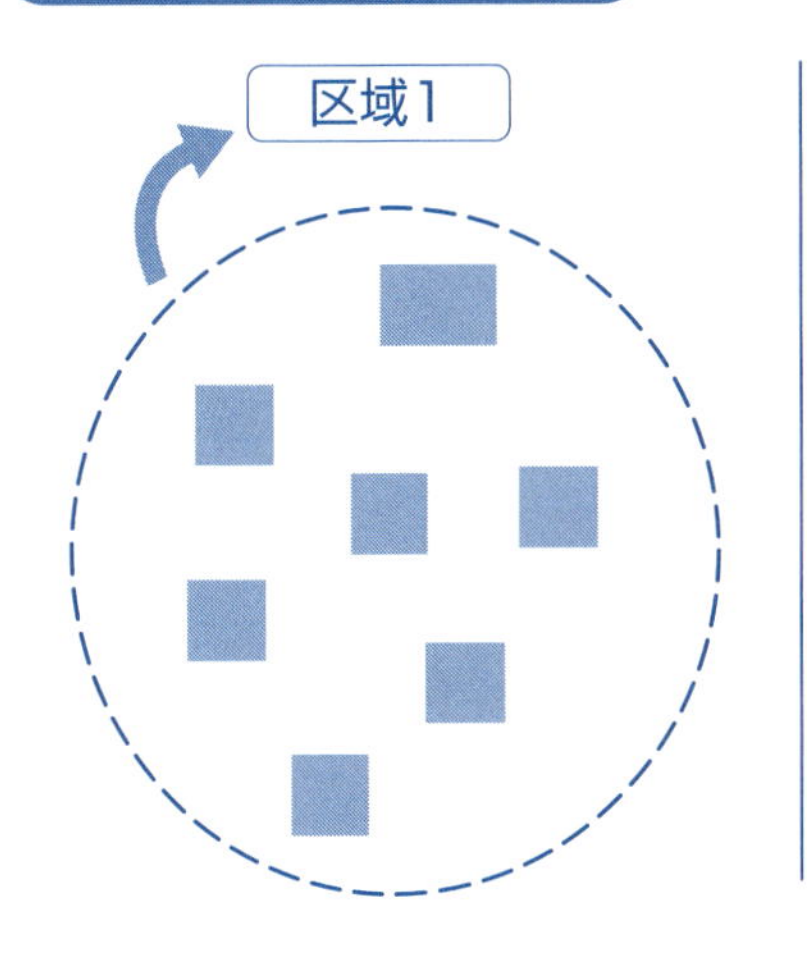

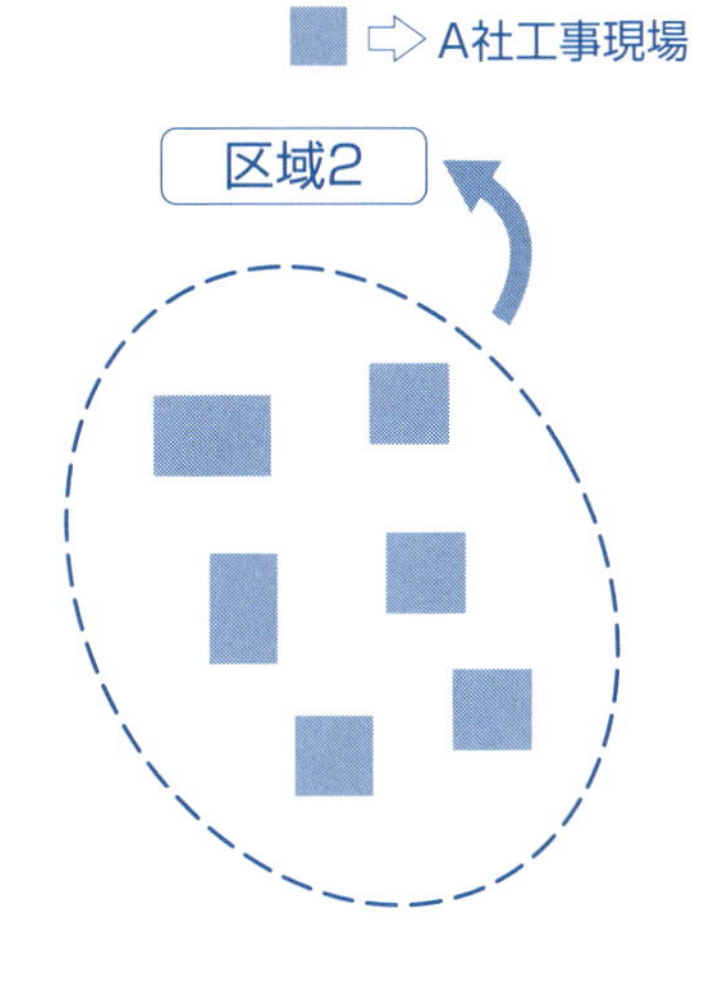

[破線枠] 判断・報告書作成単位
[矢印] 報告先

13

処理困難通知制度

処理困難通知制度と通知への対応方法

平成23年度から施行された改正法により、処理事業者が収集運搬や処分を適正に行なうことが困難になった場合に、その旨を契約を締結している排出事業者に書面で通知することが、初めて義務づけられました（平成30年4月からは改正法により、処理業を廃止した者及び許可を取り消された処理事業者も対象になりました）。

この改正以前から、一部の排出事業者は、処理事業者との契約時に処理困難な状況になった際には報告を求める条項を盛り込んでいました。改正前は、法令で定められる義務ではありませんでしたが、廃棄物が適正に処理されない事態に陥るリスクを防ぐために要求していたのです。

処理事業者が処理困難通知を行なわなければならない具体例として、事故などにより施設の稼働が困難になった場合や処理業許可を失う欠格要件に該当した場合、事業停止命令などの行政処分を受けた場合が挙げられます。

処理困難通知の制度は、処理事業者から排出事業者に通知が届く制度であるため、排出事業者にとっては何かをしなければならない義務はありません。ただし、この処理困難通知を受け取った時点で、処理完了の返送を受けていないマニフェスト伝票がある場合、つまり、引き渡した廃棄物の処理完了を確認できていない場合には、都道府県または政令市に対して措置内容等報告書によって、実際に講じた措置内容について報告する必要があります。これは、処理困難通知を受け取った日から30日以内に行ないます。

処理困難通知を受け取った際に取るべき対応をまとめます。

①新たな処理委託を行なわない

処理が可能であると判断できるまでは新たな委託を行なわないようにする必要があります。

②処理完了未確認の廃棄物の状況把握

実際に委託した廃棄物の処理は完了しているのかを確認します。

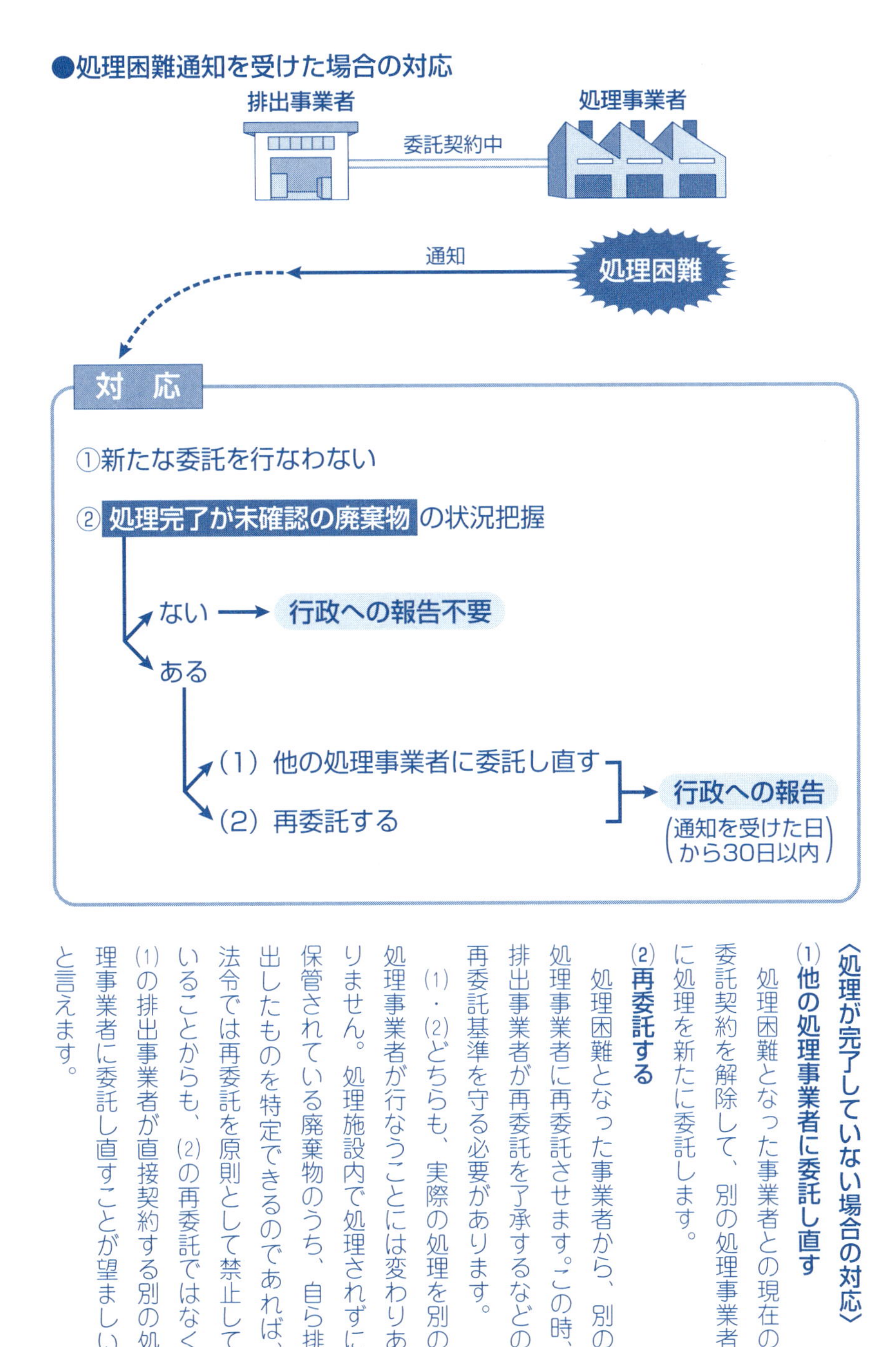

〈処理が完了していない場合の対応〉

(1)他の処理事業者に委託し直す

処理困難となった事業者との現在の委託契約を解除して、別の処理事業者に処理を新たに委託します。

(2)再委託する

処理困難となった事業者から、別の処理事業者に再委託させます。この時、排出事業者が再委託を了承するなどの再委託基準を守る必要があります。

(1)・(2)どちらも、実際の処理を別の処理事業者が行なうことには変わりありません。処理施設内で処理されずに保管されている廃棄物のうち、自ら排出したものを特定できるのであれば、法令では再委託を原則として禁止していることからも、(2)の再委託ではなく(1)の排出事業者が直接契約する別の処理事業者に委託し直すことが望ましいと言えます。

14

広域認定制度

「拡大生産者責任」によるリサイクルの促進

広域認定制度をご存じでしょうか。

これは製品が廃棄物になった際の処理を、その製品の製造事業者等が広域的に行なうことによって、廃棄物の減量と適正な処理が確保されることを目的としています。

環境大臣の指定を受けることで、各都道府県等における個別の産業廃棄物の収集運搬・処分業の許可が不要となります。

コピー機を製造販売しているA社の例で説明しましょう。

消費者がA社のコピー機を使用して廃棄物となり、新しいコピー機を再度、同じA社から購入するとします。A社が新しい製品を消費者に届けると同時に、古くなったコピー機（廃棄物）を回収し、自社工場でリサイクルしようとしても、廃棄物を運搬・処分するには、産業廃棄物収集運搬業の許可が、発生及び搬入する各都道府県等で必要になります。この時の排出事業者は、消費者になるからです。

しかし、広域認定制度の指定を受けることで、廃棄物となった製品の製造事業者には、指定された製品に限って、収集運搬及び処分業の許可を不要とすることができるのです。

この制度の目的は、**拡大生産者責任**によるリサイクルを推進することです。この制度を利用することで、販売の際に構築した輸送システムを、回収にも広域的に利用することができ、製品の性状や構造を熟知している製造事業者が処分に携わることで、第三者にはない適正処理のメリットが得られます。逆に言えば、そのメリットがない場合には認定を受けられません。

加えて、製造事業者にとっては、廃棄物管理を自社で行なうことによって、自社の製品が不適正処理されるリスクを低減することができます。

コピー機以外にも、タイル、バイク、建築材料などの製造メーカーが認定されています。

処理を委託することを前提に策定さ

●広域認定制度とは

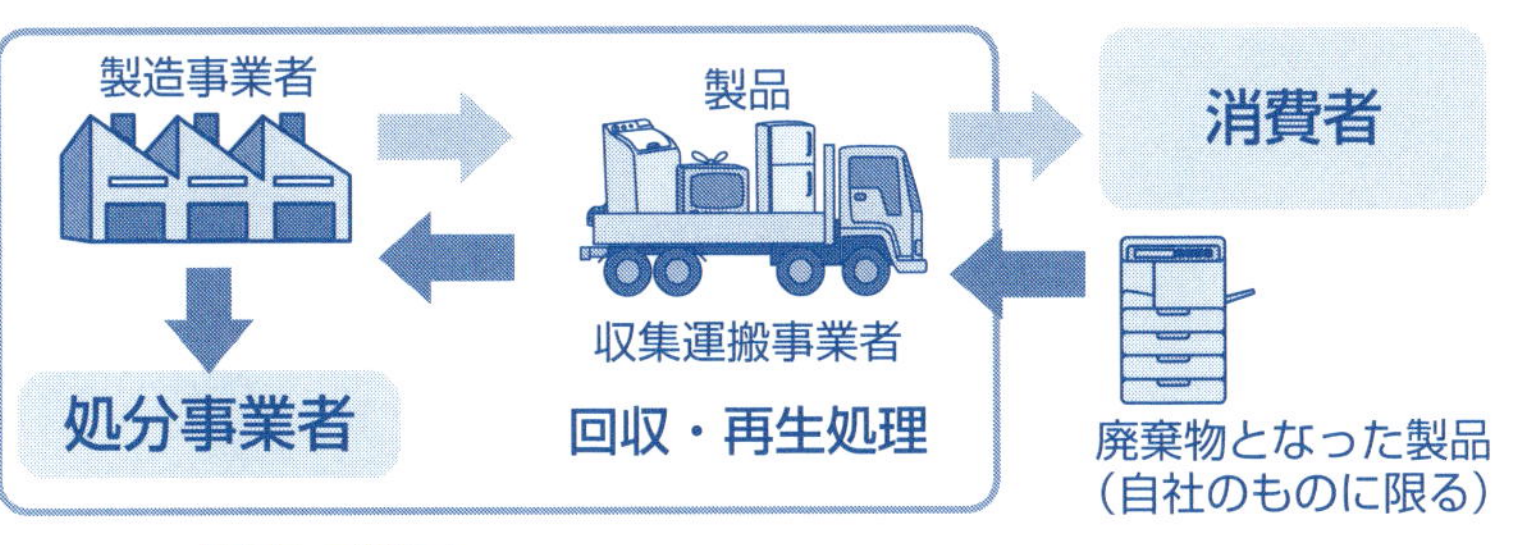

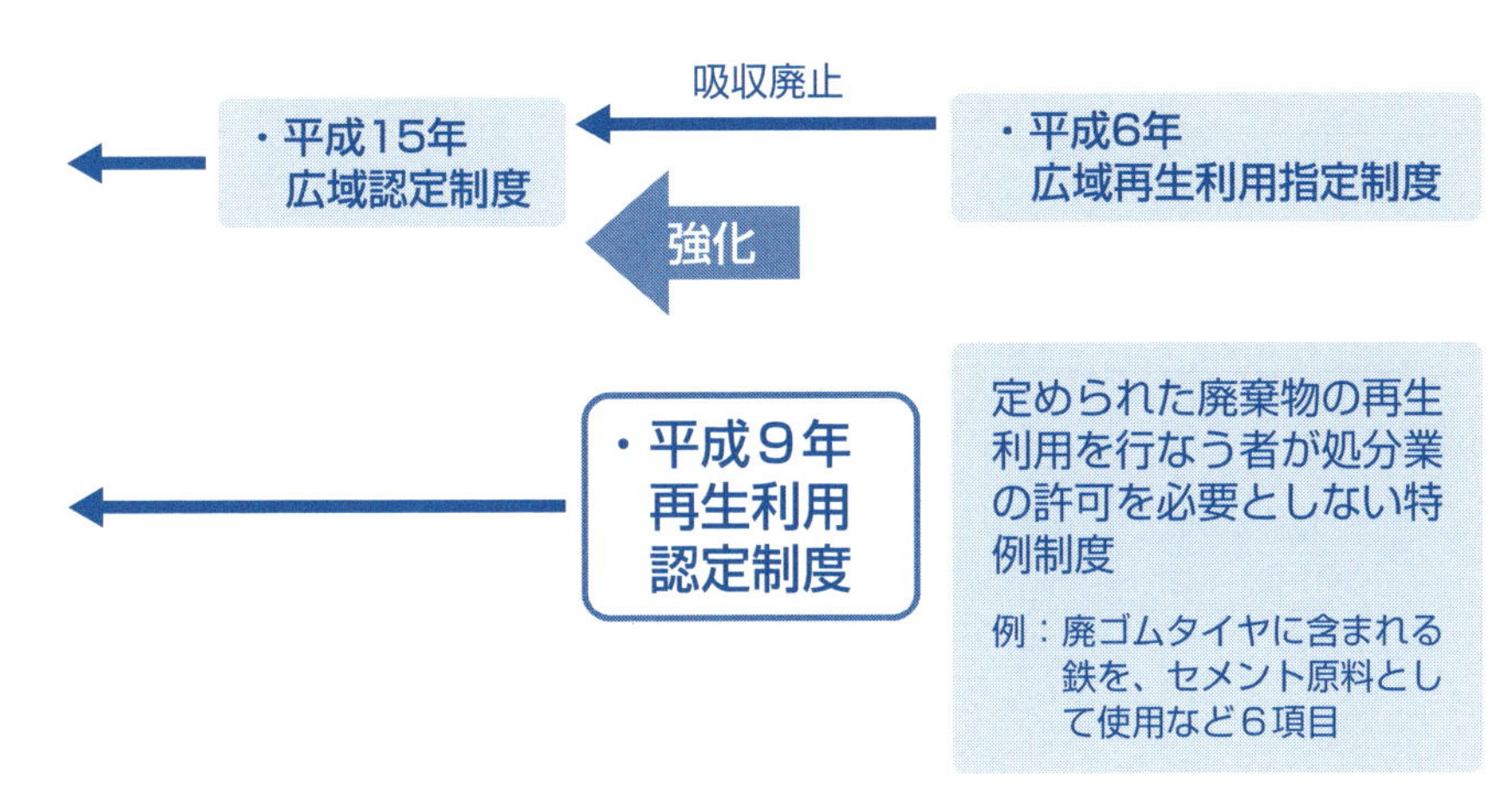

れている廃掃法のもとでは、逆に効率的なリサイクルが進められないケースもありました。廃棄物の搬出先と搬入先の、それぞれの自治体の収集運搬業許可が必要になることもそのひとつです。広域的にリサイクルを進めようとする際に、必要な許可を複数取得しなければならないことが、ひとつの足かせになります。広域認定制度はこのような自治体の枠を越えた広域的なリサイクルを推進するために、創設されました。

広域認定制度を利用し、廃棄物の運搬・処分を行なう場合には、マニフェストの運用は義務づけられていません。しかし、マニフェスト同様の廃棄物管理が求められます。そのため、販売時に構築した物流システムを活かす、もしくはマニフェストを運用する、などの方法があります。

[広域再生利用指定制度] 平成6年に「広域再生利用指定制度」が創設され、平成15年にそれを強化した「広域認定制度」が創設され、前者を吸収廃止した制度。これとは別に平成9年に創設された「再生利用認定制度」という制度もある。

15

PCB廃棄物

地球全体を巻き込んだ環境問題に発展

PCBとは、ポリ塩化ビフェニルの略です。油状であり、耐熱性・粘着性・不燃性と電気絶縁性に優れ、化学的に安定している特性を活かして、主にトランス・コンデンサなどの電気機器に、熱媒体や潤滑油として使用されてきました。

安定しており分解されにくいという性質が、PCBの使用を広げました。しかし、その製品が廃棄物になった時に有害性があるとは、その時にはまだわからなかったのです。この点は次の項で紹介するアスベストも同じで、利便性ばかりを追い求めて成長してきた「負の遺産」とも言えます。

PCBの毒性は、プラスチックの不完全燃焼などによって発生するダイオキシンと似ています。化学的に分解されにくく、人体に入ると脂肪に溶け、体内に蓄積され、皮膚障害や内臓障害、ホルモン異常を引き起こします。

PCBは自然界でも分解されないために、生態系を介して地球全体にその汚染は広がる危険があります。それはたとえば、日本でPCBが不法に処理されれば、まったくPCBを使用していない海の向こうのアメリカでも、海の生態系を介して、PCB汚染が拡大する可能性があるということです。

つまり、**PCB問題は地球全体の環境問題**なのです。

日本では、1972年まで製造され、延べ5万4000トンが、その毒性を知られないままに使用されました。

廃棄物の分類としては、**特別管理産業廃棄物**に当たります。PCBそのものだけでなく、PCBに汚染された廃棄物も特別管理が必要です。

2001年に政府は、PCB廃棄物の処分等に関することを定めた「**PCB廃棄物適正処理推進特別措置法**」を制定しました。PCB廃棄物はそのPCB濃度により、高濃度PCB廃棄物と低濃度PCB廃棄物に分けられます。高濃度PCB廃棄物については、PCBのみを取り出し化学的に無害化

●PCB管理のしくみ

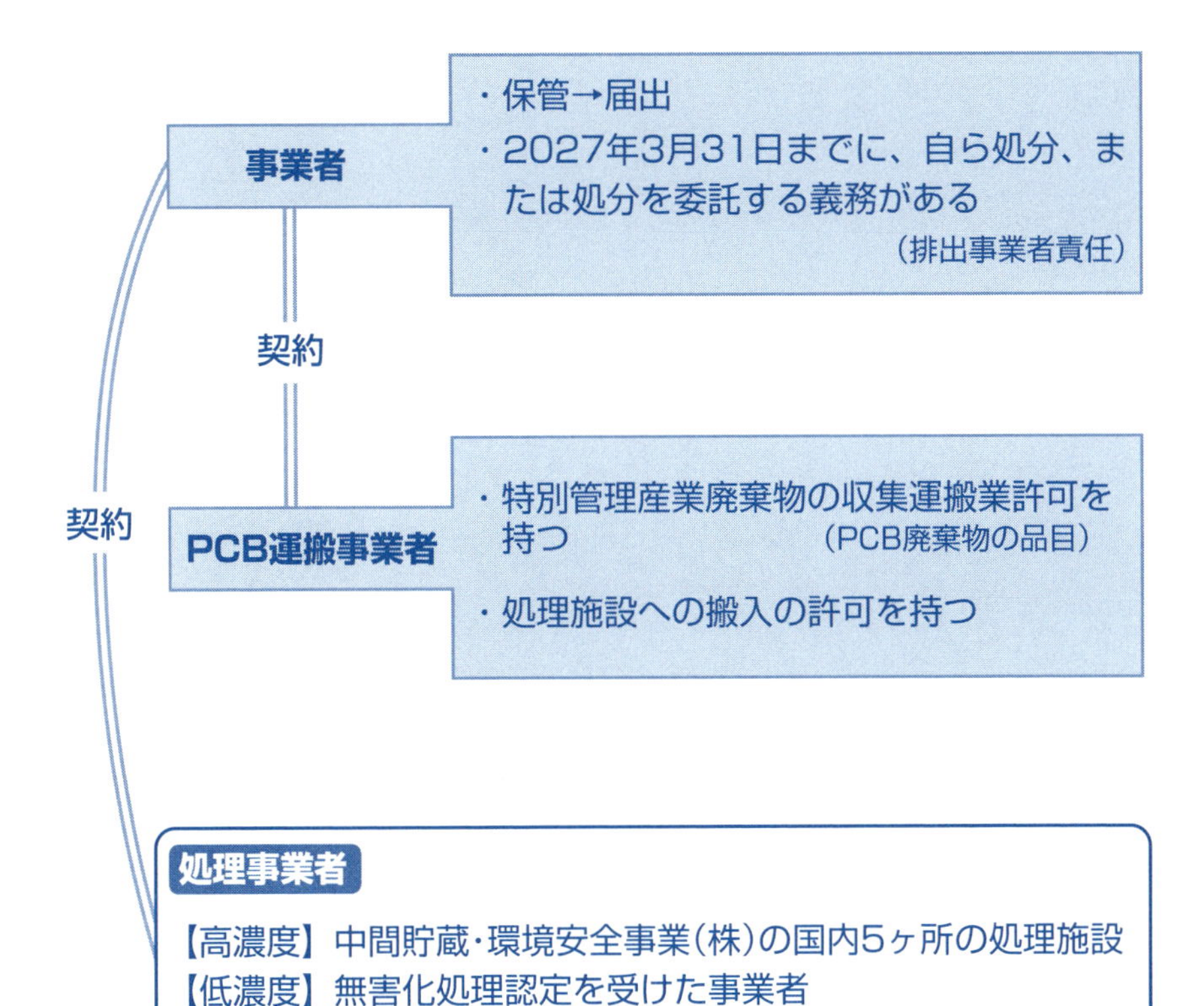

する処理施設が国内に5ヶ所建設され、それ以外の施設において高濃度PCB廃棄物を処理することはできません。

低濃度PCB廃棄物については、国より無害化処理認定を受けた業者か、PCB廃棄物に関する処分許可を持つ業者であれば処理することができます。

高い処理費用は今後の処理を進めるハードルになります。たとえば総重量100キロ㌘のトランスは処理費用だけで、71万円にのぼります。さらに特別管理が必要であるために、基本的に自社運搬は認められておらず、運搬も委託することになります。PCB運搬は、特別な収集運搬業許可を持ち、かつ、定められた処理施設への搬入の許可を持つ事業者に限られます。

このように、適正処理のためには多くの障害がありますが、その処理の責任は排出事業者にあるのです。

［中間貯蔵・環境安全事業株式会社］PCB廃棄物処理事業を主な業務として国の全額出資により設立された「特殊会社」。PCB廃棄物に関する詳しい情報は、同社ホームページで公開されている（http://www.jesconet.co.jp/）。

16 アスベスト①

適正な処理を行なうには、まず正しい知識から

アスベスト（石綿[いしわた]）とは、もともとは天然の鉱物であり、細かくしていくと繊維状になるものです。鉱物であり繊維であるために、不燃性・絶縁性に優れ、引っ張りに対して強く、ほかの製品と混ざりやすい性質を持ち、しかも安価で手に入るために、主に建築材料として利用されてきました。

非常に細い繊維のために、吸引すると気管から気管支、さらには肺の一番奥の細胞にまで入り込み、ガンを引き起こす可能性を持つ発ガン性物質です。目に見えない細い繊維であり、自然分解しないために自然界に蓄積され、誰しもが吸引する可能性を持ちます。加えて発症と吸引量の関係は不明確であり、潜伏期間は30年とも言われます。

すでにその危険性が、マスコミなどで盛んに取り上げられていますが、アスベストの毒性だけではなく、「飛散・吸引しなければ安全である」という正しい認識も必要でしょう。

このような危険のあるアスベストですが、２００４年11月まで輸入が続けられていました。とくに１９７０年代から１９８０年代までに多く使用され、これから解体される住宅には、すべての住宅にどこかしらアスベストが使用されていると言っても過言ではありません。

アスベスト含有建材の廃棄物としての扱いは、その飛散性のレベルから３つに分類されます。

〈レベル１〉

一番飛散の恐れがあるのは天井や壁などに吹きつけられたアスベストで、そのままの状態でも飛散の恐れがあります。

〈レベル２〉

アスベストを含む保温材・断熱材などで、そのままの状態では飛散の恐れはありませんが、除去した廃棄物には、かなり飛散の恐れがあります。

〈レベル３〉

アスベスト成形板等のその他の石綿

●アスベスト（石綿）建材の分類とその適正処理

レベル1	レベル2	レベル3
①吹きつけアスベスト	②アスベスト含有 保温材・断熱材・耐火被覆材	③アスベスト成形板
学校体育館の天井などに多く見られた		スレート・サイディングなどあらゆる建材に使用された

大　飛散の恐れ　少

すべての除去時
石綿障害予防規則

除去（解体）後

除去された吹きつけアスベスト	除去されたアスベスト含有保温材・断熱材・耐火被覆材	除去されたアスベスト成形板
廃石綿等（飛散性アスベスト）特別管理産業廃棄物		石綿含有産業廃棄物（非飛散性アスベスト）ガラス及び陶磁器くず、がれき類、廃プラスチック類

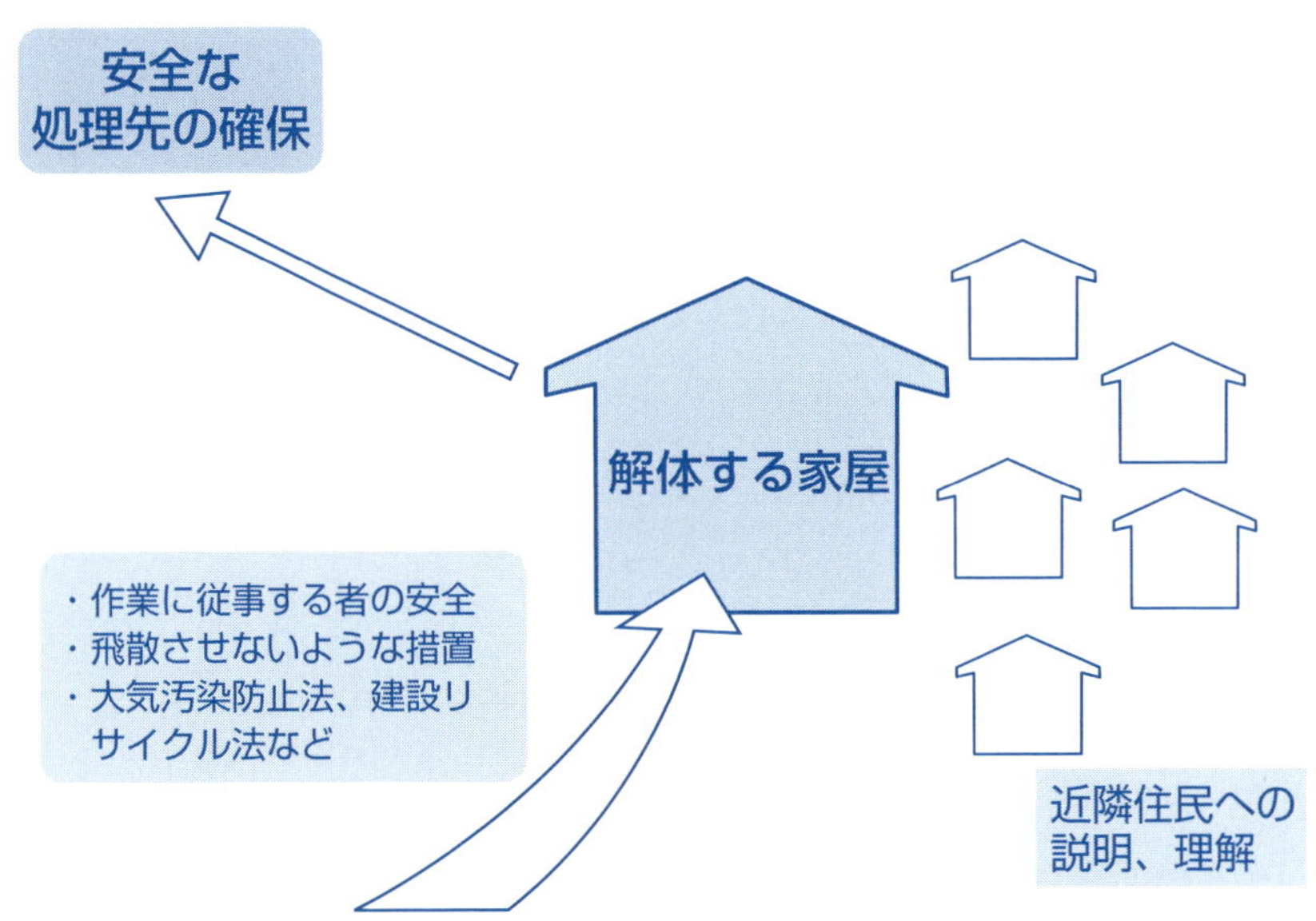

含有建材で、アスベストが押し固められた状態のものです。

　そのままの状態では飛散性はありませんが、切断・破砕などをすると、その切断面から飛散する恐れがあります。

◆除去の際のルール

　このすべてのアスベスト含有建材を除去する際に関わるのが、2005年に施行された「石綿障害予防規則」です。それには、解体などを行なうのに必要な措置が決められており、レベル1～3によって必要な措置も異なります（前ページ図参照）。

◆廃棄物となった時のルール

　レベル1・2が廃棄物になると、「廃石綿等」と呼ばれる特別管理産業廃棄

事前調査のフローチャート

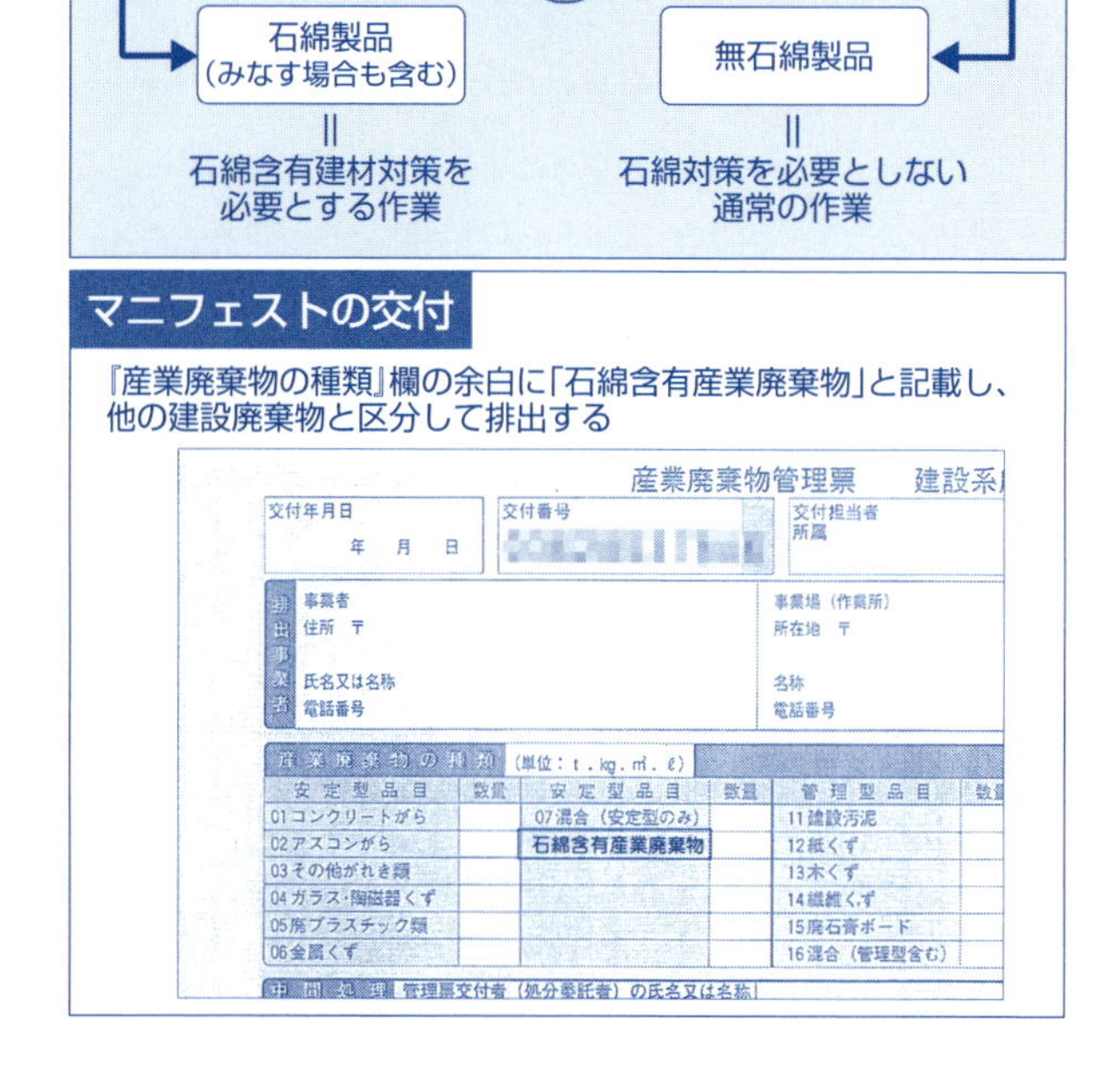

マニフェストの交付

『産業廃棄物の種類』欄の余白に「石綿含有産業廃棄物」と記載し、他の建設廃棄物と区分して排出する

産業廃棄物管理票　建設系

交付年月日　年　月　日
交付番号
交付担当者　所属

排出事業者
事業者　住所　〒
氏名又は名称
電話番号
事業場（作業所）　所在地　〒
名称
電話番号

産業廃棄物の種類（単位：t．kg．㎥．ℓ）

安定型品目	数量	安定型品目	数量	管理型品目	数量
01コンクリートがら		07混合（安定型のみ）		11建設汚泥	
02アスコンがら		石綿含有産業廃棄物		12紙くず	
03その他がれき類				13木くず	
04ガラス・陶磁器くず				14繊維くず	
05廃プラスチック類				15廃石膏ボード	
06金属くず				16混合（管理型含む）	

中間処理　管理票交付者（処分委託者）の氏名又は名称

●アスベスト解体の方法

物となり、溶融などの飛散しないような処置を施した上で、埋め立てをします。

レベル3が廃棄物となると、ガラス及び陶磁器くず、がれき類もしくは廃プラスチック類に分類されます。飛散させないために破砕などの中間処理は行なわずに、そのまま安定型の埋め立てを行なうのが一番の適正処理です。レベル3の廃棄物の取扱いは、次項で詳しく紹介しています。

今後、解体作業を行なう企業は、アスベストを含んでいると想定できる家屋を解体する際には、作業に従事する者の安全、アスベストを飛散させない措置、近隣住民への説明、そして適正な処理先の確保が必要です。特に、適正な処理先の確保が一番難しく、重要であると言えます。

また、一般市民のアスベストに対する恐怖心が強い場合もあるため、作業従事者にも近隣の住民にも充分に説明し、納得してもらうプロセスを大切にしなければなりません。

17

アスベスト②

レベル3のアスベストの処分方法は限定されている

レベル3のアスベスト（石綿含有産業廃棄物）は、そのままの状態では飛散の恐れはないため、当初、処分方法は限定されていませんでした。しかし、平成18年10月に法改正が行なわれ、処分方法が限定されました。限定される以前は、他の普通産廃と同様に中間処理場へ搬入するということが一般的に行なわれていました。

もちろん「レベル3」とは言ってもアスベストであるため、破砕等の処理を行なえば飛散してしまいます。そのため、実際には何もせずに中間処理を行なったことにする「みなし処理」ということが行なわれ、この処分自体法律でも認められていました。

しかし法改正に伴い、このみなし処理が禁止され、レベル3のアスベスト（石綿含有産業廃棄物）の処分方法が限定されたのです。

限定された処分方法は、溶融処理または最終処分です。この法改正により創設された無害化認定施設も溶融処理にあたります。今後、石綿含有産業廃棄物が大量に廃棄物として発生することが予想されますが、すべて最終処分されれば、残り少ない最終処分場はすぐに一杯になってしまいます。そんな状況を未然に防ぐため、石綿含有産業廃棄物を減容化する溶融処理を進める必要がありますが、全国でも数えるほどしか溶融施設はないのが現状です。無害化処理認定制度の創設には、溶融施設を増やし、最終処分場の逼迫（ひっぱく）を抑えるねらいがあります。

このように処分方法が限定されたことにより、排出事業者はこの限定された処分を行なえる処分事業者との直接契約が必要になります（限定される以前は中間処理業者との契約で問題ありませんでした）。

なお、レベル3のアスベスト（石綿含有産業廃棄物）の処分方法が限定されたとは言え、がれき類、ガラスくず及び陶磁器くずなどの普通産業廃棄物に分類されることは変わりません。

●平成18年（2006年）アスベストに関する法改正のポイント

1.「非飛散性アスベスト」という用語を使用しない。
「石綿含有産業廃棄物」とし、特別管理産業廃棄物である「廃石綿等」と区別する。
2. 適用される範囲の拡大。（1%含有→0.1%含有、建築物だけでなく工作物も対象に）
3. 契約書の記載事項追加。石綿含有産業廃棄物を含む場合その旨を記載する。（2006年3件目の記載事項追加）
4.（埋立処分場の逼迫を考慮し）石綿の無害化処理認定制度の創設
5. 品目追加ではないが、マニフェスト・契約書・掲示看板など、それぞれ他の廃棄物と分けて取り扱う。運搬・積替保管においても基準を設ける。
6. 排出事業者責任の明確化（溶融・埋め立て以外の処理の禁止）

●平成18年（2006年）の改正により限定された石綿含有産業廃棄物の

① 許可施設による溶融処理
② 無害化認定施設による無害化処理
③ 各市町村による溶融処理
④ ①～③を行なう前処理としての破砕施設
または　最終処分（埋め立て）

●石綿含有産業廃棄物の処分方法

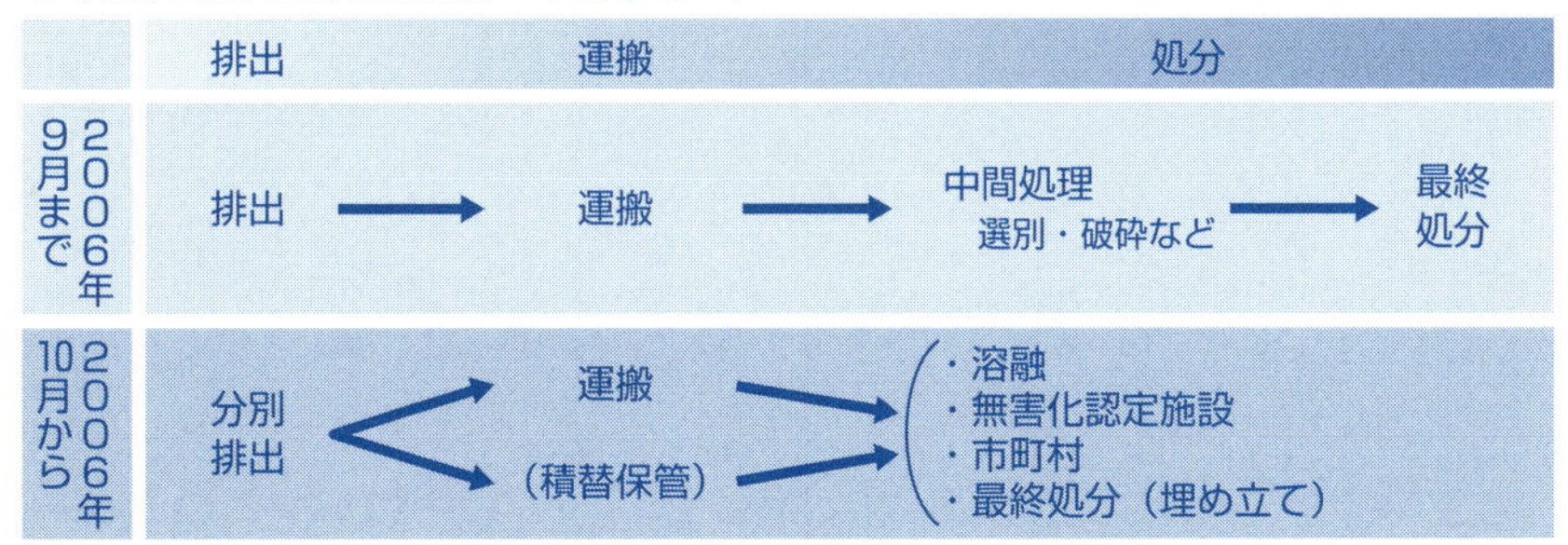

●石綿含有産業廃棄物が、がれき類などの普通産業廃棄物に分類されるのは変わらないが、その処分方法が限定されたために、従来の処理方法は法律違反となるケースがある。
●排出事業者としては、限定された処分方法を行なえる処分事業者との直接契約が必要になる。

18

水銀廃棄物

強化された水銀に関する廃棄物の規制

平成29年10月1日より、新たな廃棄物の区分として「水銀含有ばいじん等」及び「水銀使用製品産業廃棄物」が定義されました。

また、それに伴い、水銀使用製品産業廃棄物等に関する新たな保管基準や運搬基準・処分基準が定められました。

ここでは、特に多くの排出事業者に関わりが深いと考えられる「水銀使用製品産業廃棄物」について、考えてみたいと思います。

水銀使用製品産業廃棄物とは、水銀使用製品が産業廃棄物となったもので、水銀電池や蛍光ランプ（蛍光灯）、気圧計や温度計などで水銀が使われている製品などが該当します。この中でも特に蛍光灯については、現在使用されている蛍光灯のほぼすべてに水銀が含まれているため、多くの排出事業者にとって最も身近な水銀使用製品産業廃棄物となり得ると言えます。

水銀使用製品産業廃棄物を保管する、あるいは処理する場合は、左ページ下の表のような対応をしなければなりません。

これにより、排出事業者としては廃棄物保管場所の保管の仕方の変更や掲示板の更新、あるいは処理委託契約書の結び直し等の業務が発生するほか、場合によってはこれまで処理委託をしていた業者が水銀使用製品産業廃棄物の処理に対応していないため、委託の継続ができず、新たな処理委託先を探さなければならなくなるケースもあります。

ひとつ注意すべきなのは、今後処理業の許可証に水銀使用製品産業廃棄物を取り扱うことができるかどうか明記されるタイミングは、各処理事業者の許可更新の時だとされている点です。

したがって、しばらくの間は許可証を見ただけでは、「水銀使用製品産業廃棄物」の委託が可能か判断不能です。処理業者に対して直接処理が可能かどうかを確認する必要があります。

●水銀使用製品産業廃棄物の例

番号	名　称	処理の過程においてあらかじめ水銀回収が必要	組み込み製品も対象
1	水銀電池	—	○
2	空気亜鉛電池	—	○
3	スイッチ及びリレー（水銀が目視で確認できるもの）	○	—
4	蛍光ランプ	—	—
5	ＨＩＤランプ（高輝度放電ランプ）	—	—
6	放電ランプ（蛍光ランプ及びＨＩＤランプを除く）	—	—
7	農薬	—	○
8	気圧計	○	○
9	湿度計	○	○
10	液柱形圧力計	○	○
11	弾性圧力計（ダイアフラム式のもの）	○	—
12	圧力伝送器（ダイアフラム式のもの）	○	—
13	真空計	○	—
14	ガラス製温度計	○	○
15	水銀充満圧力式温度計	○	—
16	水銀体温計	○	○
17	水銀式血圧計	○	○
18	温度定点セル	—	○
19	顔料	—	—
20	ボイラ(二流体サイクルに用いられるもの)	—	○

●水銀使用製品産業廃棄物を処理委託する際の対応

区　分	対　応
保管時	・仕切りや表示等によって、混合を防止する ・掲示板の種類欄に「水銀使用製品産業廃棄物」と追記する
許可証の確認	・処理業許可証に「水銀使用製品産業廃棄物」が含まれること
契約書の記載	・処理委託契約書の廃棄物の種類に「水銀使用製品産業廃棄物」を含むこと
マニフェストの交付	・種類欄に「水銀使用製品産業廃棄物」が含まれることを明記し、数量を記載する

Column

契約書は電子化してもよい？

契約書については、紙の文書で作成し、保管している事業者が多いかと思います。しかし、「民間事業者等が行う書面の保存等における情報通信の技術の利用に関する法律」（通称e-文書法）により、契約書の作成・保存を電子化することが可能です。

この法律では文書で作成した契約書をスキャンしデータとして保存することも可能なだけではなく、初めから電子データとして作成した契約書を用いて電子上で契約を結ぶことも可能であるとしています。

これに従い、契約書を電子データとして保存することで、印紙の貼付が不要となるなどのメリットがあります。

その他、廃掃法で定められている書面のうち、この法律により電子化することが可能なものとして、事業者が自ら運搬をする際に車両への備えつけが義務づけられる書面などがあります。

ただし、この法律では紙マニフェストは対象外です。すなわち、交付した紙マニフェストをスキャンし、データとして保存することはできないということになります。マニフェストをデータ上で管理する場合は電子マニフェストを利用する必要があります。

●産業廃棄物に関する書類の電子化

書類の種類	電子化の可否
・処理委託契約書 ・自ら運搬の際に備えつける書面 など	電子化可能
・紙マニフェスト	電子化可能

5章 不法投棄はなぜ起きる？

1

不法投棄の現状①

不法投棄が起きる原因を探ってみよう

「**不法投棄**」とは、私たちの日常生活で出てくるゴミや、企業の事業活動により排出される産業廃棄物を、不法に野山や、河川などに投棄する行為を言います。不法投棄は、土壌汚染や水質汚濁、廃棄物内から発生する有毒ガスによる大気汚染等、環境に負荷を与えるだけでなく、不法投棄された場所の原状回復に膨大な費用がかかるなど、大きな社会問題となっています。

こうした不法投棄を引き起こす大きな原因のひとつに「廃棄物を埋め立てる場所がない」、つまり最終処分場の逼迫（ひっぱく）を挙げることができます。

ここで、産業廃棄物最終処分場の**残存容量**を見てみましょう（左図1）。

平成27年度の統計から管理型処分場の1億645万㎥をはじめ、安定型処分場は6087万㎥、遮断型処分場で3万1146㎥と、合計で1億6735万㎥の最終処分場の残存容量があることがわかります。

1年間の最終処分量の1009万㎥を考えると残余年数はこの時点から16・6年と非常に逼迫していることがわかります（左図2）。

左図3の過去15年間の最終処分場の残存容量と残余年数を見てください。残余年数が延びていますが、これは、**残余年数＝残存容量÷最終処分量**から算出した数字であるためです。残存容量は、ほぼ横ばいで推移しているのに対し、最終処分量が少しずつ低下していることで数字上ゆとりができているように見えるのです。本当に理解し、向き合わなければならない事実は、最終処分場新規許可数がほぼ横ばいの中、毎年4億トン近くの廃棄物が発生し続け、やがては残余年数がゼロに近づくということなのです。

こうした背景が原因で最終処分にかかる費用が高騰しています。排出事業者自身が処理事業者に高い費用を払うのを渋り、不法投棄に走るといったこともあり、廃棄物処理にかかる費用の高騰が不法投棄の背景にあるのです。

●深刻な最終処分場の逼迫度

図1/処分場別残存容量

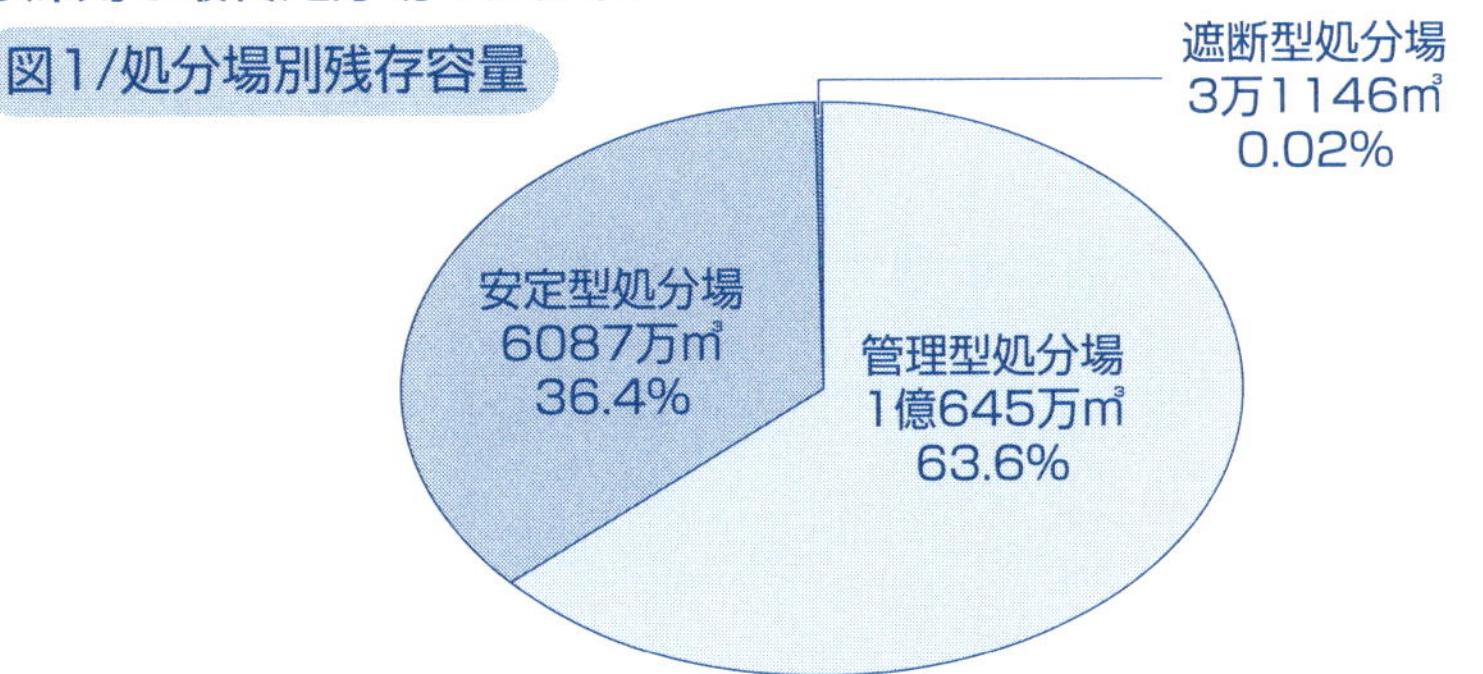

（平成27年度）

図2/最終処分量と残余年数（tと㎥の換算比を1とする）

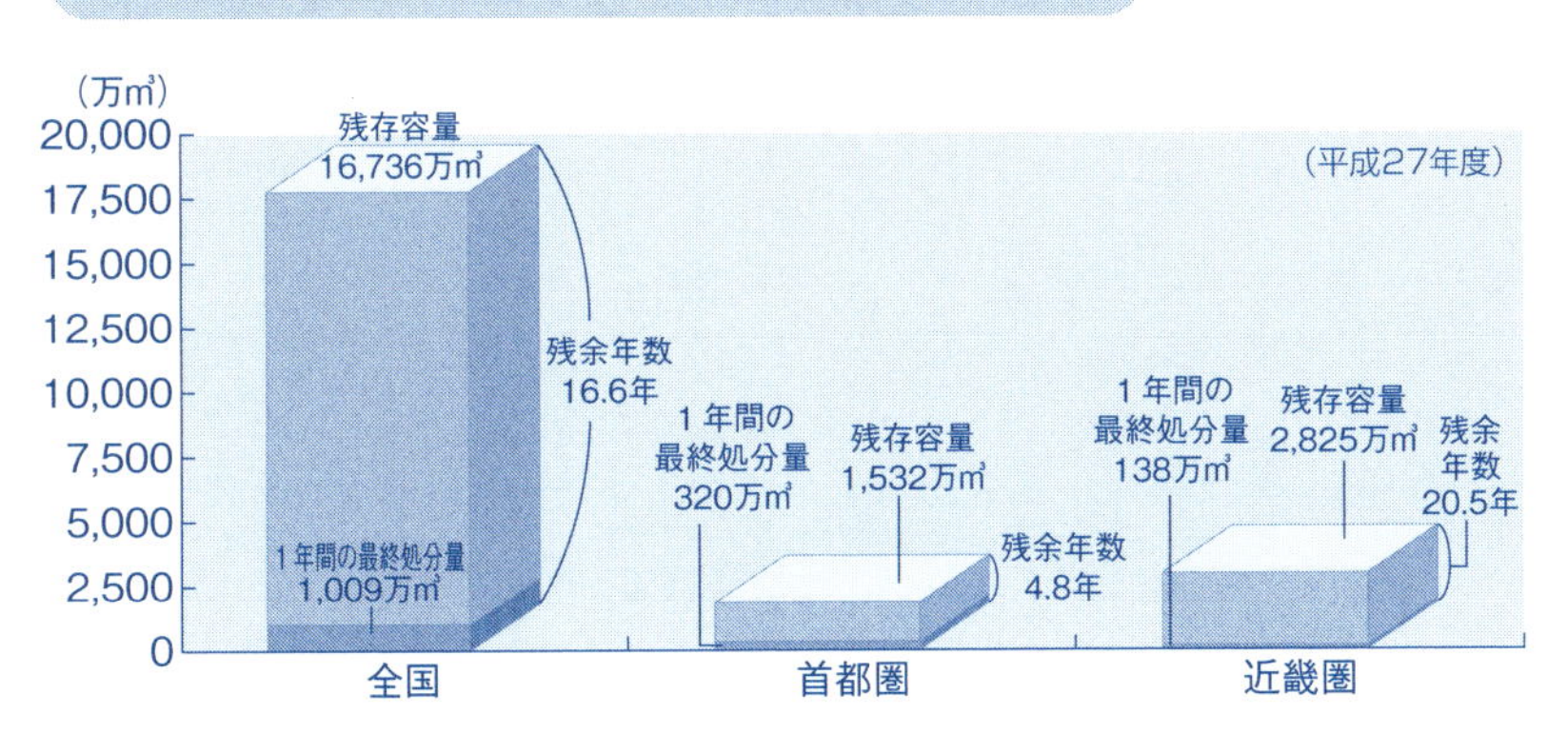

図3/最終処分場の残余年数、残存容量、年間廃棄量

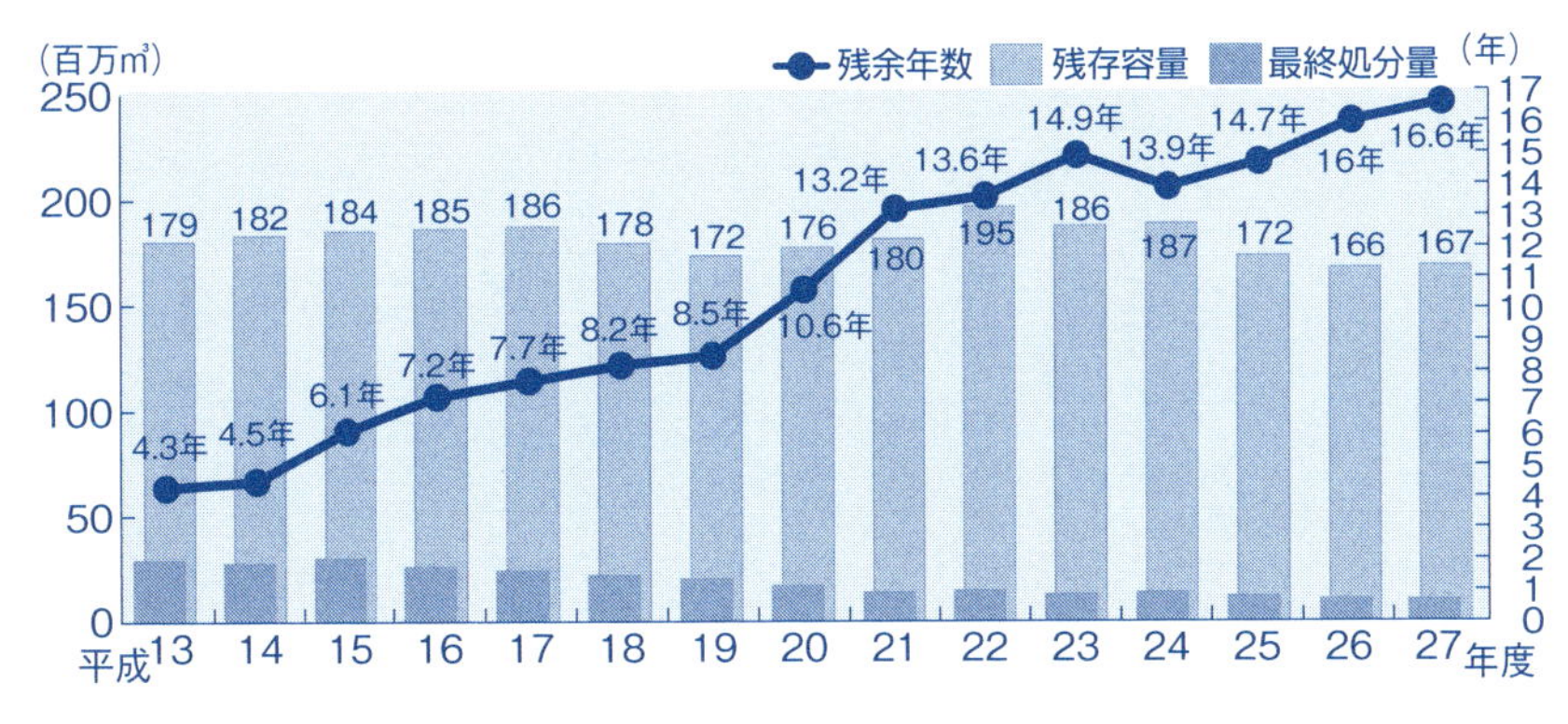

資料：環境省

［残存容量］ 最終処分場の残りの埋立可能な容量のこと。廃棄物は発生し続けているため、非常に少なくなってきている。

2 不法投棄の現状②

不法投棄の推移を見てみよう

左図1は、全国の都道府県及び政令市からのデータを基に、環境省が調査したものです。

2000年（平成12年）までは平均して40万トン前後で推移していたのですが、2003年（平成15年）は74・5万トンと大幅な増加が見られます。これは、岐阜市の大量投棄が原因となっています。

2004年（平成16年）になると再び、平均投棄量の40万トンに推移しています。これらの大量不法投棄事案を除き、近年の不法投棄量は減少傾向なのがわかります。また件数に関しても2001年（平成13年）以降、減少傾向にあります。

減少傾向が見られる背景には、法律の規制が厳しくなったことや、不法投棄を取り締まる各行政の動きなどがあります。また、事業者を選定する際に、処理価格だけでなく、処理内容及びリサイクルなど、排出事業者の意識の変化も大きな要因のひとつと言えるでしょう。

しかし、忘れてはならないのは、この数値は「不法投棄」と確実に判断されたものだけのデータであり、実際には未確認及び疑わしいが確定できない不法投棄が大量にある、ということです。一部では、「不法投棄犯罪が巧妙化している現われ」と見る人たちもいます。

かつてのように野山に堂々と捨てる不法投棄から、不法投棄現場に適した土地や、投棄するための穴をあらかじめ準備しておき、不法投棄を実行するパートや重機を使って土を被せて埋めるパート、パトカーや行政のパトロールを見張り、仲間たちに知らせるパート、これらを取りまとめる人間など複数の組織ぐるみでの犯罪になってきているのです。その他、無線やGPSを使い、さまざまな方法で警備の網を容易にすり抜けるなど、不法投棄は日々発見しづらくなっているようです。

次に品目別の不法投棄量を見てみま

しょう。図2の2016年度（平成28年度）のデータを見てください。不法投棄のうち半分以上が建設系廃棄物であることがわかります。投棄量としては全体の約5・5割、約1・5万トンを占めています。

こうした建設系廃材の多くは解体工事に伴って発生したものが多く、新築の時に出てくる廃材に比べ、状態が悪く、どうしても柱材や壁材やがれき等、いろいろな廃棄物が混合された状態で排出されてしまいます。そのため、処理事業者が受け取りを拒否したり、処理費用が高くつくことから、不法投棄に走るといった現状があるようです。

●不法投棄の推移と品目別投棄量

図1/不法投棄件数及び投棄量の推移

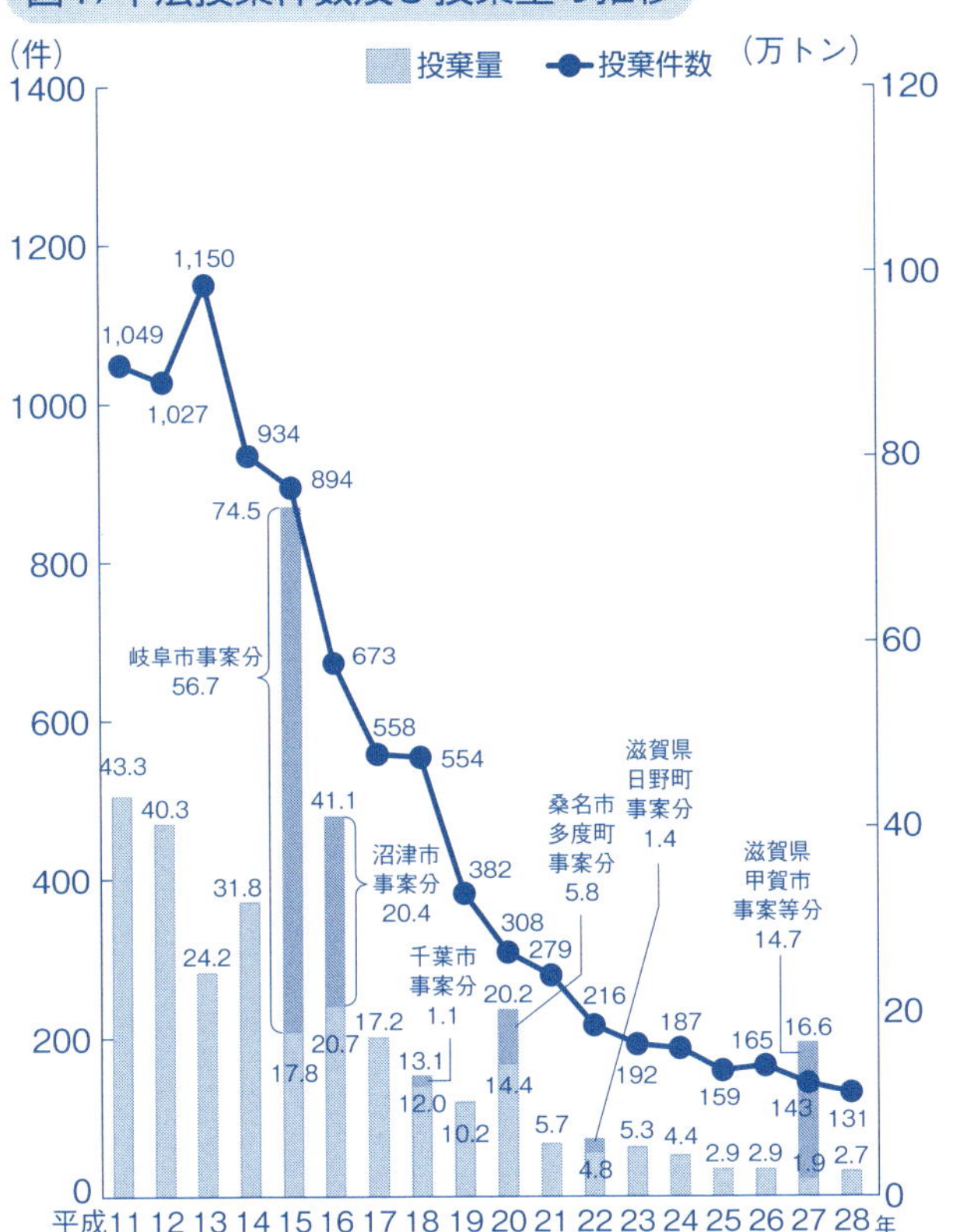

図2/品目別投棄量

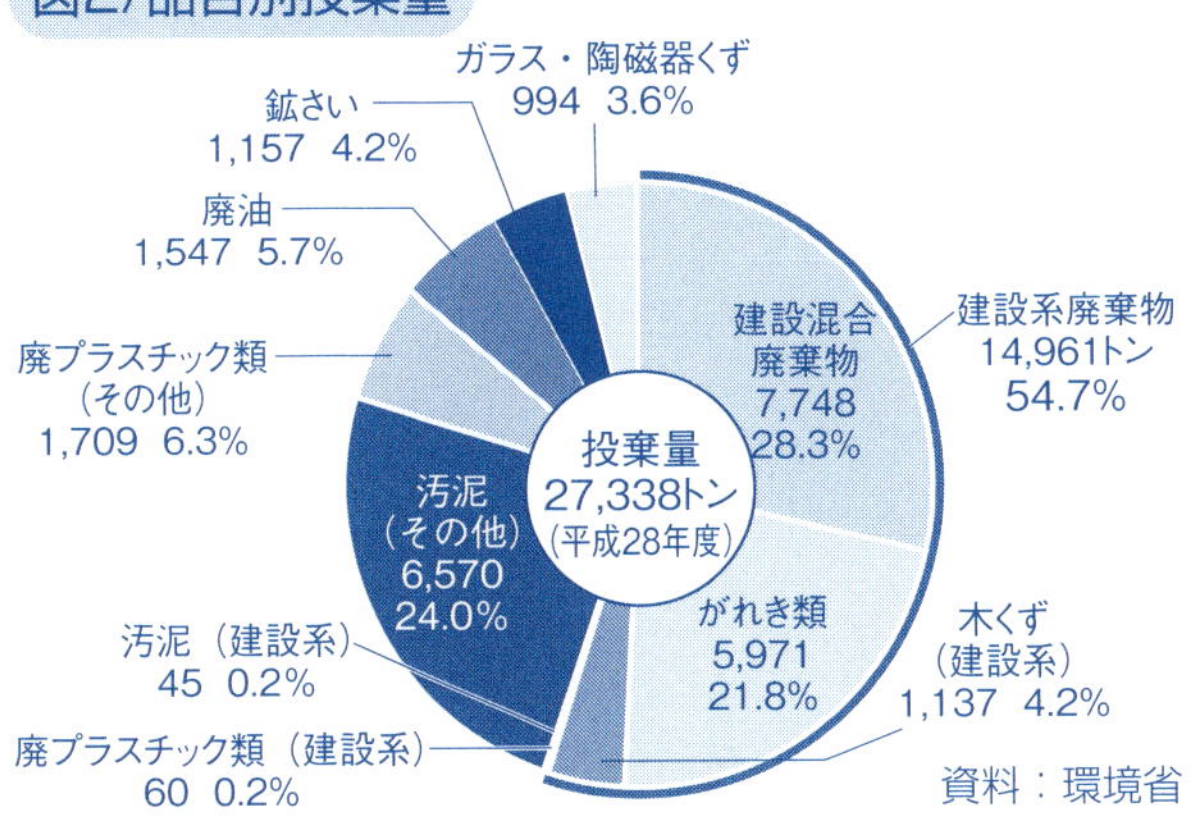

資料：環境省

3

不法投棄の現状③

不法投棄はどのように行なわれるのか

「不法投棄」という言葉を聞いてどのような光景を想像するでしょう。山林に夜な夜なこっそりと捨てに行くシーンを想像するでしょうか。あるいは、大型ダンプカー数十台で大量不法投棄しているシーンを想像するかもしれません。

ここでは、不法投棄を種類別に区分し、誰がどの段階で不法投棄するのかを見ていきたいと思います。これらを把握することで、廃棄物処理を委託する時の注意点が明確になるからです。

【パターン①】排出事業者が自ら不法投棄

排出事業者、つまり廃棄物を出した本人が不法投棄を行なうケースです。

処分費用の高騰化に伴い、やむにやまれず投棄してしまうケースや、意図的、あるいは常習的に組織ぐるみで不法投棄を行なうケースも多く見られます。産廃だけでなく粗大ゴミを置き逃げしていくケースもこれに該当します。1年を通してみると、このケースが最も多いとされています。

【パターン②】排出事業者による自社用地での不適正保管

排出事業者の中には、自社で土地（敷地）を保有する事業者が数多く存在します。こうした土地は当然、他人の介入がないだけに、廃棄物をどんどん堆積させてしまう格好の場所となります。当初、建設会社の資材置場だった場所が、ある日を境に廃棄物不適正保管場所に変わるといったケースも少なくありません。しかしこれも、立派な不法投棄です。

【パターン③】無許可事業者（ダンプ）に業務を依頼し、その後不法投棄

排出事業者の多くは自社で廃棄物を処分するのではなく、廃棄物処理を専門にしている事業者に依頼することがほとんどです。この際、排出元から収集運搬→中間処理→最終処分（リサイ

●二者間契約のしくみ

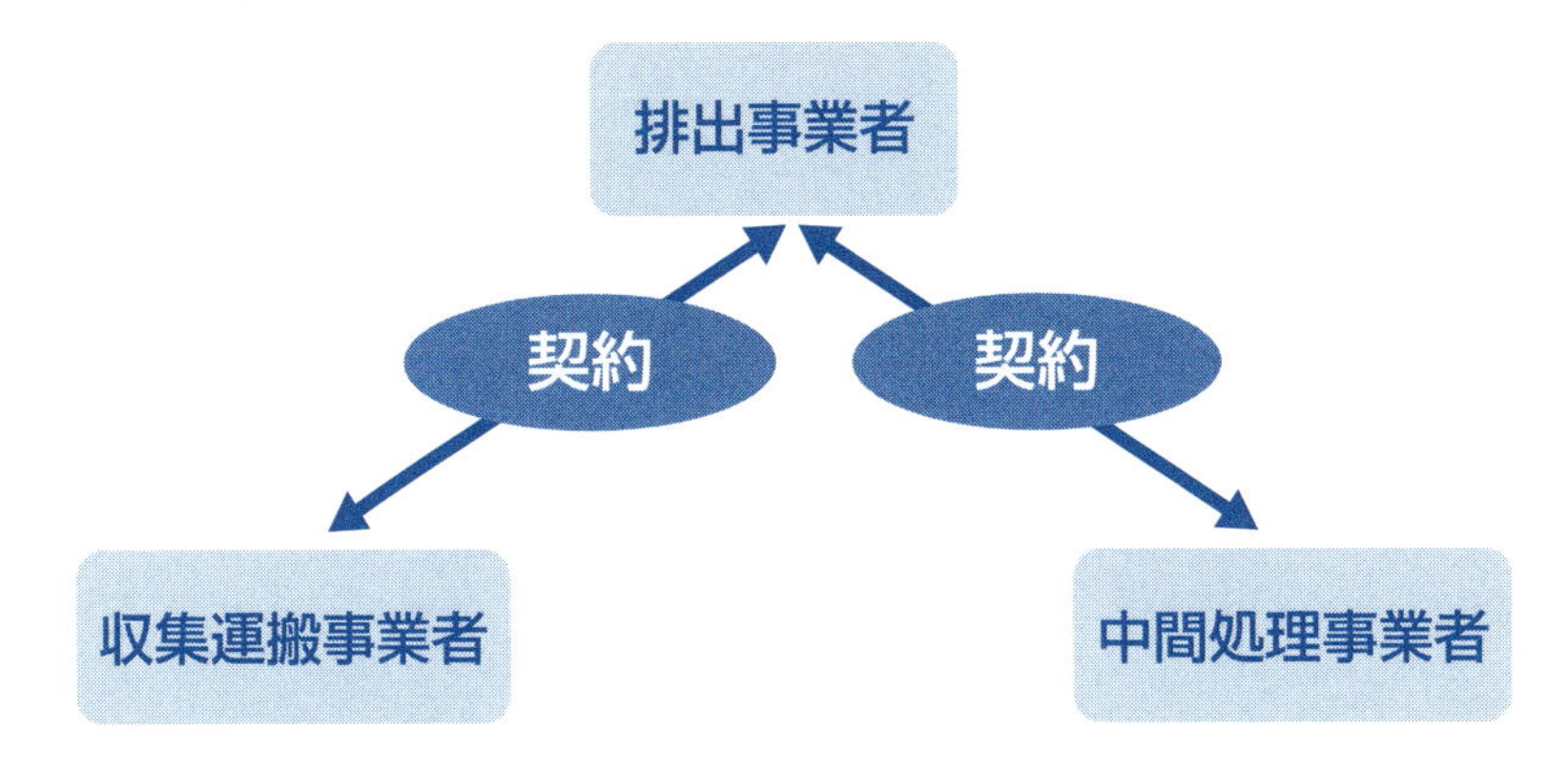

重要なポイント

排出事業者は、①収集運搬事業者と契約締結
②中間処理事業者と契約締結

この二者間で契約を締結するということは、
排出事業者が収集運搬事業者及び中間処理事業者の（両方共に）
会社情報 や **施設** を調査することを **大前提** としている

クル）といった工程を経るのですが、どの工程においてもすべて許可が必要です。排出事業者の中には、廃棄物の運搬を依頼する時に、適正な収集運搬業許可を所持しているかどうかを確認せず、無許可であるグレーな事業者に依頼し、その後不法投棄されるといったケースもあります。

ちなみに収集運搬業は**両足主義**といって、廃棄物を積み出す県とその廃棄物を降ろす県の2つの行政許可が必要であることも知っておきたいポイントのひとつです。

【パターン④】許可事業者に収集運搬を依頼。しかし思わぬ落とし穴が……

すでに収集運搬、中間処理、最終処分それぞれに許可が必要であることは説明しました。排出事業者側の注意点をもう1点挙げるとすれば、排出事業

［粗大ゴミ］一般廃棄物のうち、処理のやっかいな大きいゴミのこと。具体的には、大型のベッドやソファーなどの家具、冷蔵庫や洗濯機などの電気機器などを指す。冷蔵庫や洗濯機などの家電は、家電リサイクル品目にあたるため、リサイクル料金を支払い処理する必要がある。

者は、運搬を依頼する収集運搬事業者とその運搬先の中間処理事業者（最終処分事業者）との二者間契約を締結する必要がある、ということです。

これは、排出事業者は収集運搬事業者はもちろん、自社の廃棄物が運搬される中間処理事業者の確認までしなければならないことを意味しています。つまり、マニフェストのE票に処分先名が記入されていることを確認し、中間処理施設はもちろんのこと、その先の最終処分事業者(リサイクル事業者)の施設も定期的に確認に行くべき、ということです。

排出事業者の中には最終処分先はおろか、中間処理事業者との確認も取れていないケースも見られます。収集運搬事業者に任せっきりで、廃棄物がどこへ運ばれているかを知らなくては、不法投棄されても気づくはずがありません。排出事業者は処理施設を自分の目でしっかり確認し、実際に廃棄物が適正に処理されているかどうかを確認する義務があるのです。

【パターン⑤】不法投棄の中枢——危険の潜む中間処理施設

廃棄物を適正処理やリサイクルするために欠かせないのが中間処理施設です。ほとんどの場合がこの中間処理を行なった後、最終処分やリサイクルされることになります。

ところが、この中間処理事業者の中にも、法を犯してしまう事業者が数多く潜んでいるのです。

中間処理事業者が不法投棄に走る大きな要因のひとつに、処理能力を超える廃棄物の受け取りを行なうオーバーフローがあります。

中間処理施設には、破砕機、焼却炉、選別施設等さまざまな処理施設がありますが、これらはすべて、1日に処理できる処理能力が決まっています。場所によっては、近くに住宅があることなどから処理施設の稼動時間に制限があり、さらに制約を受けるところもあります。

こうした状況にもかかわらず、営利目的のため処理能力以上の廃棄物を受け取り、施設内に廃棄物の山を作り、処理しきれないものについては闇ルートへ流す、といった事業者もいます。

このように処理施設内に廃棄物を溜め込んでいる事業者は要注意です。さらにこの山積みが、雨ざらしの状態であれば、非常に危険であると言えるでしょう。廃棄物を雨ざらしの状態で放置しておくと腐敗や風化が進み、性状が劣化し、リサイクル先で受け取りを拒否されたり、通常の倍ほどの価格で

●不法投棄の7パターン

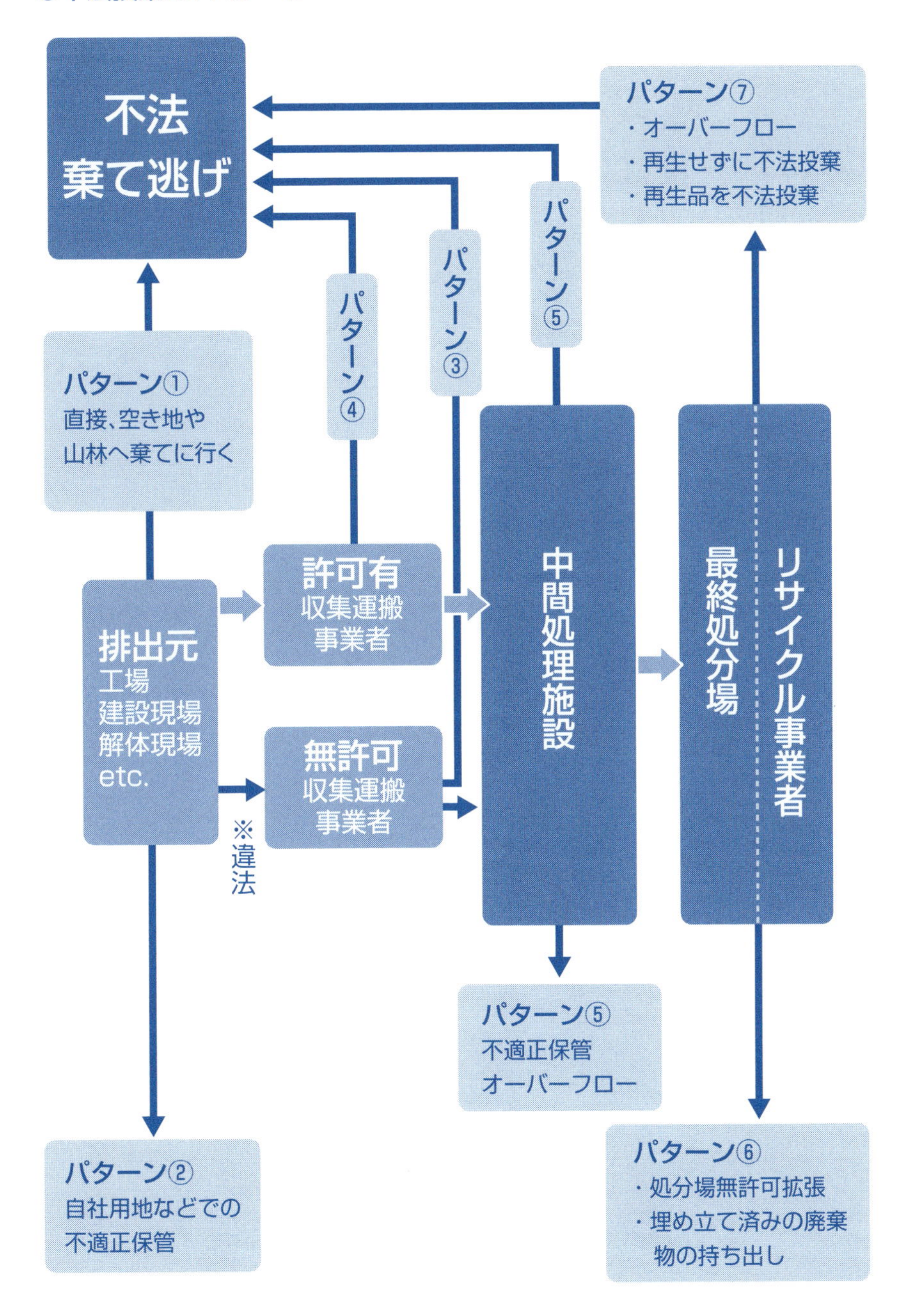

[オーバーフロー] 中間処理事業者や収集運搬事業者が、扱える処理能力を超えて、産業廃棄物を保有すること。不法投棄の前兆とも言える。中間処理事業者における保管上限は「1日の処理能力×14」であり、収集運搬事業者の積替保管上限は「1日当たりの平均搬出量×7」である。

処分をしなければならなくなるからです。

こうした廃棄物のほとんどは、焼却処理や埋立処分を行なう以外に方法はなく、処分料金は適正に処理した時よりも高くつきます。このような廃棄物が次にどこへ行くのか……。

【パターン⑥】最終処分事業者の違法行為

「廃棄物が最終処分場にたどり着けばもう安心」と考える方がいますが、それは大間違いです。最終処分業の許可にも、受け入れ品目と埋立容量が決まっているからです。

最終処分場で行なわれる違法行為でよくあるケースが、「品目外の埋め立て」を行なうことです。処分料金のかかる品目を安定型処分場などに埋め立ててしまうのです。

安定型と管理型処分場とでは、処分料金に約2倍強ほどの差があります。仮に管理型の廃棄物を安定型に埋め立てたとしたら、その差額はそっくりそのまま処理事業者の利益となるわけです。

この手口はさまざまで、安定型混合廃棄物にその他の廃棄物を混ぜたり、普通産廃の廃プラスチックと偽り、医療系である特別管理産業廃棄物の点滴チューブ等を混入したりする事業者も見られます。

処理事業者の悪事はこれだけではありません。処分場を違法に拡大し、延命化を図るために、処分場の底面に大穴を掘って容量を増やす手口があります。この違法行為は、拡大部分に廃棄物を埋め立ててしまうと、外観からは判断がつきにくくなり、施設確認や行政検査の網をかい潜ることができます。

また、中には処分場の一度埋まった廃棄物を持ち出すといった大胆な手法を取る事業者もおり、残容量のない状態から一向に処分場が埋まり切らないといったところもあります。

こうした状況は、定期的な確認ですぐに気づくことができ、排出事業者が管理の目を光らせることで、未然に防げることもたくさんあるのです。

【パターン⑦】リサイクル事業者の不法投棄

リサイクルが世の中に浸透して久しくなりました。リサイクル専門事業者も数多く存在しています。その中には、似非（えせ）リサイクル事業者と言えるような事業者もあります。

ある事業者は食品の残材を堆肥化リサイクルしていると言い、ある事業者は廃プラスチックや紙を利用し、固形燃料を作っていると言います。もちろん、これらは実際にリサイクル品として生まれ変わり、産業を動かすひとつの歯車となっています。

しかし残念なことに、これらリサイクル品が不法投棄現場から見つかることがあるのです。堆肥と建設汚泥などをブレンドした産廃が発見されたり、固形燃料として製品化された状態で見つかることもしばしばです。

なぜ、一度リサイクルしたものを不法投棄してしまうのでしょうか。その原因は、需要と供給のバランスにあります。

リサイクル製品はどうしても材料加工費や製造過程、運搬、人件費等で、原材料から製造するよりコスト高になってきます。これらのコストはすべて商品の金額に跳ね返り、ただでさえ新品よりイメージの劣るリサイクル製品が、新品より高いとなれば、リサイクル製品を買ってもらえないため、需要と供給のバランスが崩れてしまうのです。

もちろん、適正にリサイクルしている事業者は数多くあります。それに比べると違法行為を行なう事業者は、ごく少数かもしれませんが、その少数の違法事業者に出会わないためにも、処理事業者を選定する目をしっかり養っていかなければならないのです。

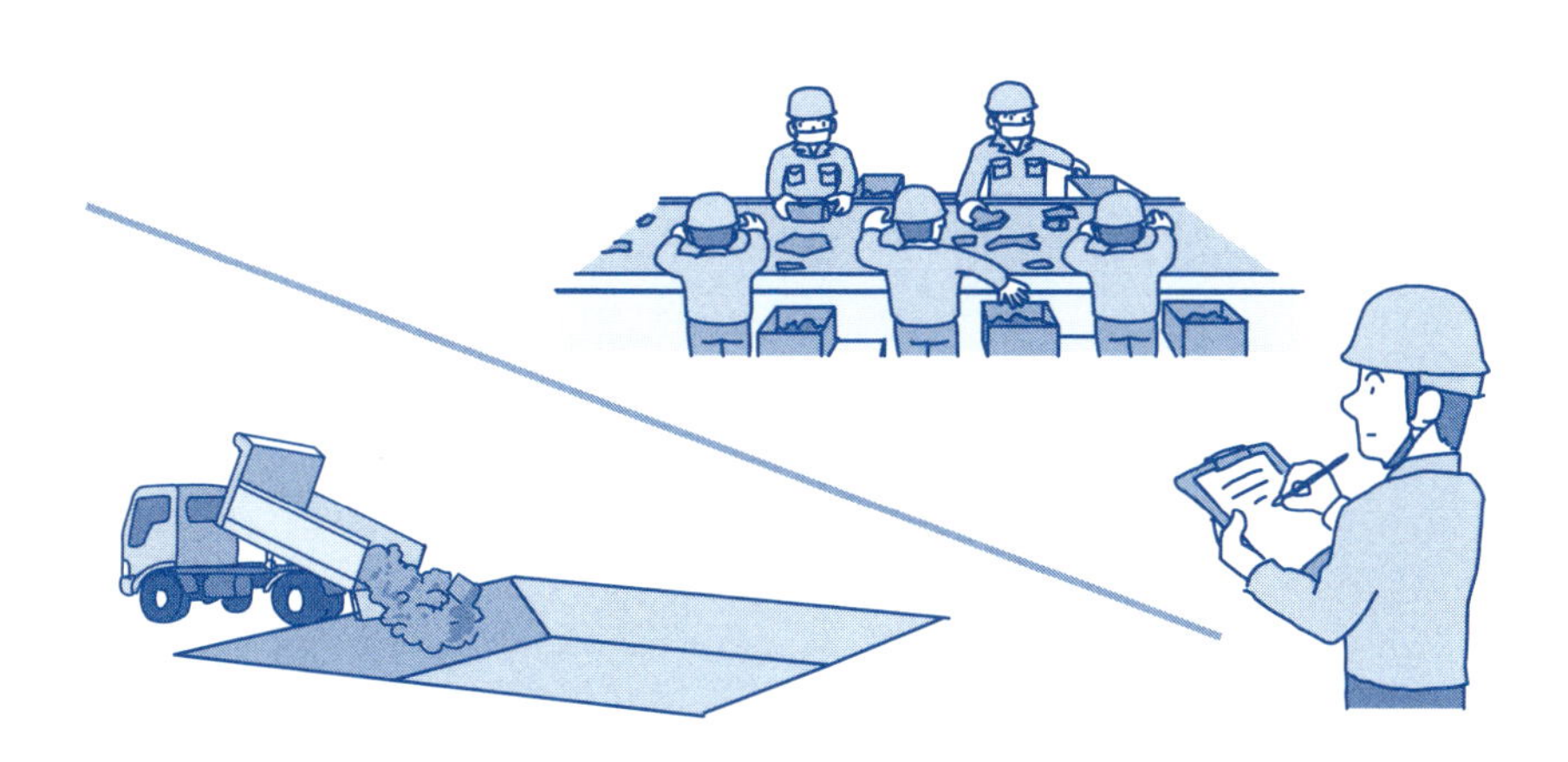

［トロンメル］回転式のふるい機。傾斜を持った網の目の筒状のふるいが回転することによって、網の目を通る廃棄物と残る廃棄物を分け、廃棄物の大きさを揃えることができる。破砕した後のアスファルトや廃瓦などの粒の大きさを合わせる目的で主に使用する。品目を分ける「選別」ではない。

4 あなたの委託事業者は大丈夫? 処理事業者をチェックしよう

処理事業者簡易チェックシート

ここでは、私たちが環境コンサルティングの場面で使用している3つの事業者選定調査シートを例に、委託事業者を簡易チェックしてみましょう。

チェックシートの構成は、収集運搬事業者・中間処理事業者・最終処分事業者の3つに分かれており、それぞれ**【法律編】**と**【健全経営編】**があります。

【法律編】は、法律で定められた必須事項であり、ひとつでも「否」がつくことは許されません。

【健全経営編】で「否」が数多くつく事業者は、企業体質として決して健全であるとは言えません。

また、これらチェックと合わせて、丁寧な対応をしてくれる事業者か、排出事業者に対して協力的であるかなどの心証的な要素も、信頼できる委託事業者か判断する際には重要です。

その① 収集運搬事業者

収集運搬事業者のチェックは非常に難しく、実際運搬している様子を確認することができません。それだけに、日頃の管理と定期的な確認が必要になります。保有車輌や従業員が適切かどうか把握するよう心がけましょう。

その② 中間処理事業者

中間処理工場は収集運搬事業者とは違い、外部からの目を遮断する形で業務を行なっています。これは一部処理施設における建築基準に準ずる形でそのような構造になっているのですが、いずれにせよ他の事業者とは違い、非常に注意点が多く、くまなくチェックする必要があると言えるでしょう。工場見学などにより、施設内の様子まで実際に確認することが望まれます。

その③ 最終処分事業者

ここにも違法事業者は多く存在します。しかし、最終処分場などは定期的に監査をすれば、仮に品目外の埋め立て行為や持ち出しがあったとしても、比較的変化がつかみやすく、収集運搬事業者や中間処理事業者に比べると効果があります。

●収集運搬事業者チェックリスト

(1) 法律面での条件（すべて適合しないと不合格です）	適	否
1) 許可証による確認事項		
収集運搬業の許可証はあるか		
発生場所と処分地の都道府県、政令市長の許可は得ているか		
許可の有効期限はよいか		
廃棄物の許可品目は委託する廃棄物の許可品目と合致しているか（不足品目はないか）		
2) 運用、管理面での確認事項		
排出事業者が交付したマニフェスト（B1・C2票）は保管されているか		
マニフェストに記載した数量を実際に運搬しているか		
3) 現地確認		
許可品目以外の受け入れはしていないか		
収集運搬車輌に環境省規定のステッカーがあるか		

<判定>

この法律面での条件にひとつでも「否」がついていれば、法律違反の疑いがあります。廃棄物の委託を基本的に見直す必要があるでしょう。もう一度事実関係を確認してみてください。

(2) 健全経営面でのチェック	適	否
1) 運用管理状況		
取引企業及び主要取引先の確認		
過去に重大な法令違反、近隣トラブル等の情報はないか。また、現在の企業姿勢はどうか		
登録済みの保有車輌台数は能力的に任せられるか		
現場引取りから処理施設到着までの、車輌運行時間は管理できているか		
運搬に際して廃棄物が飛散しないようにシート等で覆いをしているか		
従業員、運転手の教育は行なわれているか		
従業員の安全面・健康面に配慮されているか		
2) 周辺状況		
車輌駐車場及び周辺環境などに配慮がなされているか		

<判定>

否の数　0個　　：安心です。今後も定期チェックをしましょう。
　　　　1～3個：会社の体質に難ありです。事業者に問い合わせ、確認してみましょう。
　　　　4個以上：このまま体質が変わらなければ、取引の継続を見直す必要があるかもしれません。

●中間処理事業者チェックリスト

(1) 法律面での条件（すべて適合しないと不合格です）	適	否
1）許可証による確認事項		
中間処理業の許可証はあるか		
許可の有効期限はよいか		
中間処理業の種類（選別、破砕、焼却、溶融等）及び能力は適しているか		
廃棄物の許可品目は委託する廃棄物の許可品目と合致しているか（不足品目はないか）		
2）運用、管理面での確認事項		
排出事業者が交付したマニフェスト（C1票）は保管されているか		
中間処理後の最終処分先あるいは再資源化施設は明確になっているか		
3）確認事項		
許可品目以外の受け入れはしていないか		
処理についての帳簿は記録・管理されているか		
廃棄物が飛散・流出しないようになっているか		
搬入量は処理能力に合っているか（過度に集中して山積みになっていないか）		
中間処理業の看板は掲げているか		

＜判定＞

法律面での条件にひとつでも「否」がついていれば法律違反の疑いがあります。チェックシートを基に施設の確認をしてみましょう。中間処理工場の確認は定期的に行ないましょう。

(2) 健全経営面でのチェック	適	否
1）運用管理状況		
取引企業及び主要取引先の確認		
過去に重大な法令違反、近隣トラブル等の情報はないか。また、現在の企業姿勢はどうか		
門、塀などは整備されているか		
品目ごとの処理系統が明確であり、再資源化・リサイクル促進に積極的か		
廃棄物の分別・保管状況はよいか		
従業員の教育は行なわれているか		
従業員の安全面・健康面に配慮されているか		
施設の運転に従事する人数は妥当か		
整理整頓されているか		
施設の老朽度はどうか		
2）周辺状況		
周辺状況はどうか（居住、学校、病院の有無）。近隣周辺の環境に配慮がされているか		
近隣地区（住民）との協定書の有無（ある場合は実施、遵守されているか）		

＜判定＞

否の数　0個　　：安心です。今後も定期チェックをしましょう。
　　　　1～3個 ：会社の体質に難ありです。事業者に問い合わせ、確認してみましょう。
　　　　4個以上：このまま体質が変わらなければ、取引の継続を見直す必要があるかもしれません。

●最終処分事業者チェックリスト

(1) 法律面での条件(すべて適合しないと不合格です)	適	否
1) 許可証による確認事項		
最終処分業の許可証はあるか		
処分場の種類(安定型、管理型、遮断型)はよいか		
許可の有効期限はよいか		
直接契約の場合、廃棄物の許可品目は委託する廃棄物の品目と合致しているか(不足品目はないか)		
中間処理場経由で搬入の場合は、中間処理にて発生する廃棄物と許可品目と合致しているか(不足品目はないか)		
2) 運用、管理面での確認事項		
排出事業者または中間処理事業者が交付したマニフェスト(C1票)は保管されているか		
3) 現地確認		
許可品目以外の受け入れはしていないか		
埋め立て容量の残余容量は充分か		
処理についての帳簿は記録・管理されているか		
廃棄物が飛散・流出しないようになっているか		
騒音、振動、粉塵の抑制状況はよいか		
敷地外に対して著しい悪臭・害虫等の発生はないか		
搬入量は処理能力に合っているか(過度に集中して山積みになっていないか)		
最終処分業の看板は掲げているか		

<判定>

法律面での条件にひとつでも「否」がついていれば法律違反の疑いがあります。最終処分事業者といっても安心はできません。施設確認を今すぐ行ないましょう。

(2) 健全経営面でのチェック	適	否
1) 運用管理状況		
取引企業数及び主要取引先の確認		
過去に重大な法令違反、近隣トラブル等の情報はないか。また、現在の企業姿勢はどうか		
門、塀などは整備されているか		
埋め立て状況はよいか		
従業員の教育は行なわれているか		
従業員の安全面・健康面に配慮されているか		
整理整頓されているか		
2) 周辺状況		
周辺状況はどうか(居住、学校、病院の有無)。近隣周辺の環境に配慮がされているか		
近隣地区(住民)との協定書の有無(ある場合は実施、遵守されているか)		

<判定>

否の数 0個 :安心です。今後も定期チェックをしましょう。
1~3個 :会社の体質に難ありです。事業者に問い合わせ、確認してみましょう。
4個以上:このまま体質が変わらなければ、取引の継続を見直す必要があるかもしれません。

5

不法投棄の現場

実際に不法投棄の現場を見てみよう

不法投棄現場とひと口に言っても、小さなものから100万㎥級の大きな不法投棄現場もあります。100万㎥という途方もない量をイメージできますか。参考のために、産廃を運ぶトラックの台数に換算してみましょう。

一般的に産廃の輸送などに使われる車輌は10トンダンプで容量は25～30㎥です。実際に輸送する時には積載重量制限があるため、容量一杯で走行することはできませんが、仮に15㎥積んだ状態で不法投棄したとすると、「6万台分」不法投棄したことになります。

これは、10トントラックの長さを9mとすると、トラックの列が540㎞連なったことになり、東京～大阪間の距離に相当します。

これだけの大規模な不法投棄を繰り返すためには、民家が周辺にないため抗議や苦情が起こりにくく、10トン車などが廃棄物を積載した状態でも地盤が崩れない道路があり、自社敷地や山奥などのように他人の介入が難しいといったいろいろな条件が必要になってきます。

実際に建設系の廃棄物を中心に不法投棄を行なったとされる現場に行ってみると、そこは一見、採石場のような山をただ切り開いた土地が広がっているように見えます。不法投棄現場と知らずに行くと、見過ごしてしまいそうな景色がそこには広がっているのです。

しかし、覆土を払いのけると、レンガや瓦にタイル、塩ビ管、木材等、実にさまざまな廃棄物が姿を現わし、乗用車などに使われているバッテリー（有機溶剤が入っていて処理が困難とされる）なども埋まっていました。

【紙や木くず】

地中に埋まっている木材や紙は、発酵する過程でメタンガスを発生させ、発熱して自然発火する恐れがあります。高いもので100℃近い温度になった記録が残っています。実際、不法投棄現場で火災が起きた事例は数多く

●4大不法投棄事件と内容

	香川県豊島不法投棄事件	青森・岩手県境大規模不法投棄事件	岐阜市椿洞不法投棄事件	三重県四日市市不法投棄事件
場所	香川県豊島（てしま）	青森・岩手県境	岐阜県岐阜市	三重県四日市市
発覚した年	1990年	1998年	2003年	2005年
不法投棄量	約56万㎥	87万㎥	75万㎥以上	約286万㎥（許可容量・隣接区域を含む）
主な品目	シュレッダーダスト・廃油・汚泥	廃プラスチック・医療系廃棄物・焼却灰	建設系廃棄物	廃プラスチック・陶磁器くず・木くず
経緯	1978年に都会で出る有害産業廃棄物を自分の土地に持ち込み始め、埋め立てや廃油をかけて野焼きするという暴挙が、1990年末に兵庫県警により廃掃法違反容疑で検挙されるまで、13年間も続けられていた。	産廃である汚泥や燃え殻からたい肥を生産するために中間処理場・最終処分場・浸出液処理施設を整備するとして許可を得たが、実際には最終処分場を整備しなかった。その土地に不法投棄を続けた。	中間処理事業者が安値にて建設系産業廃棄物を受け入れ、敷地内の山林を切り開き不法投棄を続けた。	最終処分事業者が、許可容量を超えて埋め立てを行なっていたことが発覚し、1994年に許可を取り消され廃業していた。しかし、同敷地内にさらなる不法投棄が発覚。

〈不法投棄現場の地表〉

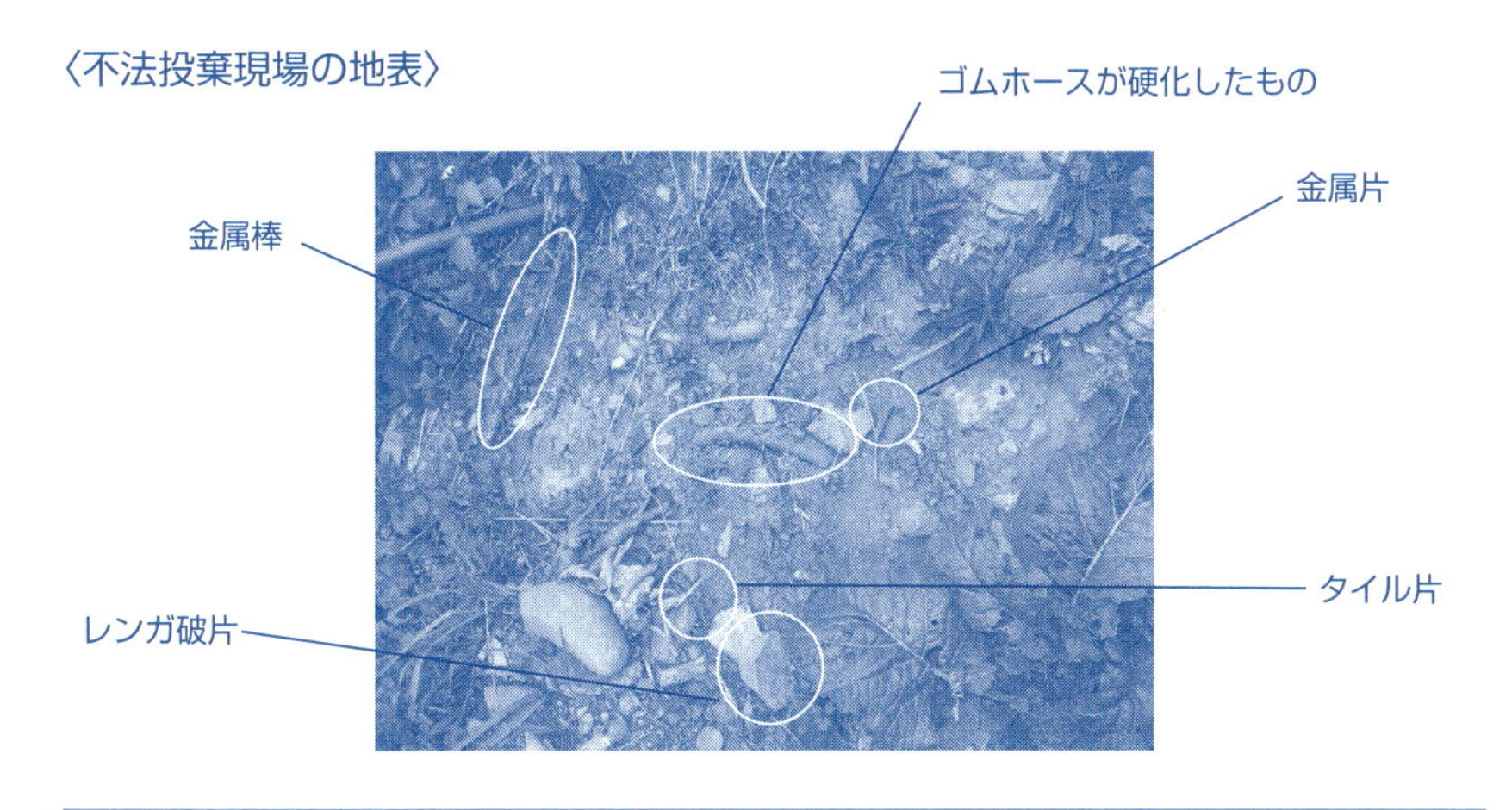

［有機溶剤］「樹脂・油・ロウなど水に溶けない物質を溶かす用途に用いられる、常温で液体の有機化合物」のこと。有機溶剤中毒予防規則の適用を受ける54種類のものは、いずれも人体に有害なことが明らかになっている。

あります。岐阜県内の現場では、十数日間に渡って発火と鎮火を繰り返し、山のように捨てられていた廃タイヤなどが燃え、消防団員や地域住民が頭痛や吐き気に襲われる事件が起きました。これらは、不完全燃焼の時に発生する強い毒性のある一酸化炭素や、温室効果ガスの一種である二酸化炭素も大量に発生させ、人体だけでなく地球環境にも多大な被害を及ぼします。

【石膏ボード】

住宅建材などで使われる石膏ボード。石膏自体は中性物質で、刺激性や毒性はないと言われています。しかし、この石膏ボードが原因となり、送水槽内で作業をしていた作業員3名が死亡するという事故が発生しました。

なぜ無害とされる石膏で死亡事故が起きたのでしょうか。答えは毒ガスです。石膏は、ある条件下で人を呼吸困難に陥らせ、やがては死にいたらしめる猛毒の硫化水素という気体を発生させます。それは、ボードの表面に貼り付けられている紙が発酵することで炭素源を供給し、地中にいる硫酸還元細菌を活性化させ、硫酸イオンを還元することで硫化水素が発生してしまうといった、地中の廃棄物が起こす負の化学反応が原因なのです。

不法投棄現場の地中では、予想もし得ない反応が今も起こっているのです。

【廃プラスチック】

建設現場では欠かせない接着剤。接着剤はもともと液体ですが、固まると廃プラスチックに産廃の区分が変わるのをご存じでしょうか。

廃プラスチックに分類される接着剤は有機溶剤の塊であり、この有機溶剤に地中の熱が加わると熱分解を起こし、やがて地下水に溶け込みます。草木を枯らしたり、農作物に蓄積され、やがては人体へ……といった目に見えない被害を及ぼすこともあるのです。

ここで説明したことは、不法投棄が引き起こす環境被害のほんの一部にすぎません。

さらに不法投棄は、経済的にも地域に打撃を与えます。某市内にある大量不法投棄現場近くの人に話を聞くと、不法投棄現場の山から発生する埃や化学物質汚染への懸念から農作物が売れなくなったり、現場周辺で過疎化が進んだりと、それは深刻なものでした。

不法投棄が引き起こす地域の産業全体にかかる負荷は計り知れません。各地で不法投棄の山を築かせないためにも、事業者の選定がいかに大切かがよくわかると思います。

[ダイオキシン] 主として物を燃やすことによって発生する。自然界では分解されにくく、人体に入ると脂肪に溶けて蓄積され、ホルモン異常・生殖異常を引き起こす。300度前後の燃焼で生成されやすい。

6

不法投棄の展望

不法投棄をなくすにはどうすればいいのだろう

これまで最終処分場や不法投棄の手口、事業者の選定、周辺への影響など、さまざまな角度から不法投棄について見てきました。

すでに説明しましたが、不法投棄件数だけを見ると、年々減少傾向にあります。投棄量にも減少傾向が見られますが、なくなることはありません。それだけ不法投棄をなくすことは簡単ではなく、困難を要するのです。

しかし、排出事業者責任が強化される中、不法投棄を黙って見過ごすわけにはいきません。

では、どのようにすれば不法投棄を減らすことができるのでしょう。キーポイントは大きく2つあります。

①最終処分場の増設

②排出事業者による徹底した事業者の選定

まずひとつ目の最終処分場の増設です。不法投棄を考える場合、最終処分場の逼迫(ひっぱく)は切っても切り離せない問題です。

最終処分場の逼迫は、廃棄物を最終処分場へ持ち込む料金の高騰を招きます。つまり、「捨てる場所がないから料金は自然と高くなる」という図式です。モノがなければ値段が高くなるのと同じ理屈です。料金が高いために、最終処分場へ持ち込めず不法投棄に走る、という結果になります。

ここ最近の新規許可件数は、1999年(平成11年)に前年の136件から26件へと大幅に落ち込み、その後も増えていません。行き場を失った廃棄物の不法投棄にますます拍車をかけているのが実情です。

なぜ新規許可件数が落ち込んでいるのかを考えてみると、ひとつにはリサイクルが考えられます。リサイクルの促進で、最終処分場の必要性が薄らいでいる結果なのかもしれません。

そしてもうひとつ。厳しい行政の審査を乗り越え、いざ建設という段階になっても、近隣住民の反対運動などによって一向に話が進まないため、いつ

●最終処分場の新規許可件数

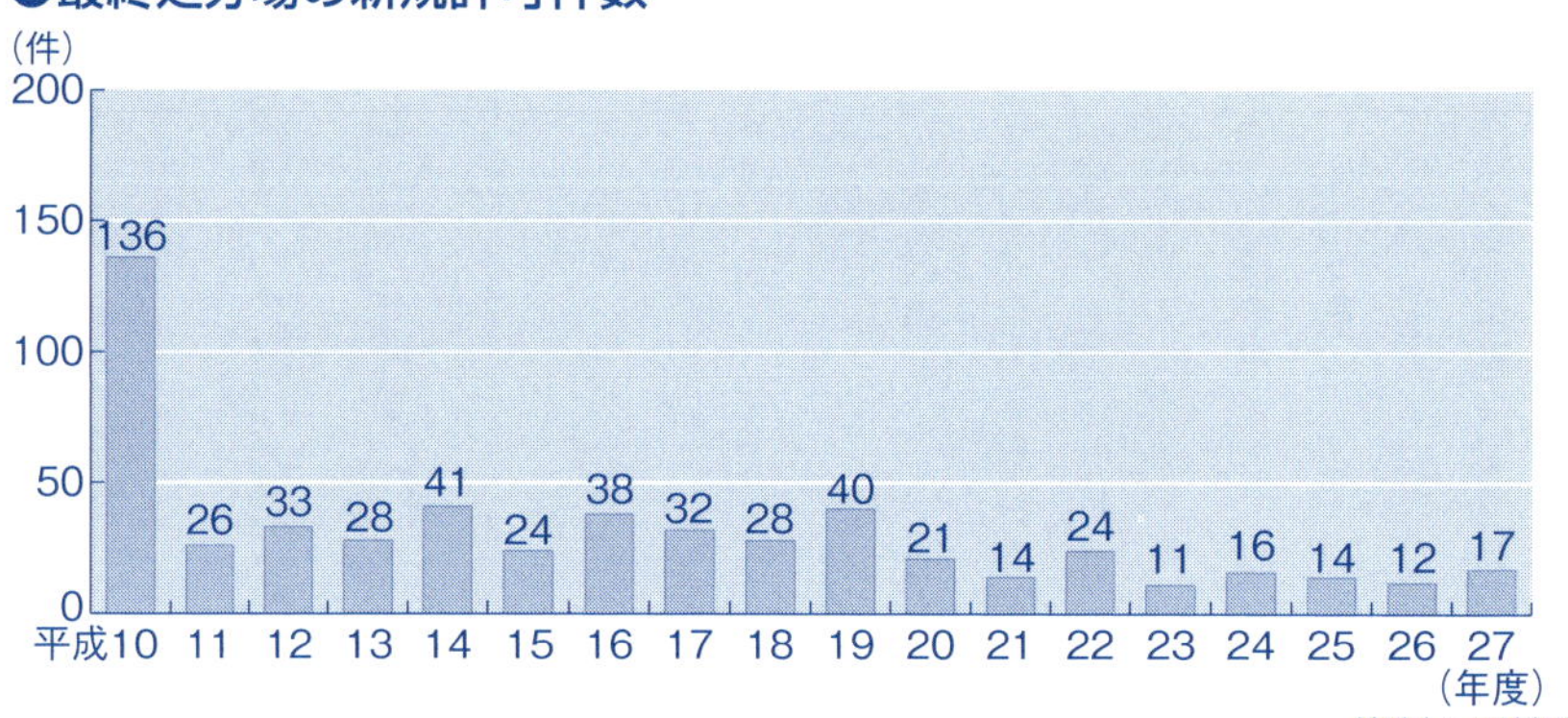

資料：環境省

の間にか事案自体が頓挫してしまうケースがほとんどなのです。

需要と供給のバランスにおいて、圧倒的に供給の少ない最終処分業に目をつけない処理事業者や資産家はいないでしょう。ところが、現実には設置件数は落ち込んでいます。このことからも、行政と市民という2つの壁がいかに大きいか理解できるでしょう。

日々強化される規制や地元住民の反対運動によって設置数が少なくなり、不法投棄が増える。不法投棄が増えれば、また規制が厳しくなるといった「イタチごっこ」を繰り返しているのです。この繰り返しを断ち切るには、市民と行政が協力し合うことが必要です。でなければ、不法投棄は永久に根絶できないと言っても過言ではないでしょう。

こうした背景を踏まえて、②の「排出事業者による徹底した事業者の選定」を考えてみましょう。

産廃処理に携ってきた私たちが考える最も有効な不法投棄根絶策は、「排出事業者が処理事業者を見る目を養う」ということです。

それには、マニフェストや許可証の存在を絶対視せず、**自らの目でチェック**することが大切です。たとえば、施設内に廃棄物が山積みになっている事業者を数多く見かけると思いますが、その山積みされた廃棄物は、本当に適正処理されているのだろうか？　といった疑いの目を持つことが、実は大変重要なのです。

疑わしいと思ったなら、すぐ調査してみる。違法事業者を蔓延させるのも根絶させるのも、排出事業者であることを自覚していただきたいと思います。

6章 知っておきたい「法律・条例」早わかり

1

環境に関わる法律の「根っこ」と「幹」

「環境基本法」と「循環型社会形成推進基本法」

廃棄物関連の法律を本当の意味で理解するためには、まず「根っこ」の部分である「**環境基本法**」について知っておく必要があります。

環境基本法は、自然環境を維持することの大切さ、環境保全はすべての者が役割分担のもとで行ない、環境への負荷の少ない経済活動が持続的に発展できる社会を創ること、地球環境保全は国際的協調によって積極的に進められるべきことなど、環境保全のあり方について規定されています。国はこの理念を行動に移すための目標である環境基本計画などを策定します。

行動に移すための目標のもととなる「根っこ」が環境基本法であれば、具体的な行動の指針となる「幹」が「**循環型社会形成推進基本法**」です。

循環型社会形成推進基本法は、今までの「大量生産・大量消費・大量廃棄」型の社会からの脱却を図り、循環型社会を実現するための考え方を定めた法律です。内容としては、左図のように処理の「優先順位」を初めて法律で定めると共に、事業者や国民の「**排出者責任**」を明確化し、特に生産者には自ら生産する製品等について、使用した後の廃棄物となるまで一定の責任を負うという「**拡大生産者責任**」の原則を定めています。そして国は、策定した環境基本計画などとこれらの考え方を踏まえて、循環型社会構築のための具体的な行動指針である**循環型社会形成推進基本計画**を策定します。

環境基本法を「根っこ」に環境の樹の「幹」は、大きく伸びてゆきます。そして具体的な行動の規範、たとえば廃棄物をいかに環境や人に影響なく再利用、または適正処理するかなどを定める「枝葉」が**資源有効利用促進法**と**廃掃法**に相当するわけです。

さらに「根っこ」と「幹」と「枝葉」をベースにして誕生するのが、個々の状況に対応するために制定された各「個別リサイクル法」ということになります。

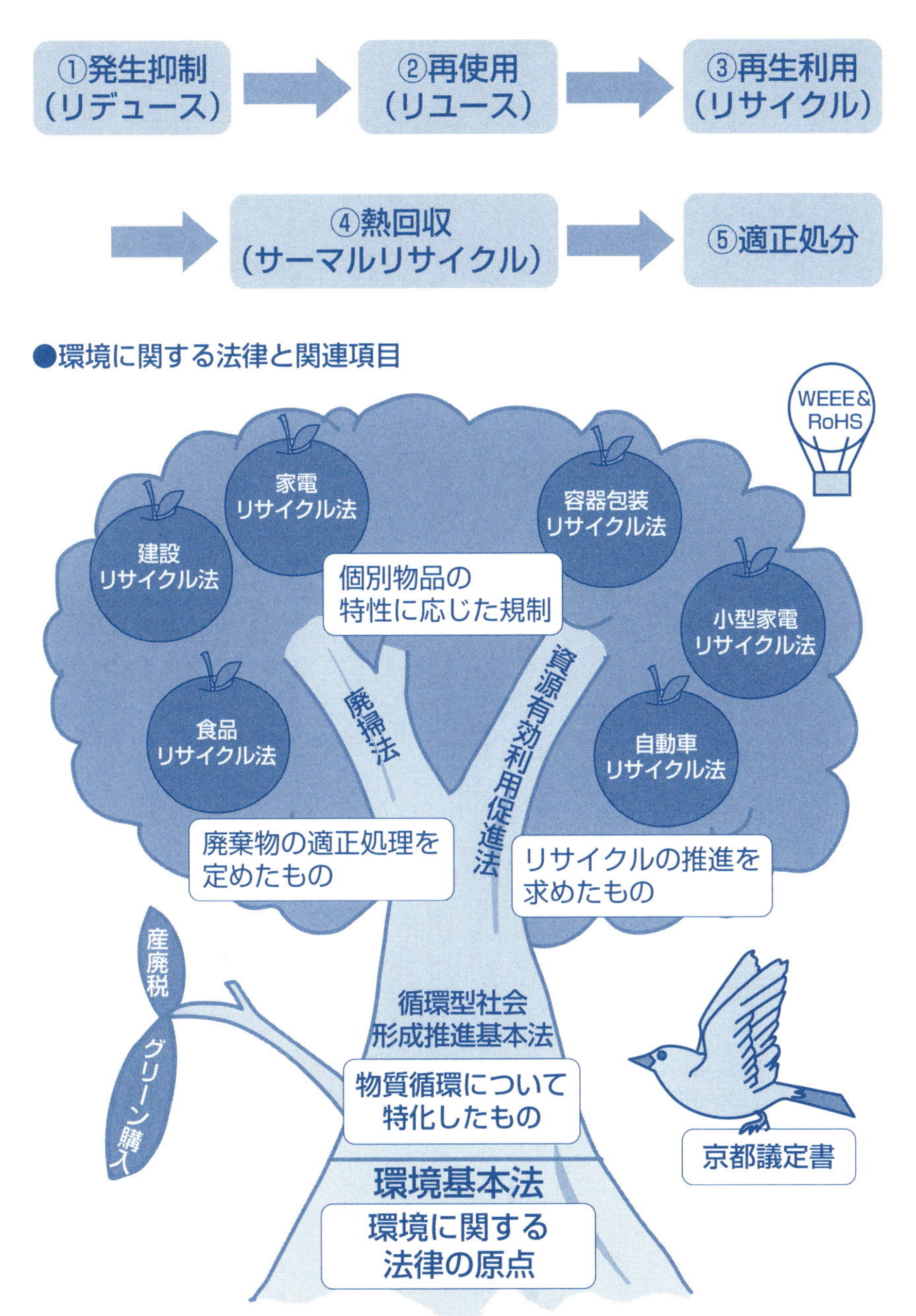

［自動車NOx・PM法］東京・大阪・名古屋の三大都市圏において、NOxとPMの排出基準に適合しない車輌は登録ができない「車種規制」のこと。NOxとは窒素酸化物であり、酸性雨の原因となる。PMとは浮遊粒子状物質であり、吸引による発ガン性が指摘されている。

廃掃法のねらいとしくみ

2 なぜ廃掃法は毎年のように改正されるのか

もともとは汚物の清掃に関わる法律であった「廃棄物の処理及び清掃に関する法律（廃掃法）」は、「**廃棄物処理法**」とも呼ばれ、1970年（昭和45年）に制定され、毎年のように改正が行なわれています。

左図は廃掃法の「適正処理」「排出事業者責任」「罰則」に関する主な変遷をまとめたものです。改正年を見ると2000年以降に改正が集中しています。これは今まで見過ごされてきた不法投棄が大規模なものとなって表面化し、社会的な問題となったことが大きいでしょう。

たとえば1990年（平成2年）の香川県豊島の大規模不法投棄事件や1998年（平成10年）の青森・岩手県境大規模不法投棄事件が挙げられます。2003年（平成15年）の岐阜市

2005年改正	2010年改正	2018年改正
産業廃棄物の収集運搬・処分事業者のマニフェスト保管義務づけ	処理困難通知制度の創設	処理困難通知制度の強化（許可執行業者にも通知の義務化）
マニフェストの運用について自治体の勧告に従わない者についての公表・命令措置の導入（行政処分）	建設業廃棄物の排出事業者は元請業者であると定義	親子会社の自ら処理の認定
	法人両罰規定の上限が1億円から3億円に	
・無許可での営業・事業範囲変更について法人に対して1億円以下の罰金 ・マニフェスト違反全般（6か月以下の懲役または50万円以下の罰金） ・無確認輸出の未遂罪、予備罪の創設(5年以下の懲役もしくは ・1000万円以下の罰金。法人に対しては1億円以下の罰金)	・マニフェストの交付を受けずに産業廃棄物の引渡しを受けた処理業者への罰則（6か月以下の懲役または50万円以下の罰金） ・多量排出事業者の計画・報告義務違反（20万円以下の過料）	マニフェスト違反の強化（1年以下の懲役または10万円以下の罰金）

資料：環境省

●不法投棄等の行為者や排出事業者などに対する主な規制強化の変遷

		1970年制定時	1976年改正	1991年改正	1997年改正	2000年改正	2003年改正	2004年改正
適正処理			産業廃棄物委託基準の創設	産業廃棄物委託基準の強化（書面による契約等を追加）	委託基準の強化（契約書に処理料金等を追加）	委託基準の強化（契約書に最終処分地等を追加）	一般廃棄物委託基準の創設	
排出事業者責任				マニフェスト制度の創設（特別管理産業廃棄物に限定）	マニフェスト制度をすべての産業廃棄物に拡大 電子マニフェスト制度の導入	最終処分まで確認することを義務化		
罰則	不法投棄の禁止	５万円以下の罰金	３か月以下の懲役または20万円以下の罰金（有害物については６か月以下の懲役または30万円以下の罰金）	６か月以下の懲役または50万円以下の罰金（特別管理廃棄物は１年以下の懲役または100万円以下の罰金）	【産業廃棄物】３年以下の懲役もしくは1000万円以下の罰金または併科（法人に対しては１億円以下の罰金） 【一般廃棄物】１年以下の懲役もしくは300万円以下の罰金	５年以下の懲役もしくは1000万円以下の罰金または併科（産業廃棄物については法人に対して１億円以下の罰金）	廃棄物の種類を問わず、法人に対して１億円以下の罰金 未遂罪の創設（罰則は既遂と同等）	準備罪の創設（３年以下の懲役もしくは300万円以下の罰金または併科）
	不法焼却の禁止					３年以下の懲役もしくは300万円以下の罰金または併科(直罰化)	未遂罪の創設（罰則は既遂と同等）	５年以下の懲役もしくは1000万円以下の罰金または併科（法人に対して１億円以下の罰金） 準備罪の創設（３年以下の懲役もしくは300万円以下の罰金または併科）
	その他				マニフェスト虚偽記載（30万円以下の罰金）	マニフェスト交付義務違反（50万円以下の罰金）		指定有害廃棄物（硫酸ピッチ）の不適正処理（５年以下の懲役もしくは1000万円以下の罰金または併科）

椿洞の大規模不法投棄事件が、2005年（平成17年）改正を促したと言っても過言ではありません。また、最終処分場の残存容量逼迫（ひっぱく）に由来する処分費の高騰で排出事業者や処理事業者が不法焼却に走るケースの増加も改正を促した要因です。

そもそも適正処理がうたわれたのは1976年（昭和51年）に初めて改正された時です。委託基準（再委託禁止）を明記し、違反に対しては「3か月以下の懲役もしくは20万円以下の罰金」を科すというものでした。また、今や適正処理に欠かせないマニフェスト制度が、すべての廃棄物に対して用いられるようになったのは1997年（平成9年）のことです。

事業者の基本精神である「**排出事業者責任**」は、追加される義務と罰則によって強化されてきました。そもそもは廃棄物を出した者（事業者）が、その処理を自ら責任を持ってすることが望まれるものの、現実問題として不可能なところから委託することになります。しかしその委託という行為で、排出事業者が負うべき責任がなくなるというわけではありません。廃棄物処理の責任は処理する事業者にも、もちろんありますが、委託した排出事業者にも同等の責任があるのです。

驚くことに、不法投棄の現場からは排出事業者の社名を特定できるものが必ず見つかります。たとえば、青森・岩手県境大規模不法投棄事件のその後の調査では、排出事業者として挙げられた事業者の数は1万2000社にも及ぶと言われています。事業者名の公表などは、安易にされるというわけではありませんが、明らかに違法な形で委託した結果、不法投棄された事業者に関しては回復措置の行政命令や罰則が科されるのです。

これらの違法行為を取り締まるため、「罰則強化」は今後も進んでいくでしょう。複雑でめまぐるしく変わる廃掃法に対応しきれない事業者も多いかもしれません。しかし、循環型社会構築のためには、適正処理は欠かせません。年々変わる法律と、それでもどこかで起きている不法処理。イタチごっこかもしれませんが、少しでも不法処理をなくし、循環型社会構築の一翼を担うため、廃棄物適正処理の番人「廃掃法」の規制強化は続くのでしょう。

限りある資源を再生利用する「リサイクル」という言葉自体は今や一般的に使われるようになりましたが、循環型社会において重要なリサイクルのための「処理システム」は、いまだに確立されたとは言えないのが現状です。

●個別法の早わかり表

	包装容器リサイクル法 [1997(H9)年施行]	家電リサイクル法 [2001(H13)年施行]	食品リサイクル法 [1997(H9)年施行]	建設リサイクル法 [2002(H14)年施行]	自動車リサイクル法 [2005(H17)年施行]	小型家電リサイクル法 [2013(H25)年施行]
どこから(いつ)出る	一般家庭や事業所から出る	家電製品を買い替える時や処分する時	食品製造・加工や販売等の現場で出る	解体等の工事現場で建築物を解体等する時	廃車にする時	一般家庭（事業者）の小型家電を処分する時
何を	指定された包装容器	テレビ・エアコン・冷蔵庫（冷凍庫）・洗濯機（衣類乾燥機）	食品残さなど	コンクリートと鉄 コンクリートくず アスファルトくず 木くず	自動車	パソコン 携帯電話 カメラ プリンター など28品目
義務は誰が負う	消費者と自治体と特定事業者（容器製造者や飲料メーカー、スーパー等）	消費者とメーカー	年間100トン以上排出する食品関連事業者	施主と建設事業者（解体事業者）	消費者（所有する法人）とメーカー	消費者（所有する法人）とメーカー
どうする	リサイクルする	基準値以上リサイクルする	リサイクル率を向上させる	現場分別しリサイクルする	基準値以上リサイクルする	基準値以上リサイクルする
罰則	あり	あり	あり	あり	あり	あり
収集運搬費用負担	自治体	消費者	食品関連事業者	施主	消費者	消費者
リサイクル費用負担	メーカー	消費者	食品関連事業者	施主	消費者（デポジット制度）	消費者
どのように	・指定された4種類の対象物（ガラス瓶、ペットボトル等）を自治体が収集し、特定事業者（容器製造者や飲料メーカー、スーパー等）は直接、あるいは委託してリサイクルする義務を負う ・消費者は分別して排出するのが役割である	・家電小売店やメーカー指定の引取場所で収集され、メーカー指定のリサイクル工場でリサイクルする ・消費者はリサイクル料金等を負担する	・「発生抑制→リサイクル→熱回収→減量」を優先順位とし、それぞれを組み合わせて総量の削減に努める ・平成20年度の実績分から、定期報告の義務が開始した	・重機で一気に壊す従来型のミンチ状解体を改め、手作業を交えた分別解体をするよう解体事業者に義務づける ・平成22年度までに特定建設資材のリサイクル率95%を目指す	・エアバックや今まで埋立処分していたシュレッダーダストにリサイクル義務を負わせる。フロンについては適正に回収し破壊する。2015年までに1台の自動車につき95%のリサイクルを目指す ・消費者（法人も含む）は上記物のリサイクル・破壊のためにリサイクル料金を負担する	・家電リサイクル法の対象ではない家電を対象とした法律 ・自治体や小売店などで収集され、法律で認定を受けた認定業者がリサイクルを行なう

※デポジット制度とは、商品購入価格にリサイクル費用が含まれており、処分する際に料金がかからない制度のこと。リサイクル費用の前払い制度。

[個別法（個別リサイクル法)] 環境基本法・循環型社会形成推進基本法・廃棄物処理法・資源有効利用法に対し、個別の品目の特性に応じた規制のこと。現在は、容器包装・家電・食品・建設・自動車・小型家電の6つが定められ、リサイクル率を上げるための規制となっている。

3

【個別法】容器包装リサイクル法

循環型社会の第一歩は家庭から

6つの個別リサイクル法の中で最も身近であり、最も深刻な問題を抱えているのが「容器包装に係る分別収集及び再商品化等に関する法律」、通称「**容器包装リサイクル法**」です。

私たちは、1人当たり1キロ㌘程度のゴミ（一般廃棄物）を、毎日家庭から出しています。容器包装は家庭ゴミ全体のうち、容積比で6割弱であり、大部分を容器包装廃棄物が占めています。

ガラス製容器とペットボトルのリサイクルを義務づけた1997年（平成9年）の施行から始まり、2000年（平成12年）にはペットボトル以外のプラスチック製容器包装と紙製容器包装（飲料用紙パック以外）がリサイクル義務対象となり完全施行となりました。

また空き缶やダンボール、飲料用紙パック（牛乳パック等）は、回収した時点で有価物として扱えるので、あえて法律でリサイクル義務を明記していませんが、自治体等では積極的に回収に取り組んでいるようです。

「容器包装リサイクル法」の基本的な物の流れについては左図のようになっています。この法律は消費者・自治体・特定事業者の三者が「役割分担」することで機能しているのです。

特定事業者とは、ある一定規模以上の容器製造事業者や飲料メーカー、スーパー等のことを指します。消費者には分別排出、自治体には収集と選別の義務、特定事業者にはリサイクルの義務がそれぞれあります。

一方、リサイクルにかかる費用は、収集と選別の費用を自治体が、リサイクル費用を特定事業者がそれぞれ負担しています。ここで注目してもらいたいのは、収集と選別は税金を使って行なっている、ということです。

リサイクル費用の7～8割が収集運搬と選別にかかると言われており、「容器包装リサイクル法」にかかるリサイクル費用のほとんどが、税金で賄われ

●家庭ゴミ全体に占める容器包装廃棄物の割合

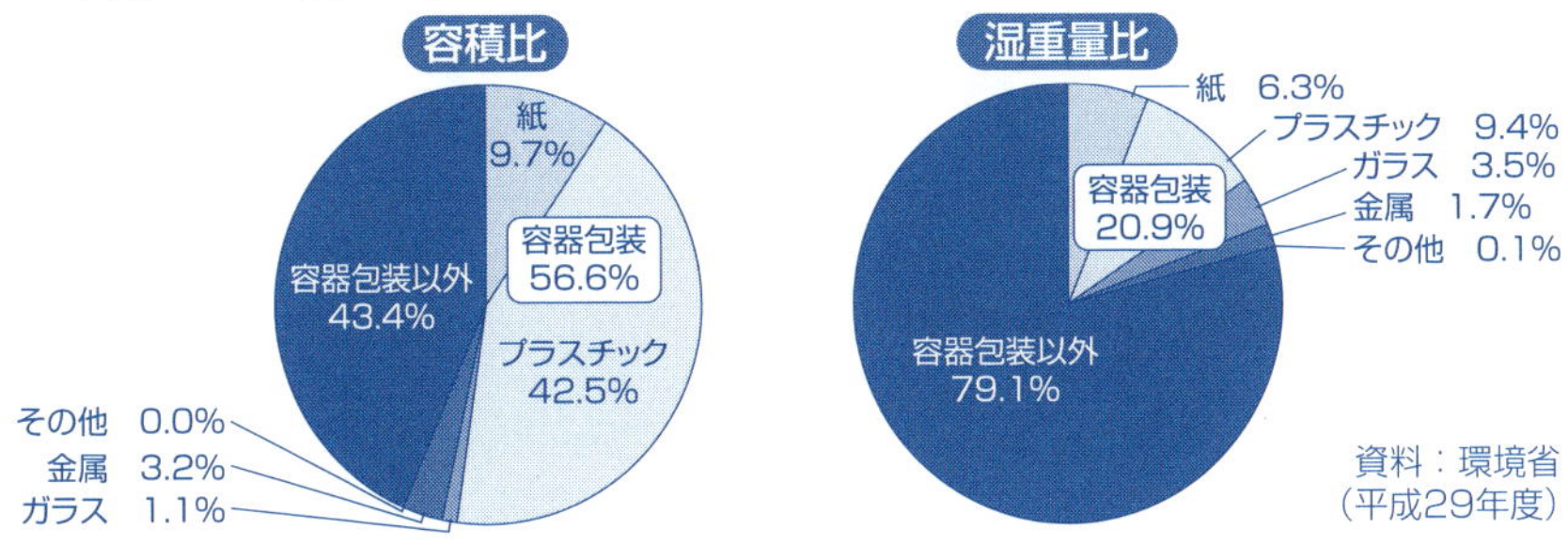

●容器包装のリサイクル

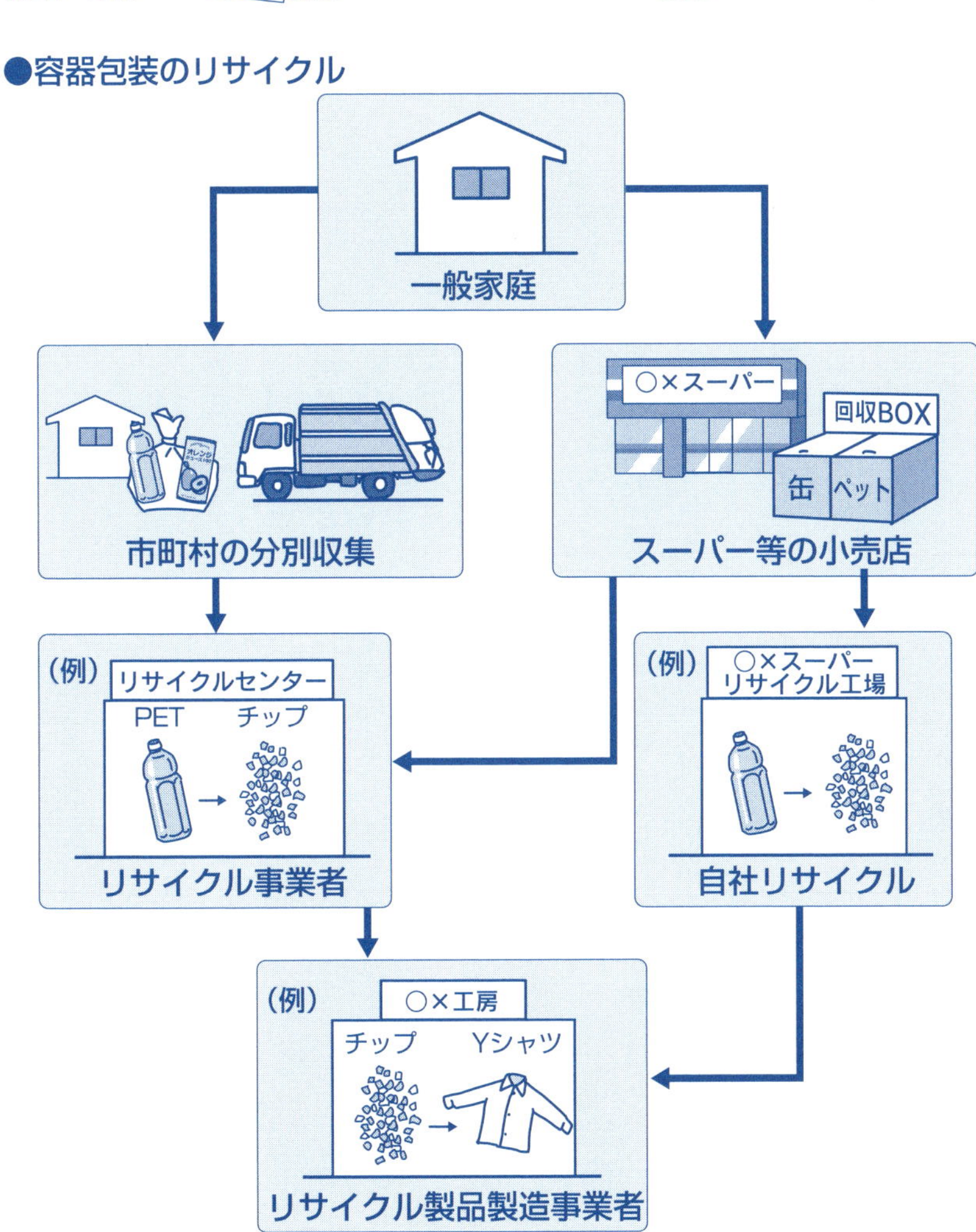

●リサイクル料金の内訳

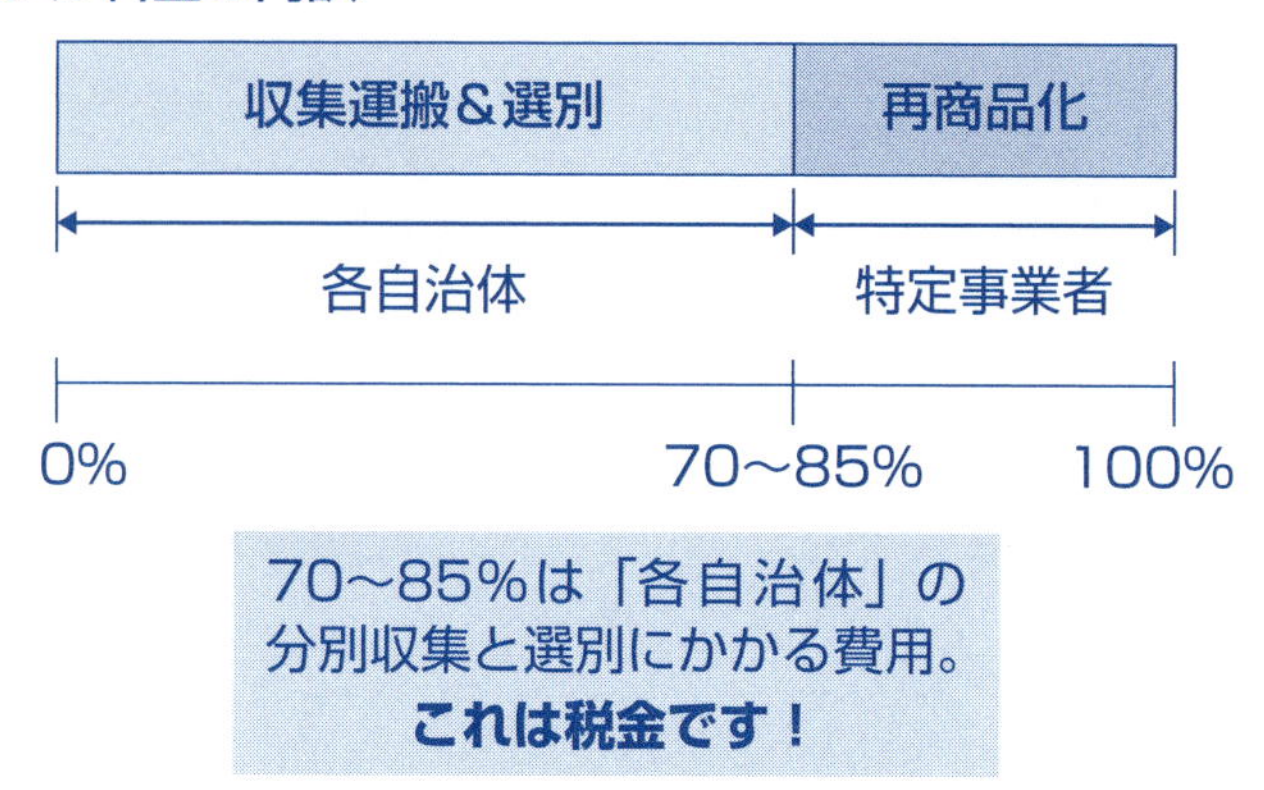

ていると言っても過言ではありません。

この現状に多くの市民や団体は、「拡大生産者責任」の観点からリサイクル費用を特定事業者が負担するべきであると訴えています。

また、多くの意見として消費者側も排出者責任の観点からリサイクル費用を負担することが望ましく、その方法として、デポジット制度は消費者としても受け入れやすいしくみであるとも考えられています。たとえば、パソコンや自動車などは購入時の費用に廃棄段階で必要なリサイクル費用が含まれています。

これらの声は年々大きくなり、消費者側の関心も高まるばかりなのです。

しかし、逆に特定事業者は、厳しいコスト削減競争や各自治体によって収集運搬・選別にかかる費用が違うこと、またそれらの明細が不明瞭であることを理由にリサイクル費用の一部負担増も含めてさらなる負担に否定的な姿勢を示しています。

さらに問題として挙げられるのが、容器包装を含む廃プラスチックの輸出が、頻繁・大量に行なわれていることです。日本で排出された廃プラスチックの多くは、中国などの海外へ輸出されています。これは、燃焼させれば木材や石炭よりも大きなエネルギーとなるため、廃プラスチックを資源として求めている国があるからです。

これは日本にとって大きな問題です。日本は資源を海外に頼っているにもかかわらず、リサイクル可能な資源を輸出することで循環型社会形成への道が閉ざされてしまい、このままでは一方通行型の社会は一向に改善されません。

4 【個別法】家電リサイクル法

消費者料金負担への根強い抵抗感

個別法は排出量が多く、その大部分が埋め立てられている現実を打開するために制定されました。テレビ（ブラウン管・液晶式・プラズマ式）、洗濯機・衣類乾燥機、冷蔵庫・冷凍庫、エアコンの4品目について定めた「特定家庭用機器再商品化法」、通称「**家電リサイクル法**」もそのひとつです。

今までの廃家電製品は、その多くが破砕処理され、一部の金属のみ回収が行なわれていたものの、約半分はそのまま最終処分場に埋め立てられてきました。

しかし、家電製品は主に鉄でできていますが、銅やアルミニウムなどの有用な資源も多く使われています。そのため、家電リサイクル法は、最終処分場の残余年数の問題だけでなく、循環型社会を考える上でも必要な法律なのです。

家電販売店などでテレビを買い換える時や古いテレビを処分する時は、必ずメーカーごとに決められたリサイクル料金を支払うことになっており、支払いの方法としては、次の2つがあります。

●家電リサイクル券

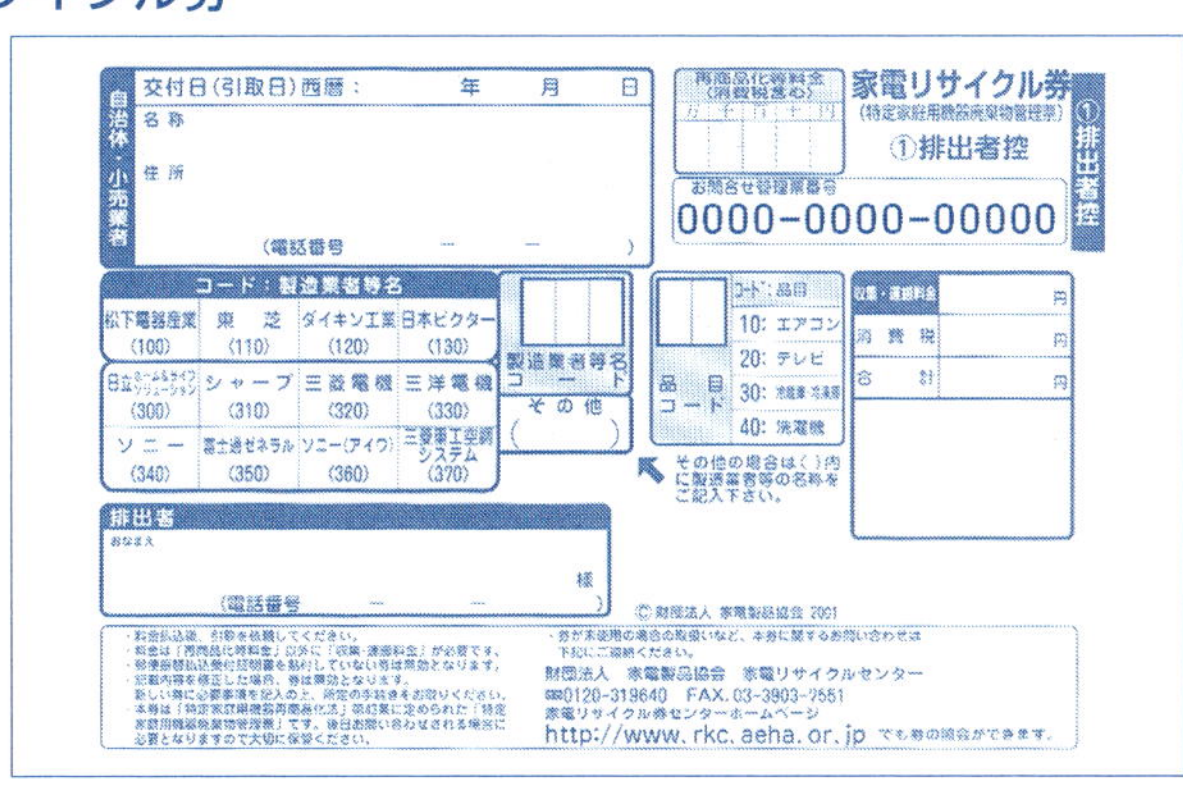

家電リサイクル券
（特定家庭用機器廃棄物管理票）
①排出者控

自治体・小売業者
交付日（引取日）西暦：　年　月　日
名称
住所
（電話番号　－　－　）

再商品化等料金（消費税込み）
万　千　百　十　円

お問合せ管理票番号
0000-0000-00000

コード：製造業者等名

松下電器産業	東　芝	ダイキン工業	日本ビクター
(100)	(110)	(120)	(130)
日立ホーム&ライフソリューション	シャープ	三菱電機	三洋電機
(300)	(310)	(320)	(330)
ソニー	富士通ゼネラル	ソニー(アイワ)	三菱重工空調システム
(340)	(350)	(360)	(370)

製造業者等名コード
その他（　）

品目コード

コード：品目
10：エアコン
20：テレビ
30：冷蔵庫・冷凍庫
40：洗濯機

その他の場合は（ ）内に製造業者等の名称をご記入下さい。

収集・運搬料金	円
消費税	円
合計	円

排出者
おなまえ　様
（電話番号　－　－　）

Ⓒ財団法人 家電製品協会 2001

・料金払込後、引取を依頼してください。
・料金は「再商品化等料金」以外に「収集・運搬料金」が必要です。
・郵便振替払込受付証明書を貼付していない券は無効となります。
・記載内容を修正した場合、券は無効となります。新しい券に必要事項を記入の上、所定の手続きをお取りください。
・本券は「特定家庭用機器再商品化法」第43条に定められた「特定家庭用機器廃棄物管理票」です。後日お問い合わせされる場合に必要となりますので大切に保管ください。

・券が未使用の場合の取扱いなど、本券に関するお問い合わせは下記にご連絡ください。
財団法人　家電製品協会　家電リサイクルセンター
0120-319640　FAX.03-3903-7551
家電リサイクル券センターホームページ
http://www.rkc.aeha.or.jp でも券の照会ができます。

・郵便局振込み（委託の前にリサイクル券を購入）
・家電販売店払い（販売店で委託する際にリサイクル券を購入）
基本的な流れとして、どちらの場合もリサイクル券を購入し、廃家電製品と一緒に渡します。リサイクル券のサンプルが前ページの図です。

我々が支払ったお金は、一般財団法人家電製品協会が適正にメーカー等の製造事業者へ渡るよう管理します。メーカー等の製造事業者には、リサイクル施設等で、法令で定められたある一定以上のリサイクル率を達成することが義務づけられています。

下図は、テレビ（89％以上）、洗濯機・衣類乾燥機（90％以上）、冷蔵庫・冷凍庫（81％以上）、エアコン（92％以上）の4品目のリサイクル達成率です。各品目ごとに重量割合でリサイクル率が設定されており、マテリアルリサイクルとサーマルリサイクルを組み合わせて達成することが義務づけられています。この時の費用をリサイクル料金でまかなっているのです。

しかし、このリサイクル料金については、いまだに強い抵抗感を感じる人が多いのではないでしょうか。この問題の根本は、「リサイクル料金を処分する時に支払わなければならない」というところにあります。

左図のフローは、モノ（廃家電製品）とお金（リサイクル料金）の流れを解説したものです。

パソコンや自動車は、新規購入時や車検の時にリサイクル料金も一緒に支払うしくみになっています。家電リサイクルにおいても早急なデポジット制度の導入が待たれます。

●平成30年4月現在のリサイクル料金と平成28年度のリサイクル達成率

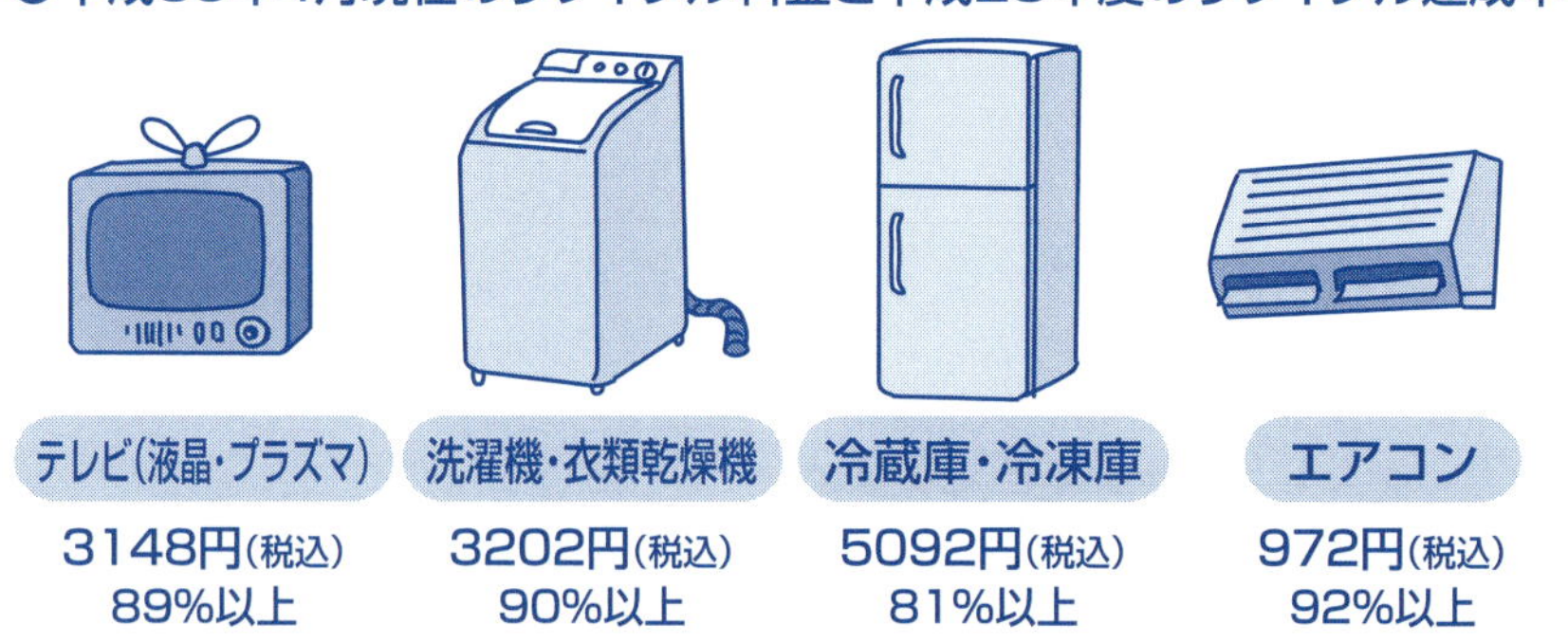

※家電リサイクルセンターの料金一覧表より作成
（メーカーごとに異なるために、目安として）

●家電リサイクル法におけるモノとお金の流れ

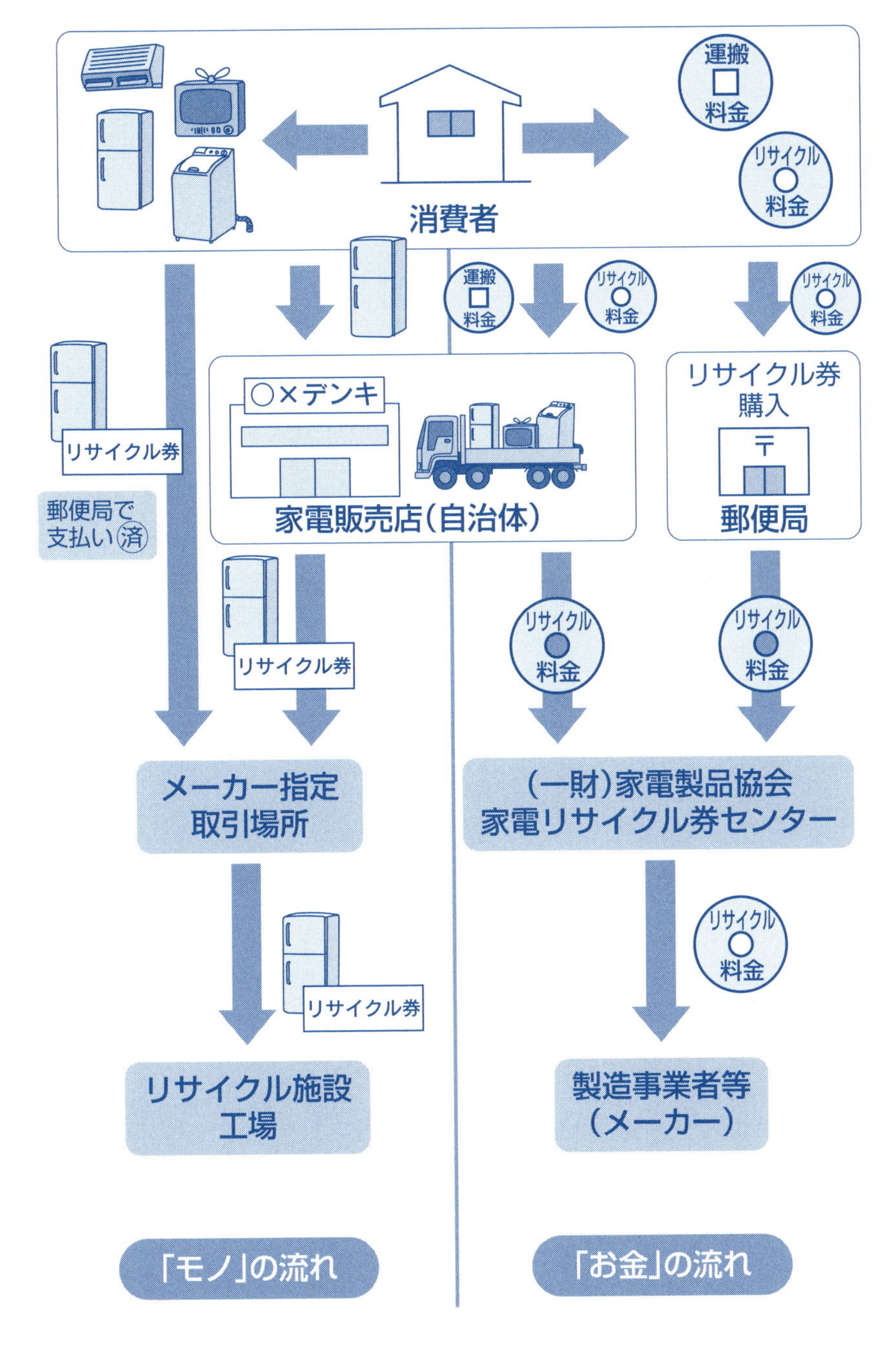

5

【個別法】食品リサイクル法

残った食品をどのようにリサイクルするか

食品由来の廃棄物の再利用について定めたのが、この「食品循環資源の再生利用等の促進に関する法律」、通称「**食品リサイクル法**」です。

この法律で対象となるのは、食品関連事業者です。

食品関連事業者とは、食品製造・加工の事業者であったり、飲食店を経営する事業者であったり、食品販売する事業者のことを指します。ただし、個人で経営する喫茶店のような比較的小規模の飲食店などは、対象となりません。

平成13年度の施行時に、これらの食品関連事業者には、大量に排出される食品の売れ残りや食べ残し、食品の製造・加工過程で大量に発生する食品廃棄物の総量を２００６年度（平成18年度）までに20％削減することが義務づけられました。

平成13年度から施行された食品リサイクル法は、施行から5年が経過した段階で見直しがされ、平成19年に改正されました。改正では、多量発生事業者に報告義務を定め、再生利用の実施率目標を設定したことがポイントとなります。

◆多量発生事業者の報告義務

食品廃棄物等を前年度１００トン以上排出した事業者を「多量発生事業者」とし、年度ごとに食品廃棄物の発生量や再生利用の状況を報告することが義務づけられました。

なお、ここでの多量発生事業者として、フランチャイズチェーン事業においても、加盟者の約款に食品廃棄物の処理について定めがある場合には、チェーン全体でひとつの事業者とみなします。

この定期報告を行なわない、または虚偽の報告をした場合には、20万円以下の罰金が科せられます。

◆再生利用の実施率目標を設定

改正前までの食品リサイクル法にお

●食品廃棄物のリサイクル

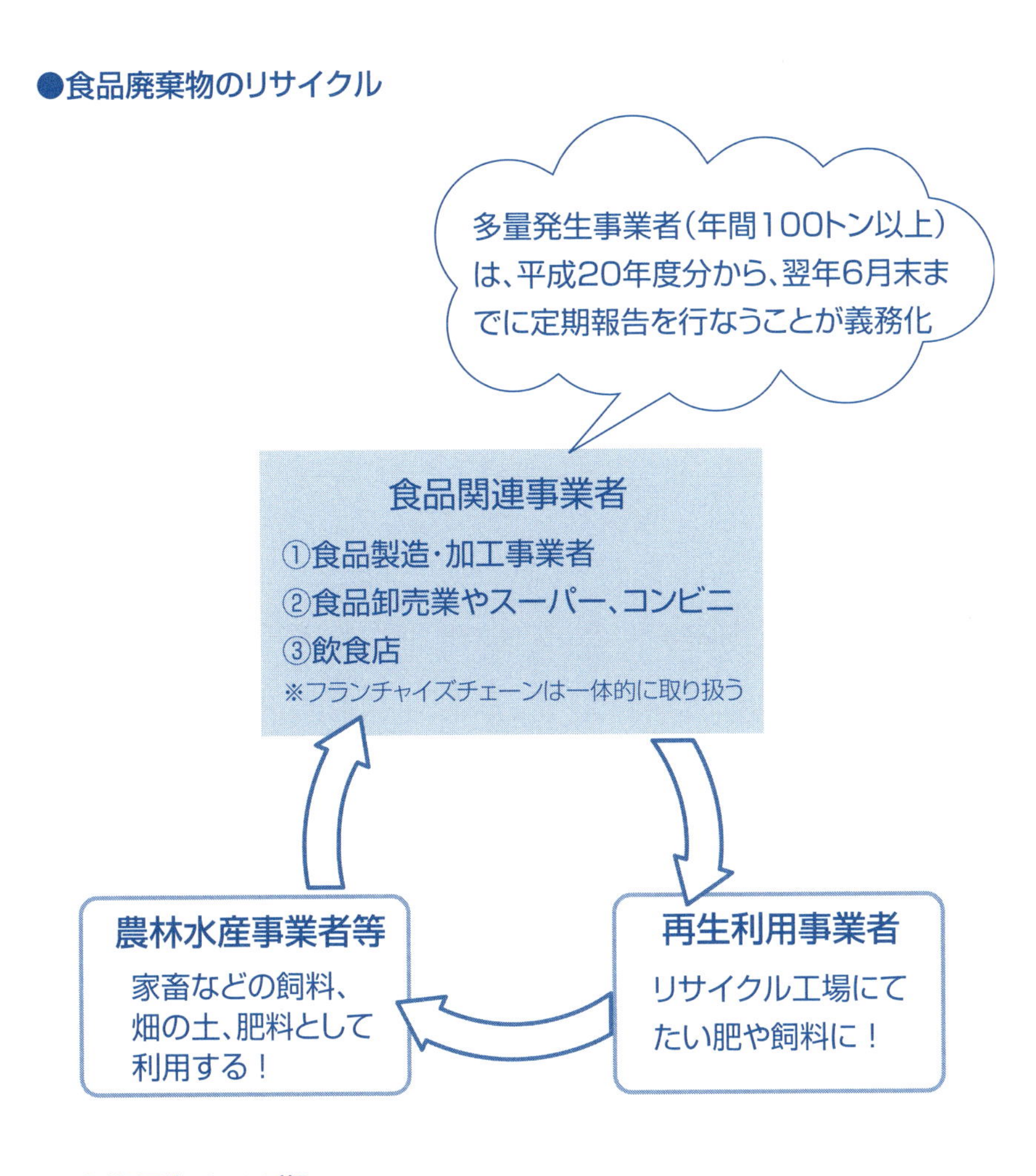

●実施優先すべき順

4つの方法で再生利用等の実施率を向上

いては、総量の削減を最大の目標とし、再生利用（リサイクル）率の基準に関する定めはありませんでした。平成19年の改正により、発生抑制・再生利用・熱回収・減量した量の実施率を算出する計算式が定められました。

実施率の目標は、前年度の実施率が20％未満の場合は20％、20〜50％では＋2％、50〜80％では＋1％、80％以上の場合は維持向上とし、事業者ごとに異なる目標値とします。

この目標が達成されなければすぐさま罰則が与えられるものではありません。再生利用等の取組みが不十分である場合には、指導・助言が与えられ、さらに著しく不十分である場合に勧告、企業名の公表、命令を経て、その命令にも応えない場合には最大50万円の罰金が科せられるという間接罰の対象となっています。

◆業界ごとに異なる状況

そして、事業者ごととは別に、平成31年度までの達成を目標とする業種別の目標が設定されています（平成27年度改正にて設定）。

目標値は、食品製造業で95％、食品卸売業で70％、食品小売業で55％、外食産業で50％です。

食品関連事業者の業界ごとの目標値には大きなばらつきが見られます。目標値が高い食品製造業や食品卸売業の食品廃棄物等は、工場など特定の場所から一定以上の量がまとまって排出されます。そのため、再生利用も行ないやすく、すでに循環利用のしくみが確立されており、食品リサイクル法制定以前から、90％以上のリサイクル率が達成されているのが当然という企業も少なくありません。

その点では、食品リサイクル法の対象の中心として、今後リサイクル率の向上が期待されているのは、飲食店や食事の提供を行なう外食産業であると言えます。

また、食品リサイクル法ではこうした課題を解決するために、食品関連事業者と食品の再生利用事業者と農林漁業者等が協力して、食品廃棄物のリサイクルを進める「食品リサイクルループ」という制度が設けられています。

この制度では、食品関連事業者が排出した食品廃棄物を再生利用事業者が肥料や飼料とし、それを農林漁業者等が利用、そしてその肥料等を使って生産された食品を食品関連事業者が購入するという「ループ」を形成することにより、認定を受けることができる制度です。食品廃棄物の運搬に関わる許可が不要となるなどのメリットがあります。

6 【個別法】建設リサイクル法

排出量の多い廃棄物を対象に現場分別とリサイクルが柱

6つの個別リサイクル法のうち、新築工事や解体工事などの建設工事について定めるものが、「建設工事に係る資材の再資源化等に関する法律」、通称「**建設リサイクル法**」です。

なぜ建設工事だけを取り上げたリサイクル法が誕生したかというと、不法投棄の約6割が解体工事から発生する廃棄物であるからです。

どうしてこんなにも高い割合で不法投棄されてしまうのでしょうか。その理由としては、建設リサイクル法施行前の解体工事のやり方と、その結果発生する廃棄物の形状にあります。

建設リサイクル法が施行される以前は重機を使い、ミンチ状の廃棄物を発生させて建築物の解体をしていました。解体工事は機械を使って一気に壊せば工期が短く、すぐに終わらせることができるからです。

しかし、さまざまな材質のものを細かい混合状態のミンチ状廃棄物にすると、材質で分けてリサイクルすることもできませんし、そのままでは処分に高い費用がかかってしまいます。一部の心ない解体事業者の「機械でミンチ

●特定建設資材のリサイクル

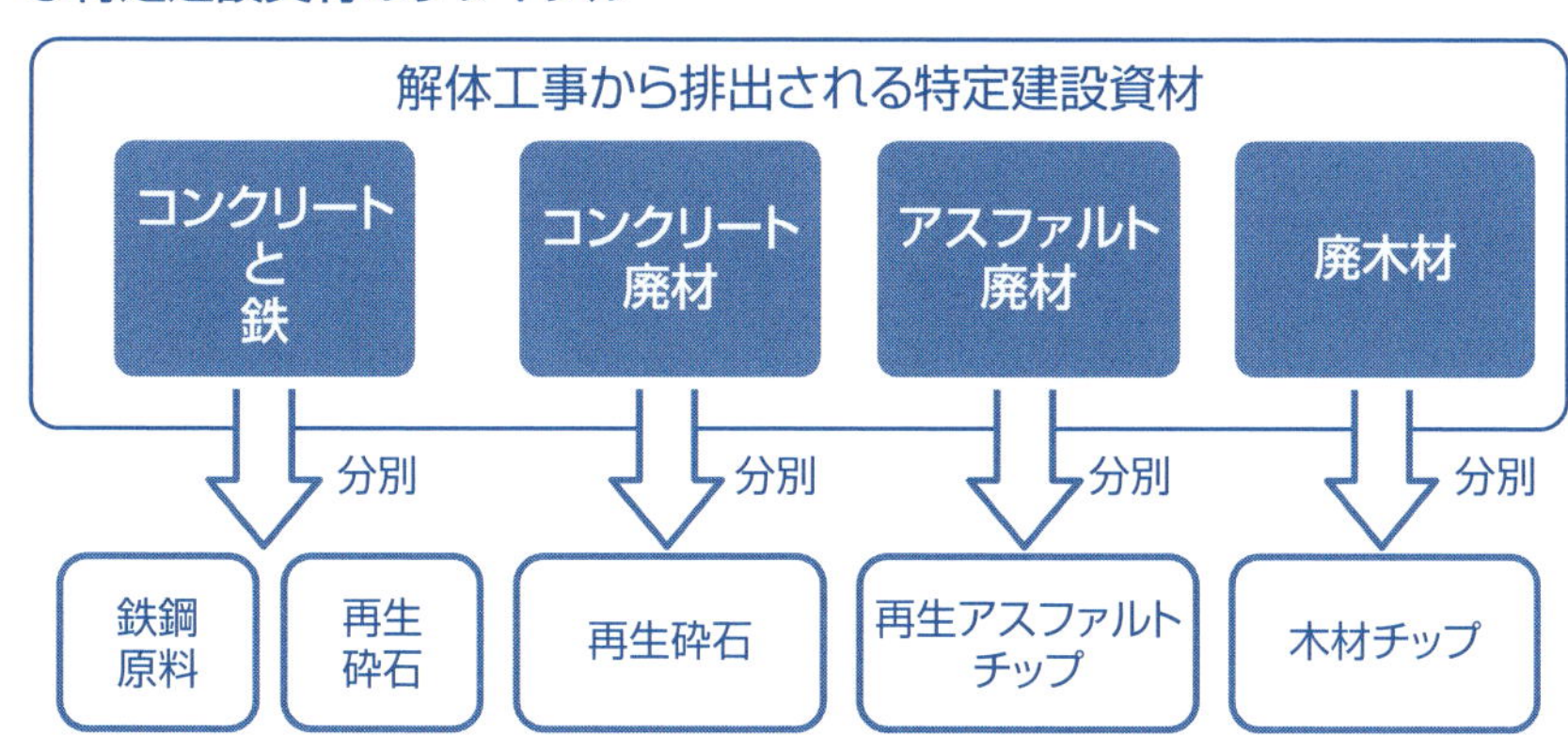

●建設現場での分別解体

対象建設工事

建築物を解体工事する場合	床面積の合計が80㎡以上
建築物を新築・増築工事する場合	床面積の合計が500㎡以上
リフォーム工事等の場合	請負代金が1億円以上
土木工事等の場合	請負代金が500万円以上

特定建設資材

①コンクリート

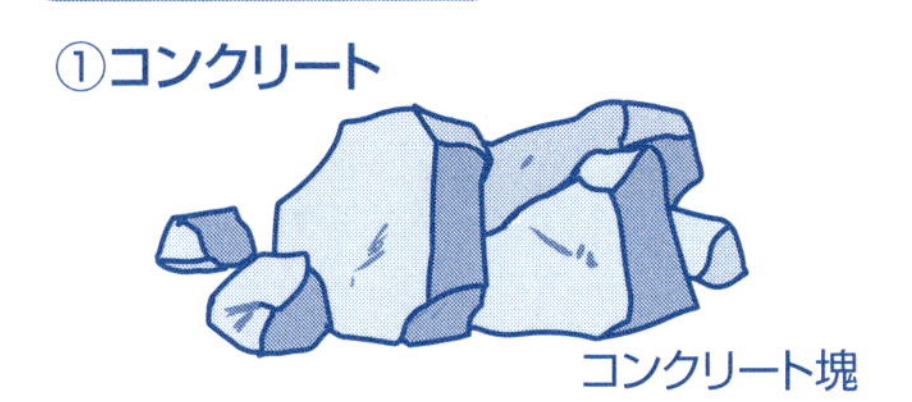

コンクリート塊

③木材

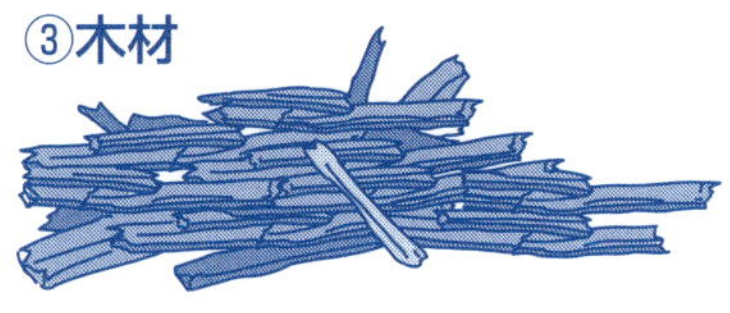

建設発生木材

②コンクリート及び鉄からなる建設資材

コンクリート塊
（鉄は取り出して有価で取引される）

④アスファルト・コンクリート

アスファルト・コンクリート塊

解体すれば工期が短く得をし、処分費の高いミンチ状の廃棄物はどこかに捨ててしまえば儲かる」という発想から、解体工事から出る廃棄物が不法投棄の温床となっていたのです。

また、埋め立てられる最終処分場の残存容量が逼迫（ひっぱく）しているという事実からも、リサイクルを推し進めることが緊急の課題となっています。

そこで不法投棄を防ぐと共に、発生する廃棄物をリサイクルし、少しでも最終処分場の残余年数を延ばすために、建設リサイクル法では主に次のようなことを義務づけています。

①対象となる工事に対し分別解体等の実施

②木材・コンクリート・アスファルトの現場分別とリサイクル

③解体工事の届出と都道府県知事への解体事業者登録

●ミンチ解体と分別解体

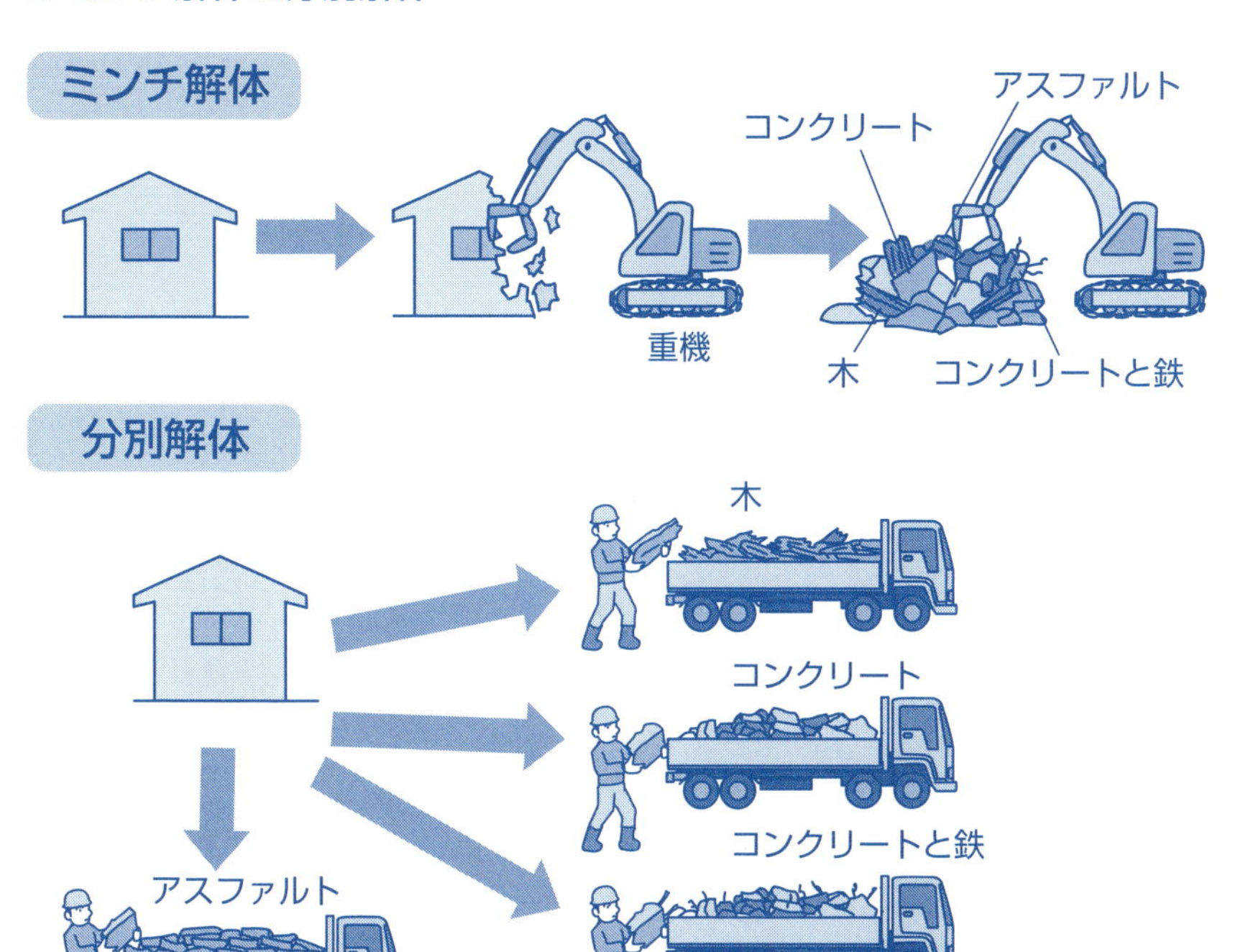

建設リサイクル法はできるだけ手作業で解体し、現場で分別することを義務づけた法律

建設リサイクル法は、主に解体工事に焦点を当てたものなので、ほとんどの解体工事に適用されます。たとえば、右上図のとおり、解体工事に係る規模の基準は「80㎡」なので、標準的な30坪（100㎡）の家を解体する場合には必ず遵守することになります。

実際の作業では、建物の設備や内装の取り外しから始まり、屋根→外装・構造部分→基礎部分と順を追って、手作業または手作業と機械作業を併用して解体し、現場分別が行なわれます。また、工事の届出義務や解体事業者登録義務により、適正な解体工事を確保し違反者には罰則を適用します。

施主の方々にしてみれば、少しでも安い予算で解体したいと考えるでしょうが、一定レベルの費用がかかってしまうのは、適正に廃棄物を処分するためには必要不可欠なことなのです。

［ミンチ解体］ 現場分別を行なわず重機で一気に壊してしまう解体方法。排出される廃棄物はミンチ状の混合廃棄物になり、処理が困難になるため、不法投棄されることが問題となった。建設リサイクル法の施行により現場分別と再資源化が義務づけられたため、現在ミンチ解体は違法行為である。

7

グリーン調達・グリーン購入

価格・品質・納期に加え、環境に配慮されたものを選ぼう

平成13年に「**グリーン購入法**」（国等による環境物品等の調達の推進等に関する法律）が施行され、消費者の代表として、国や市町村の自治体など公共機関にグリーン購入を義務づけました。事業者・国民には、本当に必要かどうかよく検討し、商品購入時にできる限り環境に負荷を与えない商品を選択することを求めています。消費者の意識の変化を生むことで、購入者自身の活動を環境にやさしいものにするだけではなく、環境に対する配慮のない製品は売れない・買わないという文化を形成し、供給する製造企業にも環境負荷の少ない製品の開発を促し、日本全体の環境負荷を抑えるというねらいがあります。

具体的に、環境に配慮された製品の条件は、有害物質を使用していないことや、廃棄物となった時にリユース・リサイクルがしやすいこと、製造過程における環境負荷が少ないことなどが挙げられます。消費者がその判断をするために、グリーン購入法では、環境に配慮された製品であることを示すエコマークやグリーンマークなどの、環境ラベルの活用も推進しています。また、グリーン購入ネットワーク（204ページ参照）など第三者機関の情報も判断基準となります。グリーン購入ネットワークには、自動車であれば燃費、電気製品であれば消費電力、文具であれば再生紙の利用率などが表示されていて、ひとつの表で比較することができます。

たとえば、自動車を購入する時、グリーン購入ネットワークが調べた燃費・排ガス性能の数値や、各メーカーのホームページなどからわかる環境に対する取組みも判断の材料となります。

とは言え、実際に何を買えばグリーン購入なのかは明確ではありません。グリーン購入が義務づけられた自治体でも、まずは大量に使用する紙を再生紙に切り替える、といったことから始めています。大切なのは、小さなこと

●グリーン購入が循環型社会形成の第一歩となる

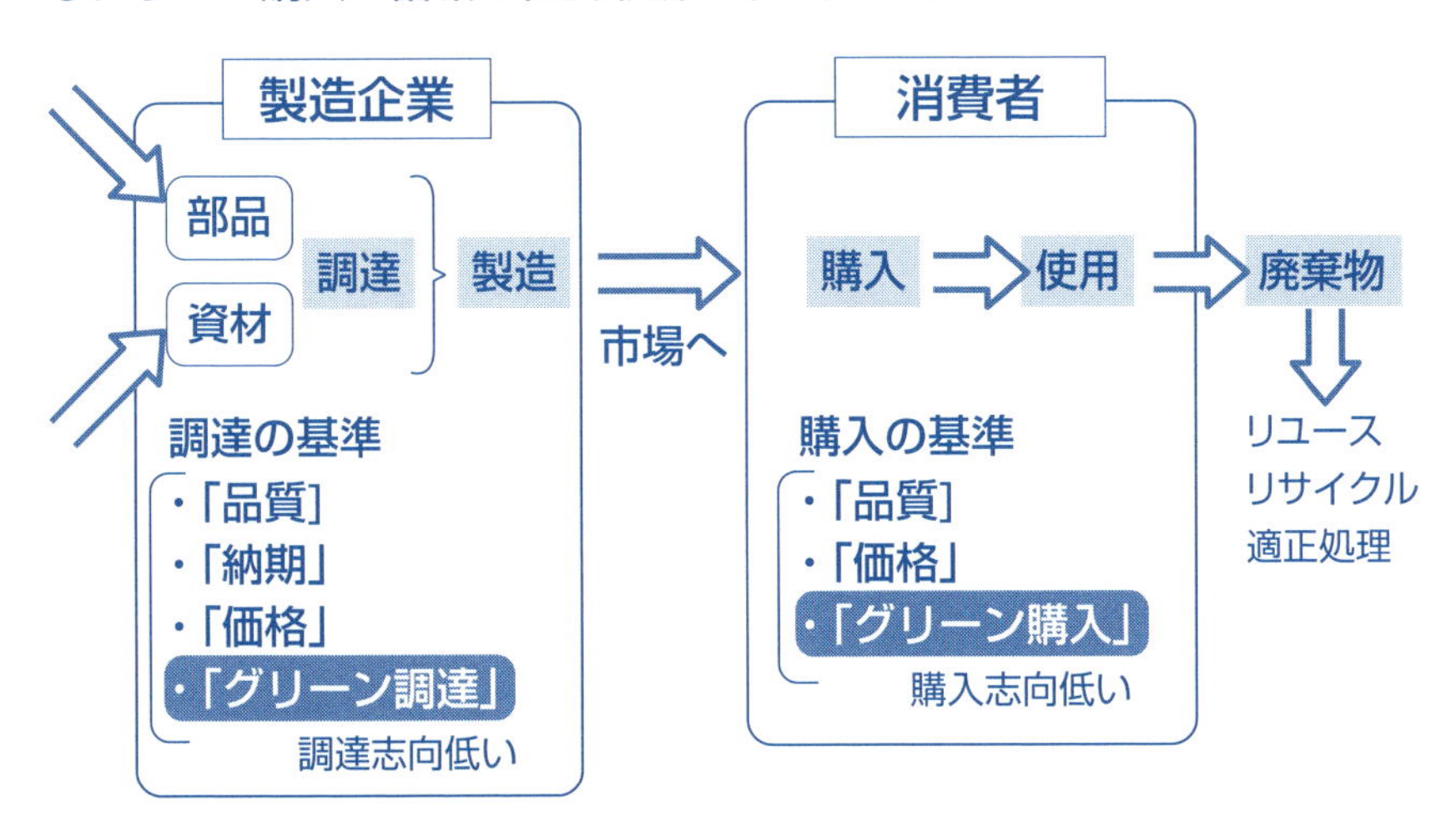

グリーン調達・購入とは…

企業が、部品・資材を調達する時
消費者が、製品を購入する時
それが環境に配慮されたものかを基準とする考え方

例・有害物質が使用されていない
・廃棄物となった時、リサイクルやリユースしやすい
・製造における環境負荷が小さい

でも実践することです。近くのスーパーには、レジ袋が要らないように袋を持って行ったり、トイレットペーパーでも古紙再生品を買ったりすることが、グリーン購入実践の一例だと言えます。

残念なことに現在、消費者が製品を購入する際に最も重視するのは、価格と品質であり、同じ品質で価格の高い環境配慮製品と安い製品があれば、安いほうを購入する人が多いでしょう。

しかし、「少々高くても環境にやさしいものを使おう」という選択をすることが、小さなことですが、循環型社会形成の第一歩なのです。循環型社会形成のためには、環境にやさしい製品を作る企業と、グリーン購入をすすめる消費者と、製品の環境性能を客観的に判断する指標のいずれが欠けてもなりません。

[エコマーク] 環境への負荷が少なく、あるいは環境の改善に役立つ環境にやさしい製品を示すマークであり、1990年にスタートした。環境保全効果だけでなく、製造工程でも公害防止に配慮していることが必要。100%古紙のトイレットペーパーなどについている。

8

京都議定書からパリ協定へ

地球温暖化を阻止するために私たちができることは？

20世紀に地球の平均気温は0・6度上昇し、今後はさらに加速すると言われています。地球温暖化を食い止めるためには、CO_2・メタン・フロンなどの温室効果ガスの排出量を削減することが必要です。

京都議定書は、先進国全体で基準となる1990年（平成2年）の温室効果ガス排出量から5％以上削減することを目標とした各国間の約束です。インド、中国なども含めた途上国には数値目標の義務はありません。先進国における削減目標は経済成長などの各国事情に合わせて定められました。日本は6％の削減目標を京都メカニズムも活用することで達成しました。

温室効果ガスの排出量は直接測定するのではなく、経済統計などで用いられる活動量（たとえばガソリン消費量、電力消費量、田畑の面積など）にそれぞれ定められた排出係数をかけ、合計し算出します。

国際的な排出係数の基準もありますが、日本では、温室効果ガス排出量算定方法検討会において毎年見直される係数を用います。

世界のCO_2排出量については、アメリカのオークリッジ国立研究所の発表データを使用します。

現在、中国は全排出量の約4分の1を占め、排出量の上位15か国が全体の70％以上を占めています。

京都議定書に続いて、2020年からの国際的な取組みとして、2015年12月に第21回気候変動枠組条約締約国会議（COP21）でパリ協定が採択されました。

パリ協定は、途上国も含めた条約に加盟するすべての国が参加する枠組みです。世界全体の目標として、産業革命前からの平均気温上昇を「2度未満」に抑えることが定められました。

その中で、日本は2030年度に2013年度比マイナス26・0％を目標値として掲げています。

●京都議定書と温暖化

地球温暖化のメカニズム

森林の減少（CO_2吸収源の減少）
石炭・石油の大量消費（CO_2など温室効果ガスの増加）
など

温暖化

↓

海面上昇、異常気象、自然災害など
生態系の変化

京都議定書とパリ協定の概要

	京都議定書	パリ協定
約束期間	2008～2013年	2020～2030年
対象国	先進国	すべての国 （2016年11月4日発効）
日本の対応	目標：1990年度比6.0%減 結果：1990年度比8.2%減	2013年度比25.0%削減 （2016年11月8日批准）

京都メカニズム

排出量取引	先進国間で排出量を取り引きできる
共同実施	共同削減プロジェクトによる削減量を参加国間で分けられる
クリーン開発メカニズム	途上国における削減プロジェクト削減量を、自国にカウントできる

［温室効果ガス］大気中の熱を逃がしにくくする効果がある、二酸化炭素・メタン・フロンなどの物質。石油の大量消費による温室効果ガスの増加がもたらす地球温暖化が問題となっている。

9 WEEE指令&RoHS指令

電気・電子機器に含まれる特定有害物質の使用制限令

WEEE指令、RoHS指令は、共に2003年1月に採択された、EU市場に投入される電気・電子機器を対象とした規制です。基準を満たさない製品は、日本の製造事業者であっても、EU市場に輸出・販売できません。ほぼすべての電気製品がこの2つの指令の対象となります。

◆WEEE指令

WEEE指令は、ひと言で言えば拡大生産者責任を明確にしたものです。4章の14項で取り上げた広域認定制度との違いは、広域認定制度は、製造した製品が廃棄物となった時の運搬と処分(リサイクル)に製造事業者が直接かかわるのに対し、WEEE指令は、処理費用を負担して拡大生産者責任を果たします。WEEE指令は、増大する廃電気・電子機器において、その処理に製造者を参加させることで、再利用・リカバリーを推進することを目的としています。ここで言うリカバリーとは、基準値以上のマテリアルリサイクルと、サーマルリサイクルを組み合わせたリサイクルのことです。

EU内において、電気・電子製品が廃棄物となった時の分別回収システムを加盟国が構築し、製品製造事業者は、回収から適正な処理までのすべての費用を負担します。また品目ごとにリカバリー達成率が定められ、それを達成するように設計・製造の段階から配慮が必要となります。WEEE指令は2012年7月に改正され、リカバリー達成率の目標や製品カテゴリーの見直しなどが行なわれました。

◆RoHS指令

RoHS指令はEU市場に投入される電気・電子製品に、鉛や水銀などの有害金属・有害物質を使用することを禁止するものです。技術的な代替物がないものは、適用除外リストが策定されますが、そのリストは4年ごとに見直され、最終的には有害物質ゼロを目

●WEEE指令＆RoHS指令とは

WEEE（ウィー）	RoHS（ローズ）	ELV（イーエルヴィ）
廃電気・電子機器リサイクル指令	電気・電子機器に含まれる特定有害物質の使用制限指令	使用済み自動車に関する欧州会議及び理事指令
2013年1月採択		2000年9月採択
2012年7月改正	2011年7月改正	
EU市場に投入する電気・電子機器		EU市場に投入する自動車
冷蔵庫・洗濯機・エアコン・テレビ・ゲーム機など ほぼすべての電気製品		自動車
電気・電子製品が廃棄物となった時の分別回収システムを加盟国が構築し、製品製造事業者は、回収から適正な処理までのすべての費用を支払う。また品目ごとにリカバリー達成率が定められ、それを達成するように、設計・製造段階から配慮が必要	電気・電子製品に、鉛・水銀・カドミウム・六価クロム・PBB・PBDEなどの有害金属・有害物質を使用することを禁止するもの 技術的な代替物がないものについては、適用除外リストが策定されるが、そのリストは4年ごとに見直しされる	**WEEEとRoHSを合わせたもの**

指します。ＲｏＨＳ指令は２０１１年７月に改正され、対象製品の見直しなどが行なわれました。

ＷＥＥＥ指令とＲｏＨＳ指令のいずれもＥＵ圏内における規制ですが、中国・韓国などアジアにおいても同様の規制が予定されています。また、ＥＵ市場に投入される自動車に対しては、ＷＥＥＥ＆ＲｏＨＳ指令と同様の内容を含む**廃車指令**（**ＥＬＶ**）が２０００年にすでに採択されています。

製品が廃棄物となった時のことまで管理できていない製品は売ることができない・売れないという動きが世界的に加速しています。こうした環境対応への動きは、いずれ国際基準となる可能性があります。製造事業者は環境や廃棄物事情（リサイクル）に関する知識をつけると同時に、「環境によい企業」を目指すことが求められています。

[バーゼル条約] 1992年に国連環境計画（UNEP）を中心に発行した、国際間の有害廃棄物の移動とその処分の管理について定めたもの。この条約を受け国内法として「特定化学物質等の輸出入等の規制に関する法律」が定められた。

10

産業廃棄物税

地方自治体による産業廃棄物税導入の背景

「産業廃棄物税」、通称「**産廃税**」は国が一律に導入しているものではなく、地方自治体が独自の判断で導入している税金です。

これは、2000年（平成12年）の地方分権一括法施行に伴い地方税法が改正され、地方自治体が、特定の使用目的や事業の経費のために条例を定めて、独自に税金を設けることが可能となったのがそもそもの始まりです。

2002年（平成14年）の三重県を皮切りに導入する都道府県が増加し、2017年（平成29年）度末までに27道府県が導入しています。

産廃税は、最終処分場へ持ち込む中間処理事業者等が廃棄物を搬入する際に、処分費と一緒に支払うというスタイルが最も多く採用されています。左ページ上図は排出事業者・中間処理事業者・最終処分事業者の三者間の基本的な流れを示しています。

ここで注目すべきは、最終処分事業者に直接税金を支払っているのは中間処理事業者ですが、実質の税負担者は排出事業者である、ということです。

つまり、排出事業者は中間処理を委

●産業廃棄物税を導入した道府県

年							
2002年	三重						
03年	岡山	広島	鳥取				
04年	青森	秋田	岩手	滋賀	奈良	山口	新潟
05年	宮城	京都	島根	福岡	佐賀	長崎	大分
	宮崎	熊本	鹿児島				
06年以降	福島	愛知	沖縄	北海道	山形	愛媛	

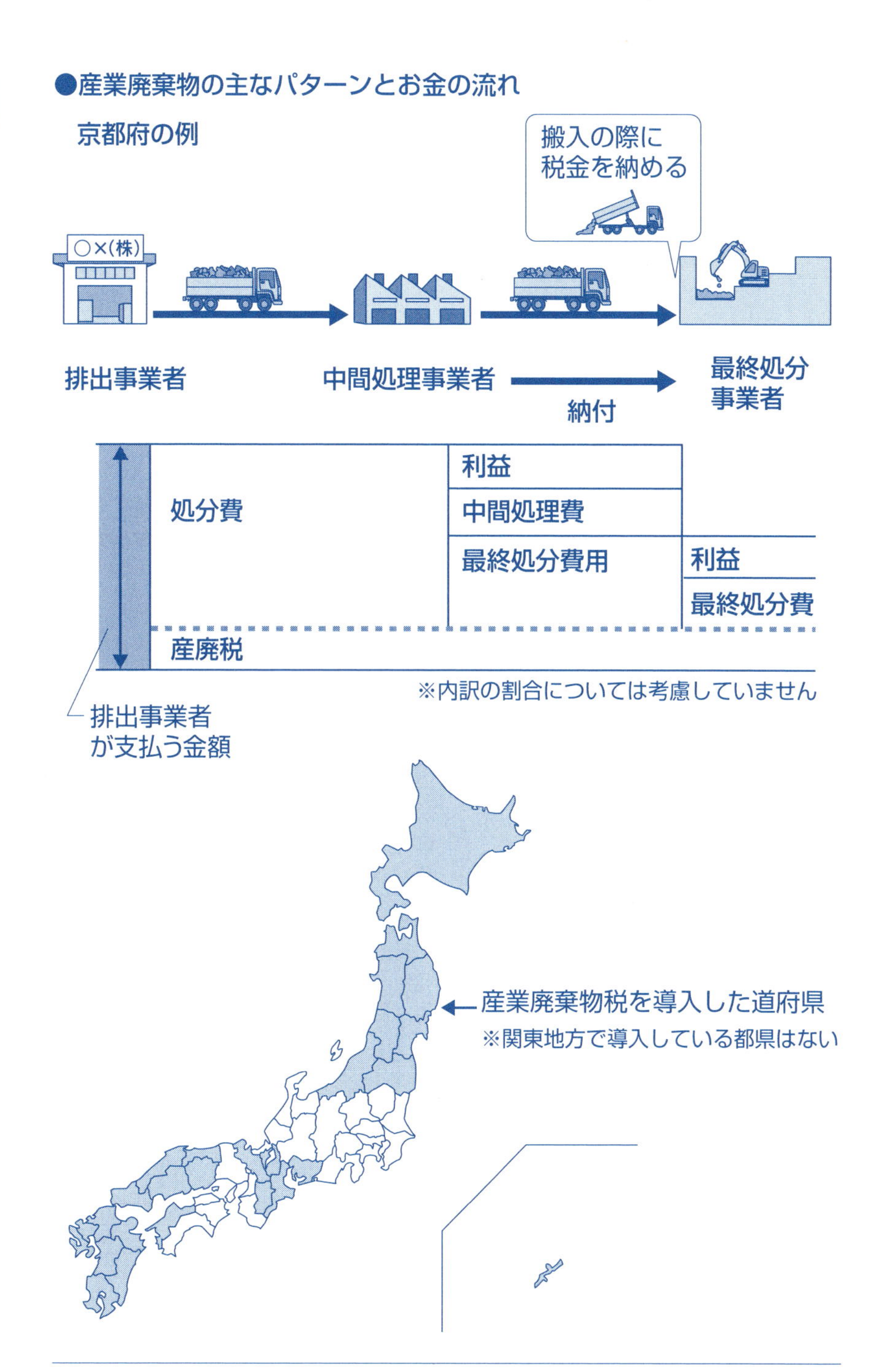

[環境税（環境課徴金）] 環境への負荷に対する直接的な税金徴収によって、市場メカニズムを通じて負荷削減を誘導する手法。たとえば、最終処分量に対する産廃税によって最終処分量を抑える、二酸化炭素排出量に対する炭素税によって二酸化炭素排出量を抑える、など直接的なねらいがある。

託する際に、産廃税も中間処理事業者に支払っているのです。

これは消費税と同じスタイルで、すべての排出事業者が産廃税の対象となり、公平性の高い税負担を実現できます。またこれとは違った徴収方法の例としては、三重県や滋賀県が採用している排出事業者自らが道府県に搬入量を申告し、基準以上であれば納税するというスタイルがあります。

各道府県が独自で導入している関係上、税の徴収方法等の違いはあるものの、排出事業者や中間処理事業者に廃棄物の削減やリサイクルを促すために導入している点は共通しています。その真意としては、従来の循環型社会構築を促すような法律や条例による規制的手法や啓蒙的な活動に加えて、廃棄物の削減やリサイクルに向けた行動を「税金」という経済的手法で誘導しようとするものです。

2018年現在、導入の動きは活発ではありませんが、産廃税の背景には、やはり最終処分場の残存容量の逼迫（ひっぱく）した現状が関係しています。

しかし、産廃税の導入により不法投棄が増加してしまったら、まったく意味がありません。ですから、導入されているほとんどの道府県で、最終処分場への搬入の際に廃棄物の重量を測り、重さ1トンにつき1000円という金額に設定しています。この1000円という金額は、産廃税を導入していない他の都府県で処分しようとして、1トンの産業廃棄物を20キロ運搬する費用に相当するもので、他の都府県へ持ち込むことによるメリットが生じないような金額になっています。

また2005年（平成17年）に九州の全県で一斉に産廃税が導入されたように、ある一定地域で足並みを揃えて導入するなどの工夫もされています。

もちろん産廃税導入に当たっては、不法投棄等の警戒のため道府県と警察による取締まりの強化が前提となっており、たとえば京都府では機動班特別チームの配置など、監視体制の大幅な充実・強化を図って対策に取り組んでいます。

ただ、関東では最終処分費が割高なので、産廃税導入により不法投棄等の不法行為に拍車をかけてしまう可能性があるためか、導入は見送られています。また東京都は、都内で最終処分されるケースが少ないことを理由に導入しないようです。

それでも産業廃棄物税には、循環型社会の構築を目指すという大きな期待が込められています。

11 罰則の適用例

適正処理のフローのどれが欠けても即処罰の対象に

廃掃法で定められている罰則には、個人に対しては一番重いもので「5年以下の懲役もしくは1000万円以下の罰金に処し、またはこれを併科する」とあります。

また、法人については「法人両罰規定」というものがあり、「上限額3億円の罰金刑」が科せられることになります。2011年度（平成23年度）から施行された改正法により、法人両罰規定の上限額は、従来の1億円から3億円に引き上げられました。

「**法人両罰規定**」とは、経営者や役員、上司役職者などの関与がある・なしを問わず違反行為を行なったという事実のみで、違反当事者の所属する法人に対しても罰金を科すというものです。

また違反当事者やその事業者には罰則を科すだけでなく、個人や事業者が所有する資格や許可の取消しといった行政処分を与えることもあります。

ここでは代表的なケースを紹介していくことで、どんな行為が問題となるのか、また、それによってどの程度の罰則が科されるのかを取り上げていきたいと思います。

◎排出事業者が廃棄物の収集運搬と処分をそれぞれ異なる事業者に委託しなければならない場合

①製品工場を営む事業者A（排出事業者）は、排出する産業廃棄物の収集運搬を事業者Bに任せていた。

②事業者Aは収集運搬事業者Bから収集運搬業の許可証の写しを渡されていたので、適正な運搬事業者であると思っていた。もちろん、処理も適正にされていると思っていた。

③事業者Aは収集運搬事業者Bが廃棄物をどこへ搬入しているのか知らなかった。

④最終処分の確認もしていなかった。

――ある日、収集運搬事業者Bが廃掃法違反で逮捕された。

◆収集運搬事業者Bに対する罰則

・**不法投棄禁止違反**…実行者C以下数名に対して「5年以下の懲役もしくは1000万円以下の罰金、またはその併科」。収集運搬事業者Bに対して「3億円以下の罰金刑」(法人両罰規定)

・**委託契約違反**…収集運搬事業者Bに対して「3年以下の懲役もしくは300万円以下の罰金、またはその併科」

・**運搬受託者報告義務違反**…収集運搬事業者Bに対して「1年以下の懲役もしくは100万円以下の罰金」

そして、排出事業者Aにも、廃掃法の委託基準違反で罰則が科されました。

◆排出事業者Aに対する罰則

・**委託契約違反**…排出事業者Aに対して「3年以下の懲役もしくは300万円以下の罰金、またはその併科」

・**管理票(マニフェスト)交付義務違反**…排出事業者Aに対して「1年以下の懲役もしくは100万円以下の罰金」

このような事態にならないためには、どうしたらよかったのでしょうか。

①排出事業者Aは収集運搬事業者Bと、産業廃棄物の収集運搬に関する委託契約を書面で交わさなければなりません。もちろん、契約書に記載すべき事項(金額、最終処分地など)を記載し、収集運搬事業者Bの許可証の写しも添付しなければなりません。

②排出事業者Aは、産業廃棄物の中間処理事業者Dを自ら選び、中間処理に関する委託契約も書面にて取り交わす必要があります。つまり、事業者Aは収集運搬事業者と中間処理事業者の双方とも書面による委託契約が必要なのです。

③中間処理先を決定したら、選んだ中間処理事業者Dへ搬入するよう、収集運搬事業者Bに指示します。

④マニフェストが運用されなければ、中間処理はおろか最終処分までの経過をまったく確認することができません。しっかりと排出事業場である工場で発行し、マニフェストE票を確認することが大切です。

⑤できれば委託する中間処理事業者の施設や最終処分先まで自分の目で確認するのが最もよいでしょう。

収集運搬事業者が不法投棄の撤去を行なえない場合、代わりとして排出事業者に撤去義務が発生したり、社名が公表されれば経営にも大きな影響を与えかねません。今まで処理先を直接確認する習慣がないという事業者の方は、一度確認すべきでしょう。

●罰則はどこで科せられるのか

①

②

③

④

12

取締まりの現状

排出事業者の意識改革が急務

近年、廃掃法の改正が続き、ますます規制が厳しくなるものの、「違反なのは知っているが、捕まらないだろう」とか、「信頼できる処分事業者にすべて任せているから問題ない」という考え方が、すぐに変わるものではありません。ですが廃掃法違反で年間、どれだけの検挙件数があるかご存じでしょうか。

左図は環境省のホームページで公開されている『環境白書』のデータを参考に作成しました。この図は、ひとつの違反に対して1件とみなして数えられています。

最新報告によると、２０１６年（平成28年）の検挙件数は５０７５件、その内、不法投棄による検挙件数が２６２９件でした。廃掃法違反での検挙件数は２０００年から大幅に増加し始め、２００７年をピークに減少傾向となりましたが、２０１３年以降も５０００件程度と、２０００年頃と比較すれば高い水準で推移しています。

では、警察の取締まりはどのように行なわれているのでしょうか。また、近年取締まりには変化があるのでしょうか。

取締まりは主に次の３つの方法で行なわれることが多いようです。

①パトロール
②検問
③住民等からの通報による情報提供

右の３つの取締まり方法については、以前に比べてそれほど大きな変化があったわけではなく、むしろ変わりありません。

取締まりが厳しくなったというわけでもないにもかかわらず、廃掃法違反の検挙件数は２０００年以前と比較して増加しているのが現状なのです。

その理由としては、取り締まる警察と地域住民の産業廃棄物に対する意識の高まりが、背景にあるように思います。

●廃掃法違反での検挙件数の推移

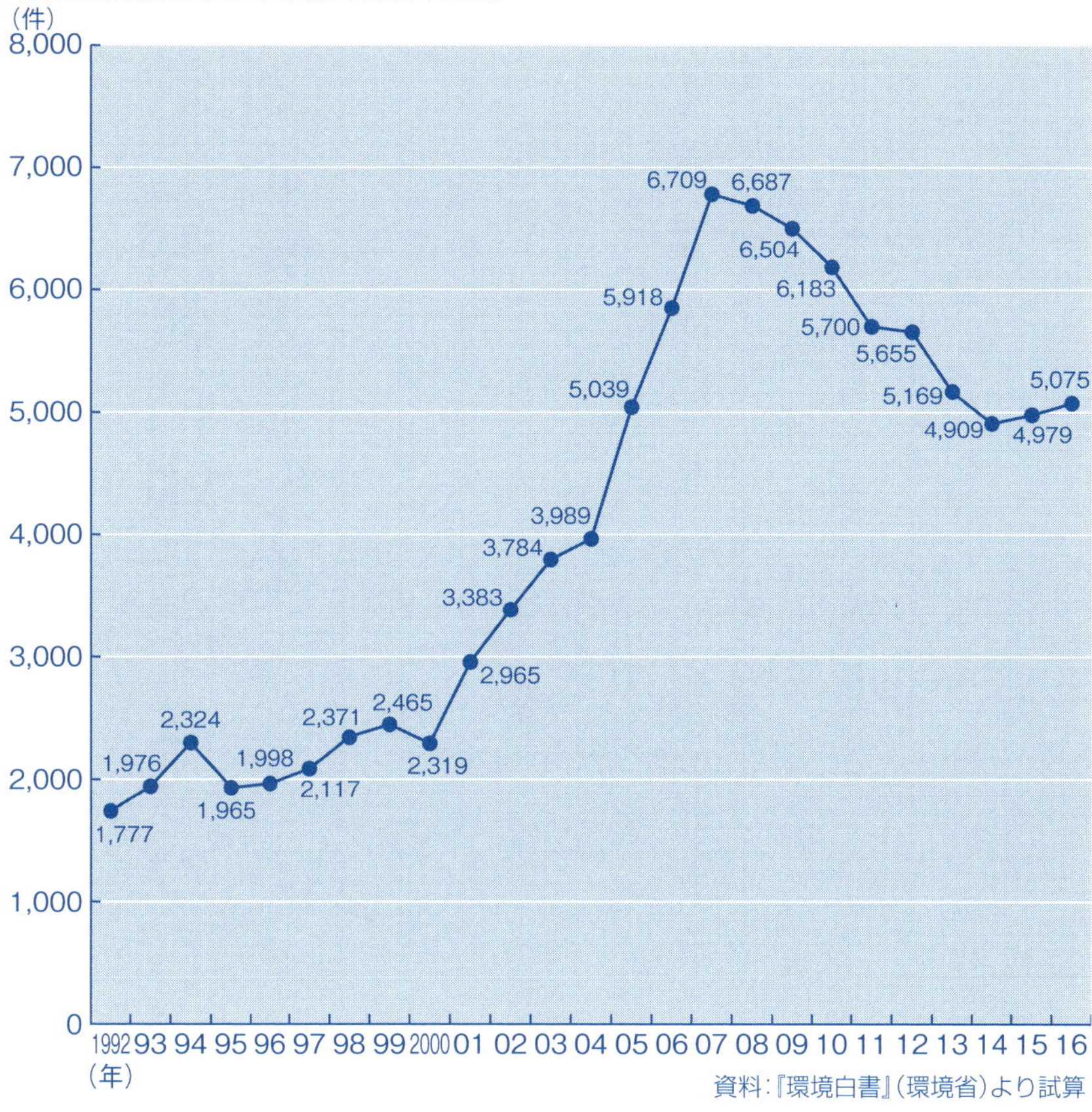

資料:『環境白書』(環境省)より試算

実際、パトロールや検問などは、通常の業務として行なわれていることはもちろんのこと、たとえば京都府では、毎年5〜6月頃を目安に強化月間として行政と合同で廃棄物運搬車への重点的な取締まりを実施しています。その他にも、近年ではドローンを使った不法投棄のパトロールなども行なわれています。

さらに、取締まり件数の増加に大きく貢献しているのが地域住民の存在でしょう。相次ぐ大規模不法投棄の報道などにより、今まで関心の小さかった地域住民に、廃棄物に対する大きな意識変化が起こり、警察への通報も増加し始め、今に至ります。

「今までこんな決まりはなかった」という主張はまったく通用しません。排出事業者はこの事実を受け止め、早急な意識改革が求められています。

[行政処分] 罰金や懲役などの刑事処分と異なり、違法行為等に対する社名の公表・業務停止命令や許可取り消しなどの行政が行なう処分を言う。

13 最新情報の入手法

常に最新情報をチェックし、対応策を講じる

近年、罰則等でますます厳しさを増す廃掃法や、施行後5年の周期で施行状況について検討し、その結果必要な場合に法改正が行なわれる個別リサイクル法、また、法律はもちろんのこと行政の通達まで、廃棄物に関する情報はこまめにチェックすることが大切です。

実際に、家電リサイクル法では、2009年（平成21年）に液晶・プラズマ式テレビ、衣類乾燥機がリサイクル対象品目に追加されました。食品リサイクル法では、2008年度（平成20年度）分から、定期報告制度が開始されました。対象は食品廃棄物等の前年度の発生量が100トン以上の食品関連事業者です。また、2013年に新たなリサイクル法として「小型家電リサイクル法」が施行されました。

最新の情報を得ず、これまでのルールに従うという姿勢では、知らぬ間に違法行為を行なってしまうリスクがあります。

この項では、各省庁の報道発表や、法律関連のページのアドレスを掲載しています。分類は法律や分野ごとになっています。

ひとつ注意すべきなのは、リスト中にある「産廃情報ネット」です。この「産廃情報ネット」は、産業廃棄物の収集運搬事業者や処分事業者が、許可を持っている事業者なのかなど、委託事業者を確かめるためのひとつの手段として有効です。

しかし、「産廃情報ネット」の内容はあくまで登録する処理事業者の自己申告によるものです。

ですから、情報についてはすべてを鵜呑みにせず、あくまで参考程度と考えてもらう必要があります。

任意登録で活用される指標では、排出事業者の立場からすれば、正確な情報ではありません。現在、各都道府県等がそれぞれに公開している許可等の情報を一括して公開するようなシステムの登場が望まれます。

●産業廃棄物に関する情報入手先リスト

産業廃棄物に関する基礎知識	
（公社）全国産業資源循環連合会 廃棄物の種類から、適正処理の必要条件まで	https://www.zensanpairen.or.jp/
棄物収集・運搬、処理事業者検索	
産業廃棄物処理事業振興財団 「産廃情報ネット」 内容はあくまで登録事業者の自己申告によるものなので鵜呑みにはできません。参考程度に	http://www.sanpainet.or.jp/
環境省 産業廃棄物処理業者情報検索システム 処理事業者の情報を得られるが、品目の区分や処理方法などの詳細な情報は検索できない	https://www.env.go.jp/recycle/waste/sanpai/
総合的にカバー	
環境省ホームページ 廃棄物の各種統計や法律・報道について	http://www.env.go.jp/
経済産業省ホームページ 物質循環に関する統計等はこちら	http://www.meti.go.jp/
国土交通省ホームページ 建設系のことはこちら	https://www.mlit.go.jp/
厚生労働省ホームページ ダイオキシンやアスベストの情報はこちら	https://www.mhlw.go.jp/
統計データ	
環境省	
産業廃棄物の総合統計データ	https://www.env.go.jp/recycle/waste/sangyo.html
一般廃棄物の総合統計データ	http://www.env.go.jp/waste_tech/ippan/index.html
報道発表…最新情報はここです	
環境省報道発表	http://www.env.go.jp/press/index.php
経済産業省報道発表	http://www.meti.go.jp/press/index.html
国土交通省報道発表	http://www.mlit.go.jp/report/press/index.html
厚生労働省報道発表	https://www.mhlw.go.jp/stf/houdou/
農林水産省報道発表	http://www.maff.go.jp/j/press/index.html
廃掃法	
循環型社会基本法データベース 個別法を含め、環境関連法がすべて掲載されている。条文も掲載されている。	http://www.nippo.co.jp/re_law/
地球温暖化対策	
環境省ホームページ ～気候変動の国際交渉～	http://www.env.go.jp/earth/ondanka/cop.html
オークリッジ国立研究所（米） 各国のCO_2排出量が、毎年公表されているこの研究所の統計量が国際基準となっている。なお、日本語ではない。	https://www.ornl.gov/

［産廃情報ネット］許可情報検索システムを検索することによって、産廃事業者の許可の範囲を検索することができる。それぞれの産廃事業者が自己更新するもので、必ずしも新しい情報とは限らないが、事業者選定のひとつの基準となる。

家電リサイクル法関連	
（一財）家電製品協会ホームページ 家電4品目のリサイクル実施状況がわかります	https://www.aeha.or.jp/
（一財）家電製品協会 家電リサイクル券センター リサイクル券について詳しく掲載	http://www.rkc.aeha.or.jp/

容器包装リサイクル法関連	
（公財）日本容器包装リサイクル協会	https://www.jcpra.or.jp/
日本製紙連合会 古紙の統計データ	https://www.jpa.gr.jp/
PETボトルリサイクル推進協議会 PETボトルの統計データ	http://www.petbottle-rec.gr.jp/
（一社）プラスチック循環利用協会 廃プラスチックの統計データ	http://www.pwmi.or.jp/
発泡スチロール協会 発泡スチロールのことがよくわかります 統計データもあります	http://www.jepsa.jp/
全日本一般缶工業団体連合会 統計データ	http://www.ippancan.or.jp/
アルミ缶リサイクル協会 統計データ	http://www.alumi-can.or.jp/

食品リサイクル法関連	
（一財）食品産業センター 食品リサイクル法について詳しく掲載	https://shokusan.or.jp/
農林水産省～食品リサイクル関連～ 食品廃棄物等の多量発生事業者の定期報告のための様式などもここから入手します	http://www.maff.go.jp/j/shokusan/recycle/shokuhin/s_hourei/index.html

建設リサイクル法関連	
建設副産物リサイクル広報推進会議 建設リサイクル法について	http://www.suishinkaigi.jp/
国土交通省のリサイクルホームページ 建設リサイクル法と現状データ	http://www.mlit.go.jp/sogoseisaku/recycle/

自動車リサイクル法関連	
（公財）自動車リサイクル促進センター 排出側と処理側それぞれの立場で自動車リサイクル法について解説が掲載されています	https://www.jarc.or.jp/

パソコンリサイクル関連	
（一社）パソコン3R推進協会 パソコンの製造メーカーの窓口ページにジャンプすることができます	http://www.pc3r.jp/

その他	
グリーン購入ネットワーク	http://www.gpn.jp/

Column

廃棄物処理に関わる企業の責任は法的責任だけではない

廃掃法違反にはあたらなかった場合でも、企業の責任を問われることがあります。

平成24年５月、千葉県と埼玉県の利根川水系にある３か所の浄水場でホルムアルデヒドを検出し、それによる断水が発生しました。この結果35万世帯が断水の影響を受けました。

このような事件が起こってしまった原因は、利根川水系の上流である群馬県にある産業廃棄物の処分事業者が、処理を委託された廃液中に含まれるヘキサメチレンテトラミンという物質を十分に処理せず、利根川水系に放流していたためでした。ヘキサメチレンテトラミンという物質は、それそのものは無害な物質ですが、塩素と反応してホルムアルデヒドを生成する物質です。浄水場で水が塩素処理されるときに、ホルムアルデヒドが発生してしまったのです。

この事件では、廃液の処理を委託した排出事業者と処分事業者の間で、ヘキサメチレンテトラミンに関する情報提供が行なわれていなかったことが問題とされました。しかし、ヘキサメチレンテトラミンは当時、廃掃法や水質汚濁防止法で規制される物質ではなかったこともあり、排出事業者に対して法的な責任は問われませんでした。

しかし、千葉県をはじめとする自治体は、排出事業者に事件の責任があったとして、断水に伴う損害等の賠償請求を起こしました。この訴訟は現在でも続いています（２０１８年6月現在)。

廃掃法違反とはされなかった場合でも、排出事業者責任の観点からこのように民事責任を求められるような場合もあるのです。

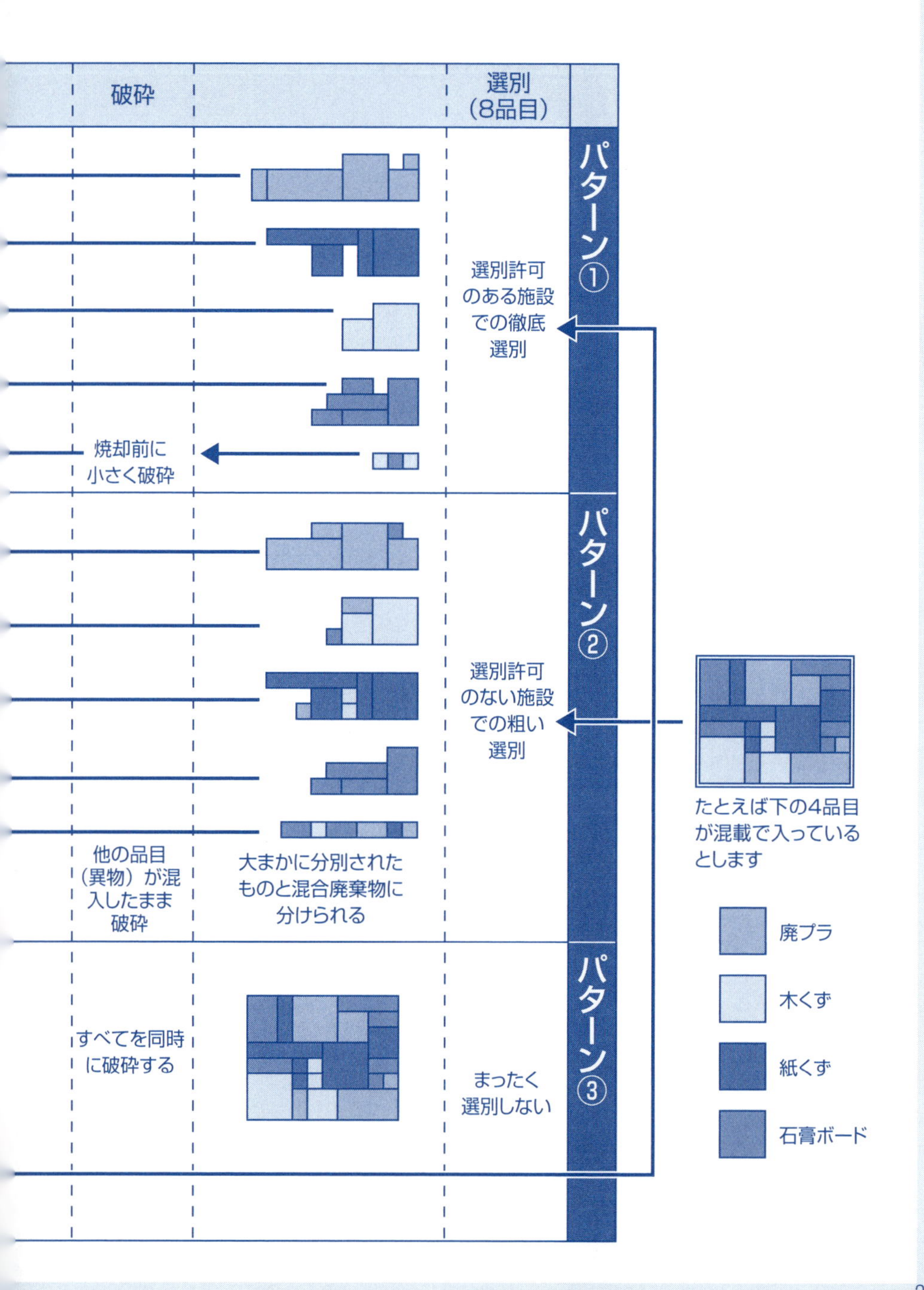

破砕
選別
（8品目）
パターン①
選別許可
のある施設
での徹底
選別
焼却前に
小さく破砕
パターン②
選別許可
のない施設
での粗い
選別
他の品目
（異物）が混
入したまま
破砕
大まかに分別された
ものと混合廃棄物に
分けられる
パターン③
すべてを同時
に破砕する
まったく
選別しない
たとえば下の4品目
が混載で入っている
とします
廃プラ
木くず
紙くず
石膏ボード

選別3つのパターン

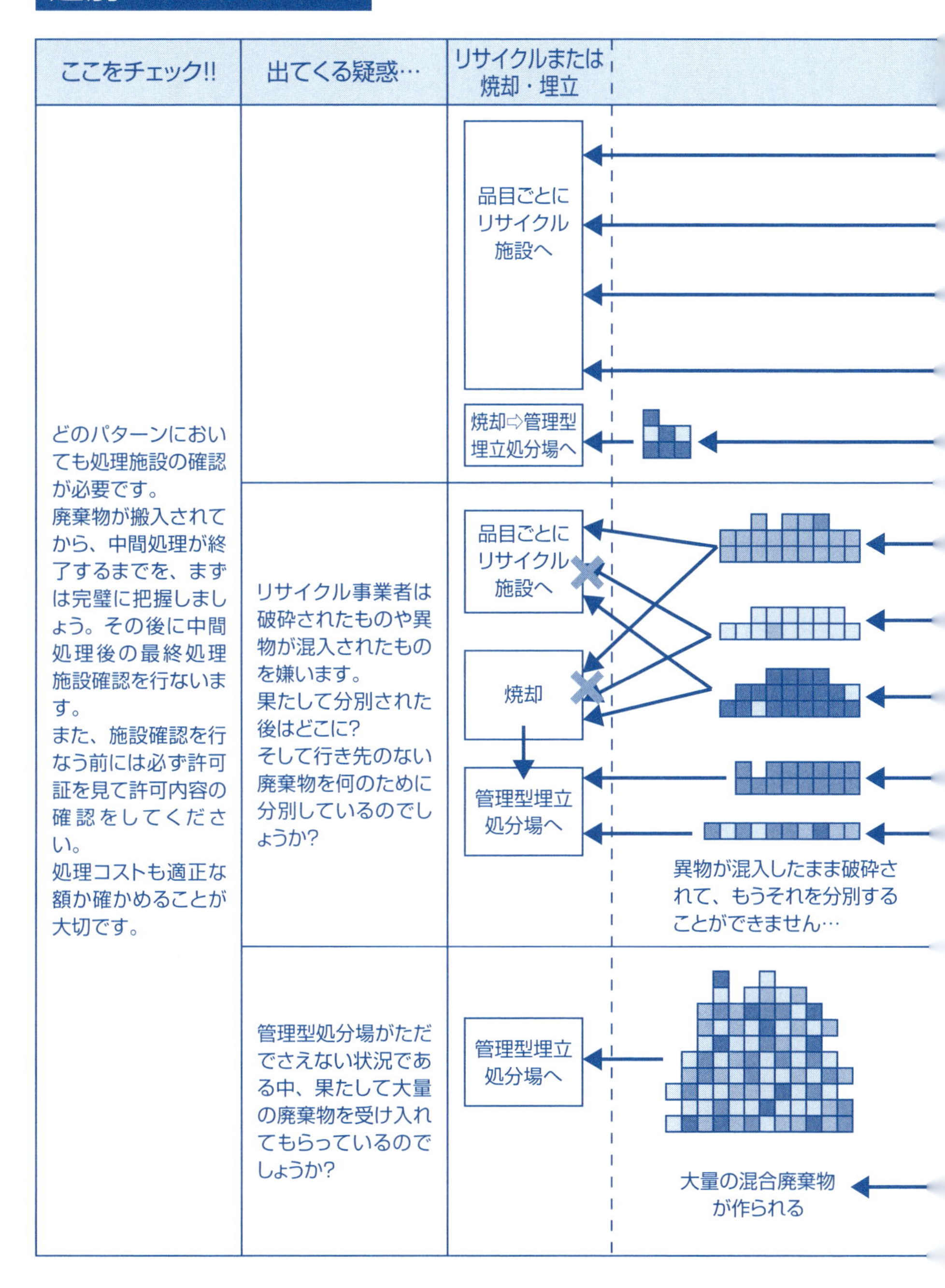

ここをチェック!!
出てくる疑惑…
リサイクルまたは焼却・埋立
品目ごとにリサイクル施設へ
焼却⇨管理型埋立処分場へ
どのパターンにおいても処理施設の確認が必要です。
廃棄物が搬入されてから、中間処理が終了するまでを、まずは完璧に把握しましょう。その後に中間処理後の最終処理施設確認を行ないます。
また、施設確認を行なう前には必ず許可証を見て許可内容の確認をしてください。
処理コストも適正な額か確かめることが大切です。
品目ごとにリサイクル施設へ
焼却
管理型埋立処分場へ
リサイクル事業者は破砕されたものや異物が混入されたものを嫌います。
果たして分別された後はどこに?
そして行き先のない廃棄物を何のために分別しているのでしょうか?
異物が混入したまま破砕されて、もうそれを分別することができません…
管理型処分場がただでさえない状況である中、果たして大量の廃棄物を受け入れてもらっているのでしょうか?
管理型埋立処分場へ
大量の混合廃棄物が作られる

おわりに

私は、日常生活の中から捨てられる「ゴミ」から環境を見つめたいという志を持って、産業廃棄物業界に飛び込みました。

第1版を出版して10年近くが経ち、今回改訂版を出版することができたことは、その志を持って過ごした日々に対して評価を頂いたようで、本当に嬉しいです。

第1版の出版からほどなく、私たちはジェネスグループのセミナー・コンサルティング部門として株式会社ユニバースを立ち上げました。以来、産業廃棄物に関するテーマを中心に、セミナーの講師やコンサルティングを続けています。

廃棄物に関する規制にどのように向き合うべきか、私は、排出事業者として産業廃棄物の処理を他社に委託した場合に〝適正な処理を確実にするために考えられることは何をしてもよい〟ということが言えると感じています。

産業廃棄物の処理委託に大きなリスクがあると考える企業は、法令で定められているルール以上の管理を実践しています。具体的には、廃棄物を確実に運搬したことを証明するために搬出入段階の写真の提出を求める、処分施設を定期的に直接訪問し処分の状況を確認することなどが挙げられます。これらは、現在法令で定められている管理ではありませんが、適正処理を確認する意味では有効な手段です。

産業廃棄物に関する規制は強化され続けており、現在行なわれている契約やマニフェストのルールも、適正処理を確認するためには当然必要なものであり、ルールとして定められる前から、廃棄物リスクを考える排出事業者は実践していました。

将来的には、運搬前後の写真を求めること、処分業者の施設確認を行なうことも法令で義務づけられる可能性もあるのではないでしょうか。

これからも、私たちは廃棄物問題に関する知識を広めることを続けていきます。

本書が、産業廃棄物の現状や知識を身につける上で、少しでもお役に立てばこれに勝る喜びはありません。

著者を代表して　子安　伸幸

ま行

や行

ら行

● た行

● な行

● は行

● さ行

索　引

A～Z

あ行

か行

◎執筆者

子安　伸幸（こやす　のぶゆき）
岐阜県出身。千葉大学工学部卒。京都を拠点とする㈱ジェネスにて産業廃棄物処理の実務を経験し、企業の環境管理対策や環境教育を中心とする環境コンサルティング企業㈱ユニバースの立ち上げを主導した。企業の環境対策をテーマにセミナー講師を務め、多くの人にプレゼンテーションを行ない、クライアントの環境意識を高めている。

大隅　貴史（おおすみ　たかふみ）
神奈川県出身。東京理科大学理学部第一部卒。株式会社ユニバース環境コンサルタント。廃棄物やISO14001に関するコンサルティング業務を中心となって実施。その他廃棄物や環境・ISO14001に関するセミナーの講師を手がけている。

この本の内容では判断しきれない実務的な悩みをお持ちの方は、以下までご相談ください。
URL：http://www.universe-corp.jp/
e-mail：consul@universe-corp.jp

株式会社ユニバース
株式会社ジェネスを母体として誕生した環境コンサルティング企業。
廃棄物・環境に関するセミナーや、企業の悩みを解決するコンサルティング事業を展開している。

〈最新版〉
図解　産業廃棄物処理がわかる本

2006年4月1日　初　版　発　行
2018年10月10日　最新3版発行

著　者　株式会社ユニバース
発行者　吉田啓二

発行所　株式会社日本実業出版社　東京都新宿区市谷本村町3－29 〒162-0845
大阪市北区西天満6－8－1 〒530-0047
編集部 ☎03-3268-5651
営業部 ☎03-3268-5161　振　替　00170-1-25349
https://www.njg.co.jp/

印刷／厚徳社　製本／若林製本

この本の内容についてのお問合せは、書面かFAX（03-3268-0832）にてお願い致します。
落丁・乱丁本は、送料小社負担にて、お取り替え致します。

ISBN 978-4-534-05630-6　Printed in JAPAN